数学物理方法简明教程

（第二版）

林福民　编

北京大学出版社
PEKING UNIVERSITY PRESS

图书在版编目(CIP)数据

数学物理方法简明教程/林福民编. —2 版. —北京：北京大学出版社，2020.3

ISBN 978-7-301-30967-4

Ⅰ. ①数… Ⅱ. ①林… Ⅲ. ①数学物理方法—高等学校—教材 Ⅳ. ①O411.1

中国版本图书馆 CIP 数据核字(2019)第 276850 号

书　　　名	数学物理方法简明教程(第二版)	
	SHUXUE WULI FANGFA JIANMING JIAOCHENG (DI-ER BAN)	
著作责任者	林福民　编	
责 任 编 辑	顾卫宇	
标 准 书 号	ISBN 978-7-301-30967-4	
出 版 发 行	北京大学出版社	
地　　　址	北京市海淀区成府路 205 号　100871	
网　　　址	http://www.pup.cn　　　新浪微博:@北京大学出版社	
电 子 信 箱	zpup@pup.cn	
电　　　话	邮购部 010-62752015　发行部 010-62750672	
	编辑部 010-62752021	
印 刷 者	北京虎彩文化传播有限公司	
经 销 者	新华书店	
	890 毫米×1240 毫米　A5　9.125 印张　265 千字	
	2008 年 1 月第 1 版	
	2020 年 3 月第 2 版　2024 年 1 月第 3 次印刷	
印　　　数	2001—3000 册	
定　　　价	35.00 元	

内 容 简 介

　　本书是作者在总结十多年从事数学物理方法教学和研究的基础上编写而成的,以适合于应用物理专业本科生的"数学物理方法"课程51～54学时(周学时3)和68～72学时(周学时4)的教学之用。

　　本书把加强基础知识放在首位,在保留复变函数微积分、两种基本积分变换、几类常用特殊函数、偏微分方程建立和求解等基础知识的前提下,尽可能精简内容,同时确保各部分衔接紧凑,逻辑严谨。选材讲求实用性,特别注重选取有着生动物理背景的例子。

　　全书内容共分五个知识模块:1. 复变函数论;2. 一维有限区间中波动问题和一维输运问题;3. 二阶线性常微分方程的级数解法和特殊函数;4. 拉普拉斯方程和亥姆霍兹方程;5. 行波与散射问题、格林函数法和保角变换及其应用(周学时3选读内容,周学时4必修内容)。书末还附有第一至十四章的计算题参考答案和内容丰富的附录,可供学生自学和查阅。

第二版序言

在本教材的使用过程中,有些任课教师和学生反映,书中一些特殊函数和数理方程的解比较抽象,学生难以理解和掌握。针对所反映的问题,第二版主要修改了书中"第二篇 数学物理方程"部分,对一些特殊函数的主要性质和特点作更详细的说明,并增加了相应的函数曲线,使学生能够更好地理解和掌握这些特殊函数的主要性质和特点;而对于书中一些作为数理方程求解例子的定解问题,则尽可能增加最终结果的场分布图和物理解释,这样将有助于学生从物理层面理解问题。希望通过补充一些特殊函数的曲线图和解的场分布图,以增强其直观性,降低其抽象性,对任课教师教学和学生理解都有所帮助。

其次,第二版还修改了一些脱离实际背景的例题,并更正了第一至第十四章的习题参考答案中一些错漏。

作者非常感谢汕头大学王江涌教授对本书提出了一些修改建议、西南科技大学李晓红教授提供了习题参考答案的更正资料,以及北京大学出版社顾卫宇女士为本书第二版出版所做的大量准备工作。

本书经过这次修订和补充之后,难免还有一些不足之处,敬请各位专家给予指正。

作　者

2018 年 12 月

第一版序言

作者从事数学物理方法课程的教学多年,深感其内容繁多,而课时却太少。为了适应当前压缩基础课学时的教学改革,对该课程的教学内容进行改革势在必行。数学物理方法是一门十分古老的学科,基本理论和方法都已经非常成熟,我很难为其增添什么重要的创新内容。因此,改革的关键问题在于如何选取适当的教学内容,以及如何编排这些教学内容以达到节省授课学时的目的。

本书正是针对上述问题所进行的一项改革尝试,力争达到内容精练、选材实用、结构新颖、逻辑严谨,以满足周学时 3(总学时 51～54)和周学时 4(总学时 68～72)的数学物理方法课程教学之用。其主要特色为:1. 采用了全新的编排结构,使内容衔接更紧凑,条理更清晰,逻辑更严谨。2. 求解偏微分方程部分只介绍一种最行之有效的方法,充分突出了简明易懂的特色。3. 实际问题提出→定解问题建立→求解方法→结果讨论,这几个关键环节一气呵成地讲述,这既有利于培养学生解决实际问题的能力,也有利于提高学生的学习兴趣。

全书共有 17 章内容,对于周学时 3(总学时 51～54),其中第一至十四章为教学内容,最后 3 章为选读,书中附录只作为查阅和加深理解之用;参考学时分配为第一至六章 20 学时,第七、八章 12 学时,第九至十二章 12 学时,第十三、十四章 7 学时。若作为周学时 4(总学时 68～72)的教学之用,则最后 3 章也是必修内容,其中第十五章授课学时为 5 学时,第十六和第十七章均为 6 学时,总约需 68 授课学时。

作者非常感谢汕头大学数学系林福荣教授先后两次审核和校对书稿,并提出了很多修改建议,也感谢中山大学物理系林琼桂教授为本书提出了不少宝贵意见。另外,本书在申请国家"十一五"规划教材立项和编辑出版过程中,得到北京大学出版社的鼎力支持,以及北京大学出版社张昕先生和顾卫宇女士的大力协助,作者对此表示衷心感谢。

由于作者水平有限,书中出现错漏在所难免,欢迎同行专家批评指正。

作　者

2007 年 8 月

本书第一次印刷之后,北京大学物理学院吴崇试教授和中山大学物理系林琼桂教授都非常仔细地审阅了全书内容,并指出本书中所存在的几十个笔误和不足之处,这两位教授非常严谨的治学态度确实令人佩服,他们如此认真细致地对待本书使我感到十分荣幸而不胜感激。本次印刷主要是参考两位教授的意见,更正了书中一些明显错漏,更多错漏和不足之处还有待同行专家们指正。

林福民

2010 年 6 月

目　　录

第一篇　复变函数论

第二篇　数学物理方程

第三篇　选读内容

第一篇　复变函数论

第一章 复数与复变函数

§1.1 复数和复平面的基本概念

为了扩大实数的范围,引入虚数单位 i,定义 $i=\sqrt{-1}$,这样便出现了形如 $x+iy$(x,y 均为实数)的数,称为**复数**,通常记为

$$z=x+iy, \tag{1.1}$$

其中 x 称为复数 z 的**实部**,记为 $\mathrm{Re}z$;y 称为复数 z 的**虚部**,记为 $\mathrm{Im}z$.

两个复数无法比较大小;两复数 z_1 和 z_2 相等,意味着 $\mathrm{Re}z_1=\mathrm{Re}z_2$ 和 $\mathrm{Im}z_1=\mathrm{Im}z_2$.

定义:复数 $x-iy$ 称为复数 $x+iy$ 的**共轭复数**,记为 $\bar{z}$. 显然 $\bar{\bar{z}}=z$,所以 z 和 $\bar{z}$ 是一对互为共轭复数的复数.

就像实数可以用数轴上的点表示一样,复数可采用平面直角坐标系中的点表示. 任意一个复数 $z=x+iy$ 对应于 Oxy 平面直角坐标系中一个点 (x,y),反之亦然. 这样,全体复数与 Oxy 平面上所有点构成了一一对应关系,相应的 Oxy 平面称为**复平面**. 其中 x 轴称为实轴,y 轴称为虚轴.

如图 1.1 所示,复数 $z=x+iy$ 对应于复平面上一点 P. 矢量 $\overrightarrow{OP}$ 称为对应于复数 $z=x+iy$ 的**复矢量**,复矢量 $\overrightarrow{OP}$ 的长度称为复数 $z=x+iy$ 的**模**,记为 $|z|$ 或 ρ,

$$|z|=\rho=\sqrt{x^2+y^2}. \tag{1.2}$$

复矢量 $\overrightarrow{OP}$ 与 x 轴的夹角称为复数的**辐角**,记为 $\mathrm{Arg}z$. 根据图 1.1 可知:

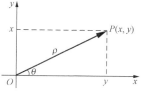

图 1.1 复数与复平面上的点的一一对应关系示意图

$$\mathrm{Arg}z = \theta + 2k\pi$$
$$(k = 0, \pm 1, \pm 2, \cdots), \tag{1.3}$$

上式中 θ 称为复数 z 的**辐角的主值**,记为 $\mathrm{arg}z$. 一般规定辐角的主值范围为:

$$0 \leqslant \mathrm{arg}z < 2\pi \quad \text{或} \quad -\pi < \mathrm{arg}z \leqslant \pi. \tag{1.4}$$

复矢量具有一般矢量的特性和运算法则,它在复平面上具有平移不变性,其大小和方向分别由复矢量的模和辐角确定. 复数的模和辐角主值与实部和虚部的关系如下:

$$x = \rho\cos\theta; \quad y = \rho\sin\theta \quad (\rho = |z|, \theta = \mathrm{arg}z). \tag{1.5}$$

一个复数的模和辐角确定,那么该复数就完全确定. 所以复数也可以采用复数的模和辐角的主值表示. 根据复数的模和辐角主值与实部和虚部的关系式(1.5),复数 $z = x + \mathrm{i}y$ 可以表示为 $z = \rho(\cos\theta + \mathrm{i}\sin\theta)$. 若再利用著名的欧拉公式

$$\mathrm{e}^{\mathrm{i}\theta} = \cos\theta + \mathrm{i}\sin\theta, \tag{1.6}$$

又可以将该复数 $z = x + \mathrm{i}y$ 表示为 $\rho\mathrm{e}^{\mathrm{i}\theta}$.

根据上述讨论可知,复数具有如下三种表示方式:

(i) 代数式 $z = x + \mathrm{i}y$;

(ii) 三角式 $z = \rho(\cos\theta + \mathrm{i}\sin\theta)$;

(iii) 指数式 $z = \rho\mathrm{e}^{\mathrm{i}\theta}$.

复数的加、减、乘、除、乘方运算与实数的运算完全相同,只要注意 $\mathrm{i}^2 = -1$. 由于复数辐角的不确定性,复数的开方具有多个根(任何复数的 n 次开方具有 n 个根). 复数辐角增加 2π 的整数倍后,该复数保持不变,但其开方根却已改变. 下面将对复数的各种基本运算分别进行介绍.

(1) 复数的加减法.　设 $z_1 = x_1 + \mathrm{i}y_1, z_2 = x_2 + \mathrm{i}y_2$,那么

$$z_1 \pm z_2 = (x_1 \pm x_2) + \mathrm{i}(y_1 \pm y_2). \tag{1.7}$$

复数加减法也可采用复矢量表示,其加减运算与一般矢量的加减法完全相同,如图 1.2 和图 1.3 所示. 复矢量加减法也称为复数的几何运算法.

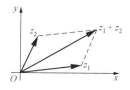

图 1.2　复矢量的加法

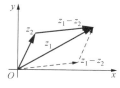

图 1.3　复矢量的减法

（2）复数的乘除法.　设

$$z_1 = x_1 + \mathrm{i}y_1 = \rho_1(\cos\theta_1 + \mathrm{i}\sin\theta_1) = \rho_1 \mathrm{e}^{\mathrm{i}\theta_1},$$
$$z_2 = x_2 + \mathrm{i}y_2 = \rho_2(\cos\theta_2 + \mathrm{i}\sin\theta_2) = \rho_2 \mathrm{e}^{\mathrm{i}\theta_2},$$

那么

$$\begin{aligned}
z_1 \cdot z_2 &= (x_1 + \mathrm{i}y_1)(x_2 + \mathrm{i}y_2) \\
&= (x_1 x_2 - y_1 y_2) + \mathrm{i}(x_1 y_2 + y_1 x_2) \\
&= \rho_1 \rho_2 [\cos(\theta_1 + \theta_2) + \mathrm{i}\sin(\theta_1 + \theta_2)] \\
&= \rho_1 \rho_2 \mathrm{e}^{\mathrm{i}(\theta_1 + \theta_2)},
\end{aligned} \tag{1.8}$$

$$z_1 \cdot \bar{z}_1 = (x_1 + \mathrm{i}y_1)(x_1 - \mathrm{i}y_1) = x_1^2 + y_1^2 = |z_1|^2 = \rho_1^2, \tag{1.9}$$

$$\begin{aligned}
\frac{z_1}{z_2} &= \frac{z_1 \cdot \bar{z}_2}{|z_2|^2} = \frac{(x_1 x_2 + y_1 y_2) + \mathrm{i}(y_1 x_2 - x_1 y_2)}{x_2^2 + y_2^2} \quad (|z_2|^2 \neq 0) \\
&= \frac{\rho_1}{\rho_2}[\cos(\theta_1 - \theta_2) + \mathrm{i}\sin(\theta_1 - \theta_2)] \\
&= \frac{\rho_1}{\rho_2} \mathrm{e}^{\mathrm{i}(\theta_1 - \theta_2)}.
\end{aligned} \tag{1.10}$$

（3）复数的乘方运算.　设 $z = x + \mathrm{i}y = \rho(\cos\theta + \mathrm{i}\sin\theta) = \rho \mathrm{e}^{\mathrm{i}\theta}$，那么

$$z^n = \rho^n(\cos\theta + \mathrm{i}\sin\theta)^n = \rho^n(\cos n\theta + \mathrm{i}\sin n\theta) = \rho^n \mathrm{e}^{\mathrm{i}n\theta}$$
$$(n \text{ 为自然数}). \tag{1.11}$$

（4）复数的开方运算.　设 $z = x + \mathrm{i}y = \rho(\cos\theta + \mathrm{i}\sin\theta) = \rho \mathrm{e}^{\mathrm{i}\theta}$，那么

$$z^{\frac{1}{n}} = \rho^{\frac{1}{n}}\left[\cos\frac{\theta + 2k\pi}{n} + \mathrm{i}\sin\frac{\theta + 2k\pi}{n}\right]$$
$$(k = 0, 1, 2, \cdots, n-1, \ n \text{ 为自然数}). \tag{1.12}$$

上式中 k 每取一值对应一根,共有 n 个根.

例 1.1   计算复数 $(\sqrt{3}+i)^{\frac{1}{3}}$.

解 $\sqrt{3}+i = 2\left(\cos\dfrac{\pi}{6} + i\sin\dfrac{\pi}{6}\right)$,所以

$$(\sqrt{3}+i)^{\frac{1}{3}} = \sqrt[3]{2}\left(\cos\frac{\pi/6+2k\pi}{3} + i\sin\frac{\pi/6+2k\pi}{3}\right)$$
$$(k = 0,1,2).$$

上式中 k 可以取 $0,1,2$,分别对应如下三个根:

$$z_1 = \sqrt[3]{2}\left(\cos\frac{\pi}{18} + i\sin\frac{\pi}{18}\right),$$

$$z_2 = \sqrt[3]{2}\left(\cos\frac{13\pi}{18} + i\sin\frac{13\pi}{18}\right),$$

$$z_3 = \sqrt[3]{2}\left(\cos\frac{25\pi}{18} + i\sin\frac{25\pi}{18}\right).$$

例 1.2   试利用复数证明三角形的内角和等于 π.

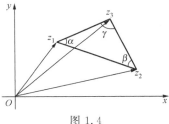

图 1.4

证明   如图 1.4 所示,在复平面上画出任意的三角形 $\triangle z_1 z_2 z_3$,其三顶角分别为 α,β,γ,三个顶点对应于复数 z_1,z_2,z_3. 若采用复数辐角的主值表示三个顶角,则可表示为:

$$\alpha = \angle z_2 z_1 z_3 = \arg(z_3 - z_1) - \arg(z_2 - z_1) = \arg\frac{z_3-z_1}{z_2-z_1},$$

$$\beta = \angle z_1 z_2 z_3 = \arg\frac{z_1-z_2}{z_3-z_2},$$

$$\gamma = \angle z_1 z_3 z_2 = \arg\frac{z_3-z_2}{z_3-z_1},$$

所以

$$\alpha + \beta + \gamma = \arg\left[\frac{z_3-z_1}{z_2-z_1} \cdot \frac{z_1-z_2}{z_3-z_2} \cdot \frac{z_3-z_2}{z_3-z_1}\right] = \arg(-1) = \pi.$$

证毕.

§1.2　复平面区域与边界的定义

实数集对应于数轴上的点集,当把数的范围扩大到复数以后,复数集则对应于复平面上的点集.下面将介绍有关复平面上点集的一些重要定义,这些定义对以后进一步学习复变函数极限和复变函数微积分非常重要.

定义 1　满足条件 $|z-z_0|<\delta$ 的所有复数的集合称为点 z_0 的 δ **邻域**,记为 $U(z_0,\delta)$,即 $U(z_0,\delta)=\{z\,|\,|z-z_0|<\delta,z$ 为复数$\}$.满足条件 $0<|z-z_0|<\delta$ 的所有复数的集合称为 z_0 的**去心 δ 邻域**,记为 $\mathring{U}(z_0,\delta)$,即 $\mathring{U}(z_0,\delta)=\{z\,|\,0<|z-z_0|<\delta,z$ 为复数$\}$.

在复平面上,$U(z_0,\delta)$ 所对应的点集构成一个以点 z_0 为圆心、δ 为半径的圆;$\mathring{U}(z_0,\delta)$ 则对应于一个挖去圆心的圆.

定义 2　设 E 为复平面上的点集,若 $z_0\in E$,并且存在 $\delta>0$,使得 $U(z_0,\delta)\subset E$,那么 z_0 称为点集 E 的内点.全部由内点组成的点集称为**开集**.

定义 3　若 D 是复平面上的开集,并且 D 中任意两点可用一条完全属于 D 的折线连接(连通性),那么点集 D 称为复平面上的**区域**.简单地说,区域就是连通的开集.

定义 4　如果某点不属于区域 D,而它的任意小邻域中都含有属于 D 的点,那么该点称为 D 的**边界点**,D 的所有边界点的集合构成 D 的**边界**.区域 D 和它的边界的并集称为**闭区域**,记为 $\overline{D}$.

定义 5　若在区域 D 内作任意闭合曲线,曲线所包围的所有点都属于 D,那么 D 称为**单连通区域**;否则,D 称为**复连通区域**.

直观地说,单连通区域是实心的,而复连通区域是空心的或者有多个空穴,如图 1.5 和图 1.6 所示.

有限的单连通区域具有一条闭合的边界线,而复连通区域一般有多条独立的边界线.**通常规定:若观察者沿边界线走时,区域总保**

持在观察者的左边,那么观察者的走向为边界线的正向;反之,则称
为边界线的负向.

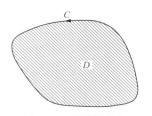 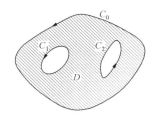

图 1.5　阴影部分为
单连通区域

图 1.6　阴影部分为
复连通区域

例如,图 1.5 中区域 D 的边界线为 C,图中标出的方向为区域 D
边界的正向,也即逆时针方向.图 1.6 中区域 D 的总边界线包括三
条独立的闭合曲线 C_0,C_1,C_2,标出的曲线的方向都是逆时针方向,
并不都是区域边界线的正向,其中 C_0 是区域的正向边界线,C_1 和 C_2
是区域的负向边界线.因此图 1.6 中区域 D 的总正向边界线应为
$C=C_0+C_1^-+C_2^-$,式中 C_1^-,C_2^- 的上标"$-$"表示顺时针方向,与图
1.6 中标出的方向相反.对于闭合曲线而言,一般采用 C_n 代表逆时
针方向,C_n^- 代表顺时针方向,若没有特别说明,本书后续内容中均
采用这个规定.

§1.3　初等复变函数

简单地说,在实变函数中,把自变量和因变量的取值范围扩大到
复数,便成了复变函数.

复变函数的定义　设 E 为复数集,若对于 E 中的每一个复数 z,
按照一定的映射关系,总有唯一的复数 w 与之对应,则称在数集 E
中定义了一个单值的复变函数,简称**单值函数**,记为 $w=f(z),z\in$
E.若对于每一个复数 $z\in E$,总有两个或两个以上的复数 w 与之对
应,则称在 E 中定义了一个多值的复变函数,简称**多值函数**,仍记为
$w=f(z),z\in E$.

变量 z 称为自变量,变量 w 称为因变量;数集 E 称为复变函数的定义域,因变量 w 的所有取值构成的数集 $\{w \mid w = f(z), z \in E\}$ 称为复变函数的值域.

实变函数的定义域和值域通常是数轴上的区间,而复变函数的定义域和值域则通常是复平面上的一个或几个区域.

复变函数的自变量 z 和因变量 w 都是普通的复数,可将其实部和虚部分离,写成标准的代数式.设 $z = x + iy, w = u + iv$,那么 u 和 v 一般是 x 和 y 的二元实变函数,可记为:

$$w = f(z) = u(x,y) + iv(x,y).$$

因此,每一个复变函数实际上都可归结为两个二元实变函数,有关二元实变函数的很多结论、定义和运算法则都可直接移植到复变函数中去.

几类基本初等复变函数的定义和基本特性如下.

(1) 幂函数 $w = z^n$(n 为正整数).

(2) 指数函数 $w = e^z$.

设 $z = x + iy$,指数函数 e^z 的实际定义式为

$$e^z = e^{x+iy} = e^x(\cos y + i\sin y).$$

(i) 周期性.因为

$$e^{z+2k\pi i} = e^{x+(y+2k\pi)i} = e^x(\cos y + i\sin y) \quad (k \text{ 为整数}), \quad (1.13)$$

所以 e^z 具有周期 $2k\pi i$(k 为整数),其中 $2\pi i$ 称为 e^z 的基本周期.

(ii) 可加性.设 $z_1 = x_1 + iy_1, z_2 = x_2 + iy_2$,那么

$$e^{z_1} \cdot e^{z_2} = e^{x_1}(\cos y_1 + i\sin y_1) \cdot e^{x_2}(\cos y_2 + i\sin y_2)$$
$$= e^{x_1+x_2}[\cos(y_1 + y_2) + i\sin(y_1 + y_2)].$$

所以 $\qquad\qquad\qquad e^{z_1} \cdot e^{z_2} = e^{z_1+z_2}$.

(3) 三角函数 $w = \sin z$ 和 $w = \cos z$.

定义:

$$\sin z = \frac{e^{iz} - e^{-iz}}{2i}; \quad \cos z = \frac{e^{iz} + e^{-iz}}{2}. \quad (1.14)$$

(i) 周期性.

$$\sin(z + 2k\pi) = \sin z; \quad \cos(z + 2k\pi) = \cos z \quad (k \text{ 为整数}).$$

(ii) 无界性.不同于实变三角函数 $\sin x$ 和 $\cos x$,复变三角函数

$\sin z$ 和 $\cos z$ 的模可能趋于无穷大.

设 $z = iy(x=0)$,那么 $|\sin z| = |\sin(iy)| = \dfrac{1}{2}|e^{-y} - e^{y}| \to \infty$

$(|y| \to \infty)$. 同理 $|\cos z| \to \infty (|y| \to \infty)$.

（4）双曲函数 $w = \sinh z$ 和 $w = \cosh z$.

定义：

$$\sinh z = \frac{e^z - e^{-z}}{2}; \quad \cosh z = \frac{e^z + e^{-z}}{2}. \tag{1.15}$$

可以证明 $\sinh z$ 和 $\cosh z$ 均为周期函数,周期为 $2k\pi i$（k 为整数）,并且有如下关系：

$$\sin(iz) = i\sinh z; \quad \cos(iz) = \cosh z. \tag{1.16}$$

（5）根式函数 $w = \sqrt[n]{z}$（$z \neq 0, n$ 为正整数而且 $n>1$）.

根式函数属于多值函数,这是由于自变量 z 的辐角每改变 2π 时,虽然自变量的值保持不变,但对应的因变量却已经改变. n 次根式函数是 n 值函数. 设 $z = \rho e^{i\theta}(0 < \theta < 2\pi)$,那么

$$w_k = \sqrt[n]{z} = \rho^{\frac{1}{n}} \cdot e^{i\frac{\theta + 2k\pi}{n}} \quad (k = 0, 1, 2, \cdots, n-1). \tag{1.17}$$

上式中每一个 k 值对应于一个函数值 w_k,称为一个单值分支. n 次根式函数总共有 n 个单值分支.

（6）对数函数 $w = \text{Ln}z$.

定义：

$$\text{Ln}z = \ln|z| + i\text{Arg}z. \tag{1.18}$$

设 $z = \rho e^{i\theta}(-\pi < \theta \leqslant \pi)$,那么

$$\text{Ln}z = \ln\rho + i(\theta + 2k\pi)$$

$$(k = 0, \pm 1, \pm 2, \cdots). \tag{1.19}$$

对数函数 $\text{Ln}z$ 是多值函数,有无穷多个单值分支,其中 $\ln\rho + i\theta$ 称为 $\text{Ln}z$ 的主值分支,记为 $\ln z$.

可以证明,对数函数具有如下运算规则：

$$\text{Ln}(z_1 \cdot z_2) = \text{Ln}z_1 + \text{Ln}z_2, \tag{1.20}$$

$$\text{Ln}\frac{z_1}{z_2} = \text{Ln}z_1 - \text{Ln}z_2, \tag{1.21}$$

$$e^{\text{Ln}z} = z. \tag{1.22}$$

（7）一般幂函数 $w=z^a$（a 为复数，$z\neq0$）.

定义：

$$z^a = e^{a\mathrm{Ln}z} \quad (z\neq0, a \text{ 为复数}). \tag{1.23}$$

由于 $\mathrm{Ln}z$ 是多值函数，所以 z^a 一般也是多值函数，只有 a 为整数时才是单值函数.

（8）反三角函数 $w=\mathrm{Arcsin}z$ 和 $w=\mathrm{Arccos}z$.

$w=\mathrm{Arcsin}z$ 和 $w=\mathrm{Arccos}z$ 是函数 $z=\sin w$ 和 $z=\cos w$ 的反函数. 根据三角函数的定义（1.14）式，若 $w=\mathrm{Arcsin}z$，那么 $z=\sin w=\dfrac{e^{iw}-e^{-iw}}{2i}$. 所以

$$(e^{iw})^2 - 2ize^{iw} - 1 = 0,$$

解出

$$w = \frac{1}{i}\mathrm{Ln}(iz \pm \sqrt{1-z^2}) = \frac{\pi}{2} + \frac{1}{i}\mathrm{Ln}(z \pm \sqrt{z^2-1}),$$

即

$$w = \mathrm{Arcsin}z = \frac{\pi}{2} - i\mathrm{Ln}(z \pm \sqrt{z^2-1}),$$

同理

$$w = \mathrm{Arccos}z = i\mathrm{Ln}(z \pm \sqrt{z^2-1}).$$

由于以上各式中 $\sqrt{z^2-1}$ 是二值函数，对数函数也是多值函数，所以 $\mathrm{Arcsin}z$ 和 $\mathrm{Arccos}z$ 都是多值函数.

例 1.3 求 2^{1+i} 的值.

解 $2^{1+i}=e^{(1+i)\mathrm{Ln}2}$

$\qquad = e^{(1+i)(\ln2+2k\pi i)} \quad (k=0,\pm1,\pm2,\cdots)$

$\qquad = e^{(\ln2-2k\pi)}[\cos(\ln2)+i\sin(\ln2)]$

$\qquad = 2e^{-2k\pi}[\cos(\ln2)+i\sin(\ln2)]$

$\qquad (k=0,\pm1,\pm2,\cdots).$

例 1.4 求 $\arccos2$ 的值.

解 $\arccos2 = \dfrac{1}{i}\mathrm{Ln}(2\pm\sqrt{3})$

$\qquad = -i\ln(2\pm\sqrt{3}) + 2k\pi \ (k=0,\pm1,\pm2,\cdots).$

例 1.5　举例说明等式 $(\mathrm{e}^{z_1})^{z_2} = \mathrm{e}^{z_1 \cdot z_2}$ 可能不成立.

解　设 $z_1 = -\pi \mathrm{i}, z_2 = \dfrac{1}{2}$,那么

$$(\mathrm{e}^{z_1})^{z_2} = (\mathrm{e}^{-\pi \mathrm{i}})^{\frac{1}{2}} = (-1)^{\frac{1}{2}} = \pm \mathrm{i},$$

$$\mathrm{e}^{z_1 \cdot z_2} = \mathrm{e}^{(-\pi \mathrm{i}) \cdot \frac{1}{2}} = \mathrm{e}^{-\frac{\pi}{2}\mathrm{i}} = -\mathrm{i},$$

所以

$$(\mathrm{e}^{z_1})^{z_2} \neq \mathrm{e}^{z_1 \cdot z_2}.$$

　　基本初等复变函数经过加、减、乘、除、乘方和开方等基本运算,或经历有限次复合运算,所形成的复变函数称为**初等复变函数**,简称**初等函数**.因此,掌握基本初等复变函数的基本特性和运算规则以后,就知道初等复变函数的性质和运算方法.

§1.4　复变函数多值性的讨论

　　最简单的多值函数是二次根式函数,下面以根式函数为例简单介绍一下多值函数的特点.设 $z = \rho \mathrm{e}^{\mathrm{i}\theta}(0 \leqslant \theta < 2\pi)$,$w = \sqrt{z}$.根据根式函数的定义(1.17)式,

$$w = \sqrt{z} = \rho^{\frac{1}{2}} \mathrm{e}^{\frac{1}{2}\mathrm{Arg}z}.$$

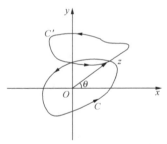

图 1.7　根式函数的多值性

对于复平面上某一固定点 z 来说,其辐角 $\mathrm{Arg}z$ 具有多值性,可以相差 2π 的整数倍.假设初始 z 点的辐角为 $\theta(0 \leqslant \theta < 2\pi)$,如图 1.7 所示.若 z 沿某一条闭合曲线 C 环绕原点一周回到原来的位置,z 值虽然不变,但其辐角却变为 $(\theta + 2\pi)$,从而二次根式函数的值 w 将由 $\rho^{\frac{1}{2}} \mathrm{e}^{\frac{1}{2}\theta}$ 连续变为 $\rho^{\frac{1}{2}} \mathrm{e}^{\frac{1}{2}(\theta+2\pi)}$(或 $-\rho^{\frac{1}{2}} \mathrm{e}^{\frac{1}{2}\theta}$).但若 z 点沿另一条不包围原点的闭合曲线 C' 环绕一周,z 的辐角将不变,因而二次根式函数的值 w 也保持不变.

　　由此可见,多值函数的函数值不仅与 z 值的位置有关,而且与 z 值的演变历史有关,因为不同的演变历史将具有不同的辐角.多值复

变函数的多值性来源于复数辐角的多值性.

支点的定义　对于某一多值函数 w 而言,若自变量 z 在复平面上沿包围点 a 的任意闭合曲线环绕一周回到原处时,对应的函数值 w 都发生了改变,那么 a 点就称为多值函数 $w=f(z)$ 的**支点**.

例如前面讨论的二次根式函数 $w=\sqrt{z}$, $z=0$ 就是一个支点.

在复平面上,无穷远处通常被看成一个特殊的点,称为**无穷远点**.对于二次根式函数 $w=\sqrt{z}$ 而言,无穷远点($z=\infty$)也是一个支点.这是因为:z 环绕无穷远点一周,相当于顺时针环绕一个以原点为圆心、半径任意大的圆周一周,其结果将使 w 的值发生改变.

假如从原点沿 x 轴正向直到无穷远处将复平面割开,并且定义割开处上缘的辐角为 0,下缘的辐角为 2π,如图 1.8 中 z 平面(一)所示.由于在 z 平面(一)中任何点都无法跨越被割开的鸿沟,因此所有复数 z 的辐角变化范围都被限制在 0 至 2π 之间,即 $0\leqslant\arg z<2\pi$.这样,二次根式函数 $w=\sqrt{z}$ 在 z 平面(一)中变成了一个单值函数 $w_1=\rho^{\frac{1}{2}}\mathrm{e}^{\frac{1}{2}\theta}$ ($0\leqslant\theta<2\pi$).

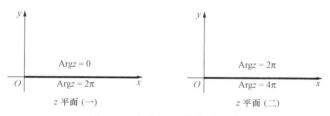

图 1.8　多值函数的单叶区域

单值分支的定义　函数 $w_1=\rho^{\frac{1}{2}}\mathrm{e}^{\frac{1}{2}\theta}$ 称为二次根式函数 $w=\sqrt{z}$ 的一个单值分支;图 1.8 中 z 平面(一)称为二次根式函数 $w=\sqrt{z}$ 的一个单叶区域.

若采用相同方法割开复平面,但把割线上缘的辐角定义为 2π,下缘的辐角定义为 4π,则形成了另一个单叶区域,如图 1.8 中 z 平面(二)所示.在 z 平面(二)中任意点 z 的辐角变化范围为 $2\pi\leqslant\arg z<4\pi$,所以二次根式函数 $w=\sqrt{z}$ 在该平面中变成了另一个单值函数

$w_2 = -\rho^{\frac{1}{2}} \mathrm{e}^{\frac{1}{2}\theta}$ $(z = \rho\mathrm{e}^{\mathrm{i}\theta}, 0 \leqslant \theta < 2\pi)$,这就是 $w = \sqrt{z}$ 的另一个单值分支.

二次根式函数 $w = \sqrt{z}$ 共有两个不同的单值分支,每个单值分支的定义域为一个单叶区域.一般的 n 值函数共有 n 个单值分支,分别定义于 n 个单叶区域中,总的定义域由 n 个单叶区域组成.

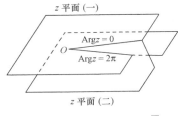

图 1.9 根式函数 $w = \sqrt{z}$ 的黎曼面

黎曼面的定义 如图 1.9 所示,将 z 平面(一)中割线的下缘与 z 平面(二)中割线的上缘连接起来,所构成的双叶面称为二次根式函数 $w = \sqrt{z}$ 的**黎曼面**.在此黎曼面中,复数 z 的辐角变化范围为 $0 \leqslant \mathrm{arg}z < 4\pi$.

$z_1 = \rho\mathrm{e}^{\mathrm{i}\theta}$ 和 $z_2 = \rho\mathrm{e}^{\mathrm{i}(\theta + 2\pi)}$ $(0 \leqslant \theta \leqslant 2\pi)$ 在普通复平面中表示同一个点,但在 $w = \sqrt{z}$ 的黎曼面中却代表两个不同的点,它们分别对应于两个不同的二次根式函数值,也就是说,一个点对应于 $w = \sqrt{z}$ 的一个函数值.因此,$w = \sqrt{z}$ 在其黎曼面中是一个单值函数,可记为:$w = \rho^{1/2}\mathrm{e}^{\mathrm{i}(\mathrm{arg}z)/2}$ $(0 \leqslant \mathrm{arg}z < 4\pi)$.实际上,该单值函数包括了 $w = \sqrt{z}$ 的两个单值分支,其定义域为整个黎曼面,包含了两个单叶区域.

又比如,对数函数 $w = \mathrm{Ln}z = \ln|z| + \mathrm{i}(2k\pi + \mathrm{arg}z)$ $(k = 0, \pm 1, \pm 2, \cdots)$,其支点有 $z = 0$ 和 $z = \infty$.把复平面从原点沿 x 轴正向割开,并定义割线上缘和下缘的辐角,就形成了一个单叶区域.对数函数 $w = \mathrm{Ln}z$ 有无穷多个单值分支,相应的单叶区域也有无穷多个.将这些单叶区域按前面所介绍的方法逐个连接起来,这样就构成了对数函数 $w = \mathrm{Ln}z$ 的黎曼面.

$w = \mathrm{Ln}z$ 的黎曼面包含无穷多个单叶区域,在每一个单叶区域中定义了一个单值分支,在整个黎曼面中定义了一个包括所有单值分支的单值函数.

例 1.6 求出多值函数 $w = \sqrt{z(z-1)}$ 的所有支点,并构造黎曼面.

解 $w = \sqrt{|z||z-1|}\,e^{i[\mathrm{Arg}\,z + \mathrm{Arg}(z-1)]/2}$,函数 w 有两个单值分支,分别记为 w_1 和 w_2.

如图 1.10 所示,当 z 沿闭合曲线 C_1 绕一周,$\mathrm{Arg}\,z$ 改变 2π,$\mathrm{Arg}(z-1)$ 不变,从而函数值将从 $w_1 \rightarrow w_2$.若 z 沿闭合曲线 C_2 绕一周,$\mathrm{Arg}\,z$ 不变,$\mathrm{Arg}(z-1)$ 增加 2π,从而函数值也从一个单值分支变为另一个单值分支.所以 $z_1 = 0$,$z_2 = 1$ 都是多值函数的支点.

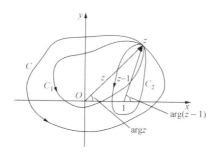

图 1.10   多值函数 $w = \sqrt{z(z-1)}$ 的支点

但当 z 沿 C 绕转一周时,$\mathrm{Arg}\,z$ 和 $\mathrm{Arg}(z-1)$ 都增加 2π,这时函数值 w 保持不变,因此 $z = \infty$ 不是多值函数 $w = \sqrt{z(z-1)}$ 的支点.

黎曼面的一种构造方法:将复平面从支点 $z = 0$ 处沿 x 轴向左割开,直至 $z = \infty$,再从支点 $z = 1$ 处沿 x 轴向右割开,直至 $z = \infty$,然后按下列两种不同方式定义割线上下缘处的辐角,构造两个单叶区域.如图 1.11 所示,在 z 平面(一)中,定义左边割线的上缘处 z 的辐角为 π,则下缘处 z 的辐角为 $-\pi$;定义右边割线的上缘处 $(z-1)$ 的辐角为 0,则下缘处 $(z-1)$ 的辐角为 2π.在 z 平面(二)中,定义左边割线的上缘处 z 的辐角为 $-\pi$,下缘处 z 的辐角为 -3π;定义右边割线的上缘处 $(z-1)$ 的辐角为 2π;下缘处 $(z-1)$ 的辐角为 4π.

多值函数 $w = \sqrt{z(z-1)}$ 共有两个不同的单值分支.根据上述定义,在 z 平面(一)中,$-\pi < \mathrm{Arg}\,z < \pi$,$0 < \mathrm{Arg}(z-1) < 2\pi$,函数 $w = \sqrt{z(z-1)}$ 的取值为一个单值分支,所以 z 平面(一)是对应于多值函数 $w = \sqrt{z(z-1)}$ 一个单值分支的单叶区域.在 z 平面(二)中,-3π

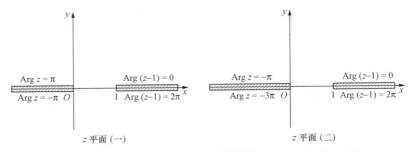

图 1.11　构造多值函数 $w=\sqrt{z(z-1)}$ 的黎曼面的单叶区域

$<\mathrm{Arg}\,z<-\pi,0<\mathrm{Arg}(z-1)<2\pi$，函数 $w=\sqrt{z(z-1)}$ 的取值为另一个单值分支，所以 z 平面（二）是对应于多值函数 $w=\sqrt{z(z-1)}$ 另一个单值分支的单叶区域. 若将 z 平面（一）左边割线的下缘与 z 平面（二）左边割线的上缘连接，就构成了一个双叶区域，这就是多值函数 $w=\sqrt{z(z-1)}$ 的一个黎曼面. 在该黎曼面中，函数 $w=\sqrt{z(z-1)}$ 为单值函数，其函数值包含了多值函数 $w=\sqrt{z(z-1)}$ 两个不同的单值分支，并且该黎曼面中的点 z 与函数值 w 存在一一对应的关系.

　　这里作为例子，只介绍了多值函数 $w=\sqrt{z(z-1)}$ 的黎曼面的一种构造方法，但这种构造方法并不是唯一的. 实际上，一般多值函数的黎曼面都有多种不同的构造方法，多值函数 $w=\sqrt{z(z-1)}$ 的黎曼面的其他构造方法可以作为课后思考题.

习　题　一

1-1　试求出下列复数的代数式.

(1) $(1-\mathrm{i})^3-(1+\mathrm{i})^3$；　　　　(2) $\dfrac{2-\mathrm{i}}{1+\mathrm{i}}$；

(3) $(1+\cos\theta+\mathrm{i}\sin\theta)^n$　（n 为正整数）；

(4) $(1+\mathrm{i})^n+(1-\mathrm{i})^n$　（n 为正整数）.

1-2　试求出下列复数的三角式和指数式.

（1）$-2+2\sqrt{3}i$;　　　　　　　　（2）$\sqrt{1+i}$;

（3）$(\sqrt{3}+i)^{-2}$;　　　　　　　　（4）$\sin\alpha-i\cos\alpha$　（α 为正实数）.

1-3　试求下列复数的值（复数的标准形式）.

（1）$\sqrt[4]{-1}$;　　　　　　　　　　（2）$\sqrt[5]{1}$;

（3）$\dfrac{5}{(1-i)(2-i)(3-i)}$.

1-4　试证复数的三角不等式.

（1）$|z_1+z_2|\leqslant|z_1|+|z_2|$;

（2）$||z_1|-|z_2||\leqslant|z_1-z_2|$;

（3）$|z_1\bar{z}_2+\bar{z}_1z_2|\leqslant2|z_1z_2|$.

1-5　在复平面上表示出满足下列条件的点集，并说明是否为区域或闭区域.

（1）$1<\text{Im}z<2$;　　　　　　　　（2）$|\text{Arg}z|<\dfrac{\pi}{4}$;

（3）$|z+1|+|z-1|<6$;

（4）$\left|z-\dfrac{i}{2}\right|>\dfrac{1}{2}$ 而且 $\left|z-\dfrac{3}{2}i\right|>\dfrac{1}{2}$;

（5）$|z|<|z-2|$;　　　　　　　（6）$|z|+\text{Re}z\leqslant1$;

（7）$0\leqslant\text{Arg}(z-1)\leqslant\dfrac{\pi}{2}$ 而且 $2\leqslant\text{Re}z\leqslant3$;

（8）$\text{Re}(z^2)\leqslant1$.

1-6　利用复数求下列和式.

（1）$S(\theta)=\cos\theta+\cos3\theta+\cdots+\cos(2n-1)\theta$　（n 为正整数）;

（2）$S(\theta)=\sin\theta+\sin3\theta+\cdots+\sin(2n-1)\theta$　（n 为正整数）.

1-7　试求下列函数值：

（1）$\sin(1-5i)$;　　　　　　　　（2）$(1+i)^i$;

（3）$\text{Ln}i^i$;　　　　　　　　　（4）$\cosh(1-i)$.

1-8　求出下列多值函数的所有支点并构造其黎曼面.

（1）$w=\sqrt{z-a}$;

（2）$w=\text{Ln}(z-a)$.

第二章　复变函数微积分

§2.1　复变函数的极限与连续性

复变函数极限的定义类似于二元实变函数极限的定义. 简单地说, 若 $z \to z_0$ 时, 复变函数 $f(z) \to w_0$, 那么 w_0 称为复变函数 $f(z)$ 当 $z \to z_0$ 时的极限, 记为 $w_0 = \lim\limits_{z \to z_0} f(z)$.

复变函数极限的定义($\varepsilon\delta$ 语言)　若复变函数 $w = f(z)$ 在 z_0 的去心邻域中有定义, 并且对于任意给定的正实数 ε, 总能找到正实数 δ, 使得当 $0 < |z - z_0| < \delta$ 时, 就有 $|f(z) - w_0| < \varepsilon$, 那么常复数 w_0 就称为 $f(z)$ 当 z 趋近 z_0 时的极限, 记为 $\lim\limits_{z \to z_0} f(z) = w_0$.

若找不到正实数 δ 和常复数 w_0 满足上述定义的要求, 那么就称复变函数 $f(z)$ 当 $z \to z_0$ 时极限不存在.

在实变函数极限过程中, x 趋近于 x_0 只能在实轴上从左右两个方向逼近. 但在复变函数极限过程中, 在复平面上 z 趋近于 z_0 的路径和方式可以多种多样, 只有当 z 不管以任何路径和方式趋近 z_0 时, 函数值 $f(z)$ 总是逼近同一个常数, 才能说明当 $z \to z_0$ 时 $f(z)$ 的极限存在, 否则, 函数极限不存在. 这一特点导致复变函数极限存在的条件比实变函数极限存在的条件苛刻得多.

例 2.1　设 $f(z) = \dfrac{z}{\bar{z}}$, 试证: 当 $z \to 0$ 时, $f(z)$ 的极限不存在.

证明　设 $z = \rho e^{i\theta}$, 则 $\bar{z} = \rho e^{-i\theta}$, $f(z) = \dfrac{z}{\bar{z}} = e^{2i\theta}$, $z \to 0$ 对应于 $\rho \to 0$, θ 可取任意值.

(i) 当 z 沿 x 轴从右边趋近原点, 则 $\theta = 0$, $\rho \to 0$, 这时 $f(z)$

$=\mathrm{e}^{2i\vartheta}\rightarrow 1$；

(ii) 当 z 沿 y 轴从上方趋近原点，则 $\theta=\dfrac{\pi}{2}$，$\rho\rightarrow 0$，这时 $f(z)=\mathrm{e}^{2i\vartheta}\rightarrow-1$.

由于当 z 以不同的路径趋近于 0 时，$f(z)$ 逼近不同的值，所以当 $z\rightarrow 0$ 时 $f(z)$ 的极限不存在.

复变函数连续的定义 若复变函数 $w=f(z)$ 在点 z_0 的某一邻域中有定义，并且 $\lim\limits_{z\rightarrow z_0}f(z)=f(z_0)$，那么称 $f(z)$ 在点 z_0 处连续.

如果复变函数 $f(z)$ 在区域 D 中所有点处都连续，则称 $f(z)$ 在区域 D 中连续，或者说 $f(z)$ 是区域 D 中的连续函数；若 $f(z)$ 在区域 D 中及其边界点处都连续，则称 $f(z)$ 在闭区域 $\overline{D}$ 中连续.

定理 2.1 两个连续函数的和、差、积、商（分母不为 0）仍为连续函数，两个连续函数的复合函数也为连续函数.

定理 2.2 在闭区域 $\overline{D}$ 中连续的函数必有界，并且在 $\overline{D}$ 中具有最大模和最小模.

例 2.2 证明：$f(z)=z^2$ 在全复平面上连续.

证明 设 z_0 是复平面上任意一点，当 $z\rightarrow z_0$ 时，$|z-z_0|$ 可以小于任意的正实数，不妨设 $|z-z_0|<1$，那么因为

$$|z|-|z_0|\leqslant|z-z_0|<1,$$

所以

$$|z|<1+|z_0|.$$

从而

$$\begin{aligned}|z^2-z_0^2|&=|z+z_0||z-z_0|\\&\leqslant(|z|+|z_0|)|z-z_0|\\&<(1+2|z_0|)|z-z_0|.\end{aligned}$$

若任意给定 $\varepsilon>0$，就可以找到 $\delta=\min\left\{1,\dfrac{\varepsilon}{1+2|z_0|}\right\}$，只要 $|z-z_0|<\delta$，就有

$$|z^2-z_0^2|=(1+2|z_0|)|z-z_0|<\varepsilon.$$

所以 $\lim\limits_{z\rightarrow z_0}z^2=z_0^2$，这就证明了函数 $f(z)=z^2$ 在复平面上任意点都连续.

例 2.3 设 $f(z) = \begin{cases} \dfrac{\text{Re}z}{|z|} & (z \neq 0), \\ 0 & (z = 0), \end{cases}$ 试证 $f(z)$ 在 $z=0$ 处不连续.

证明 设 $z = x + \mathrm{i}y$,那么

$$f(z) = \begin{cases} \dfrac{x}{\sqrt{x^2 + y^2}} & (z \neq 0), \\ 0 & (z = 0). \end{cases}$$

(i) 当 z 沿 x 轴从右边趋近于 0 时,$y \equiv 0$,$x \to 0$,所以 $\lim\limits_{\substack{x \to 0 \\ y \equiv 0}} f(z) = \lim\limits_{x \to 0} \dfrac{x}{x} = 1$;

(ii) 当 z 沿 y 轴从上边趋近于 0 时,$x \equiv 0$,$y \to 0$,所以 $\lim\limits_{\substack{y \to 0 \\ x \equiv 0}} f(z) = 0$.

所以 $\lim\limits_{z \to 0} f(z)$ 不存在,$f(z)$ 在 $z=0$ 处不连续.

复变函数一致连续的定义 若任意给定正实数 ε,存在实数 $\delta > 0$,使得对于区域 D 中任意两点 z_1 和 z_2,只要满足 $|z_1 - z_2| < \delta$,就有 $|f(z_1) - f(z_2)| < \varepsilon$,那么称 $f(z)$ 在 D 中一致连续.

在连续的定义中,z_0 是固定点,当 z 趋近于确定点 z_0 时,δ 比较容易找到,因为它不仅可以与 ε 有关,而且还可以与 z_0 有关.但在一致连续的定义中,z_1 和 z_2 都是不固定点,δ 的值只能与 ε 有关,不能与 z_1 和 z_2 有任何关系,即必须对所有的 z 值都成立.因此,一致连续的条件比连续的条件更苛刻.一个复变函数 $f(z)$ 在区域 D 中一致连续,那么它在 D 中一定连续;反之,$f(z)$ 在区域 D 中连续,却不能保证它在 D 中一致连续.

定理 2.3 若 $f(z)$ 在闭区域 $\overline{D}$ 中连续,那么 $f(z)$ 在该闭区域中一定一致连续.

§2.2 复变函数的解析性

导数的定义 设复变函数 $w = f(z)$ 在区域 D 中有定义,z_0 属于

区域 D,若极限值 $\lim\limits_{\Delta z \to 0}\dfrac{f(z_0+\Delta z)-f(z_0)}{\Delta z}$ 存在,则称 $f(z)$ 在 z_0 处可导或可微,该极限值称为 $f(z)$ 在 z_0 点的导数,记为 $f'(z_0)$ 或 $\dfrac{\mathrm{d}f(z)}{\mathrm{d}z}\Big|_{z=z_0}$.

函数 $f(z)$ 在区域 D 中可导是指 $f(z)$ 在区域 D 中处处可导.若函数 $f(z)$ 在 z_0 的任意邻域中都可导,则称 $f(z)$ 在 z_0 处**解析**;若 $f(z)$ 在 z_0 处不解析,则称 z_0 为函数 $f(z)$ 的**奇点**.

函数 $f(z)$ 在区域 D 中处处可导等价于 $f(z)$ 在区域 D 中处处解析.因为区域由内点组成,根据内点的定义,只要点 z_0 属于区域 D,那么总能找到一个完全处于 D 内的邻域 $U(z_0,\delta)$,$f(z)$ 在该邻域中可导,所以 $f(z)$ 在 z_0 点解析,这说明函数 $f(z)$ 在区域 D 中任意点都解析.

复变函数导数的定义与实变函数的导数定义相类似,因此可以证明复变函数具有与实变函数完全相同的求导运算法则.列出一些很常用的复变函数求导运算法则如下:

$$[a_1f_1(z) \pm a_2f_2(z)]' = a_1f_1'(z) \pm a_2f_2'(z) \quad (a_1,a_2 \text{ 为复常数}),$$
$$(2.1)$$

$$[f(z) \cdot g(z)]' = f'(z)g(z) + f(z)g'(z), \tag{2.2}$$

$$\left[\frac{f(z)}{g(z)}\right]' = \frac{f'(z)g(z)-g'(z)f(z)}{[g(z)]^2} \quad (g(z) \neq 0), \tag{2.3}$$

$$\frac{\mathrm{d}f(z)}{\mathrm{d}z} = \frac{1}{\mathrm{d}z(f)/\mathrm{d}f} \quad (z(f) \text{ 是 } f(z) \text{ 的反函数}), \tag{2.4}$$

$$\frac{\mathrm{d}F[f(z)]}{\mathrm{d}z} = \frac{\mathrm{d}F(f)}{\mathrm{d}f} \cdot \frac{\mathrm{d}f(z)}{\mathrm{d}z}. \tag{2.5}$$

初等复变函数在解析区域内的导数公式与实变函数的导数公式完全相同,以下是几类很常用的基本初等复变函数的求导公式.

(1) 三角函数 $\sin z$ 和 $\cos z$

$$(\sin z)' = \cos z, \quad (\cos z)' = -\sin z. \tag{2.6}$$

(2) 指数函数 e^z

$$(e^z)' = e^z. \tag{2.7}$$

(3) 对数函数 $\ln z$

$$(\ln z)' = \frac{1}{z} \quad (z \neq 0). \tag{2.8}$$

（4）一般幂函数 z^{α}

$$(z^{\alpha})' = \alpha z^{\alpha-1} \quad (\alpha \text{ 为任意复常数}). \tag{2.9}$$

虽然复变函数的导数定义、运算法则和求导公式都与实变函数完全相同，但由于复变函数极限的逼近路径复杂，因此复变函数可导或解析的条件是十分苛刻的. 有不少看似简单的复变函数实际上并不是解析函数，下面举一个例子进行说明.

例 2.4   试证复数函数 $f(z)=\mathrm{Re}z$ 在复平面上处处不可导.

证明   设 $z=x+\mathrm{i}y$，那么 $f(z)=\mathrm{Re}z=x$. 考察 $\Delta z \to 0$ 时，极限

$$\lim_{\Delta z \to 0} \frac{f(z+\Delta z)-f(z)}{\Delta z} = \lim_{\Delta x \to 0} \frac{\Delta x}{\Delta x + \mathrm{i}\Delta y} = \lim_{\Delta x \to 0} \frac{1}{1+\mathrm{i}(\Delta y/\Delta x)}$$

的变化趋势.

（i）若 Δz 沿 x 轴趋于 0，则 $\Delta y \equiv 0, \Delta x \to 0$，这时

$$\lim_{\Delta z \to 0} \frac{f(z+\Delta z)-f(z)}{\Delta z} = \frac{\Delta x}{\Delta x} = 1;$$

（ii）若 Δz 沿 y 轴趋于 0，则 $\Delta x \equiv 0, \Delta y \to 0$，这时

$$\lim_{\Delta z \to 0} \frac{f(z+\Delta z)-f(z)}{\Delta z} = \lim_{\Delta x \to 0} \frac{0}{0+\mathrm{i}\Delta y} = 0.$$

所以极限 $\lim\limits_{\Delta z \to 0} \dfrac{f(z+\Delta z)-f(z)}{\Delta z}$ 不存在，即 $f(z)$ 在复平面上任意点 z 处都不可导，因此，$f(z)$ 在全复平面上不可导.

柯西-黎曼(C-R)条件   若复变函数 $f(z)=u(x,y)+\mathrm{i}v(x,y)$ 在点 $z=x+\mathrm{i}y$ 处可导，那么必有

$$\frac{\partial u}{\partial x} = \frac{\partial v}{\partial y}; \qquad \frac{\partial v}{\partial x} = -\frac{\partial u}{\partial y}. \tag{2.10}$$

上式称为柯西-黎曼条件（简称 C-R 条件）.

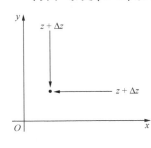

图 2.1   直角坐标系中复数自变量的逼近方式

证明   如图 2.1 所示，选择两种 $z+\Delta z \to z$（或 $\Delta z \to 0$）的逼近过程，其中 $\Delta z = \Delta x + \mathrm{i}\Delta y$.

（i）若 $z+\Delta z$ 沿平行 x 轴的方向趋近

z，则 $\Delta y \equiv 0, \Delta x \rightarrow 0$，

$$\lim_{\Delta z \to 0} \frac{f(z+\Delta z)-f(z)}{\Delta z}$$

$$=\lim_{\Delta x \to 0} \frac{u(x+\Delta x, y)+\mathrm{i}v(x+\Delta x, y)-u(x, y)-\mathrm{i}v(x, y)}{\Delta x}$$

$$=\lim_{\Delta x \to 0} \frac{u(x+\Delta x, y)-u(x, y)}{\Delta x}+\lim_{\Delta x \to 0} \frac{\mathrm{i}v(x+\Delta x, y)-\mathrm{i}v(x, y)}{\Delta x}$$

$$=\frac{\partial u(x, y)}{\partial x}+\mathrm{i}\,\frac{\partial v(x, y)}{\partial x}.$$

（ii）若 $z+\Delta z$ 沿平行 y 轴的方向趋近于 z，则 $\Delta x \equiv 0, \Delta y \rightarrow 0$，

$$\lim_{\Delta z \to 0} \frac{f(z+\Delta z)-f(z)}{\Delta z}$$

$$=\lim_{\Delta y \to 0} \frac{u(x, y+\Delta y)+\mathrm{i}v(x, y+\Delta y)-u(x, y)-\mathrm{i}v(x, y)}{\mathrm{i}\Delta y}$$

$$=-\mathrm{i}\lim_{\Delta y \to 0} \frac{u(x, y+\Delta y)-u(x, y)}{\Delta y}+\lim_{\Delta y \to 0} \frac{v(x, y+\Delta y)-v(x, y)}{\Delta y}$$

$$=\frac{\partial v(x, y)}{\partial y}-\mathrm{i}\,\frac{\partial u(x, y)}{\partial y}.$$

若极限 $\lim\limits_{\Delta z \to 0} \dfrac{f(z+\Delta z)-f(z)}{\Delta z}$ 存在，则以不同路径逼近所得到的极限值应该相同，即：

$$\frac{\partial u}{\partial x}+\mathrm{i}\,\frac{\partial v}{\partial x}=\frac{\partial v}{\partial y}-\mathrm{i}\,\frac{\partial u}{\partial y},$$

所以

$$\begin{cases} \dfrac{\partial u}{\partial x}=\dfrac{\partial v}{\partial y}, \\[2mm] \dfrac{\partial v}{\partial x}=-\dfrac{\partial u}{\partial y}, \end{cases}$$

证毕.

    C-R 条件是复变函数可导的必要条件，但并不充分. 若要成为充要条件，则除了 C-R 条件外，还必须要求 $u(x, y)$ 和 $v(x, y)$ 在 z 点处的偏导数连续.

    在极坐标中，复数点和复变函数分别表示为 $z=\rho e^{\mathrm{i}\theta}$ 和 $f(z)=u(\rho, \theta)+\mathrm{i}v(\rho, \theta)$. 若复变函数 $f(z)=u(\rho, \theta)+\mathrm{i}v(\rho, \theta)$ 在点 $z=\rho e^{\mathrm{i}\theta}$ 处可导，那么在极坐标中的 C-R 条件为：

$$\begin{cases} \dfrac{\partial u}{\partial \rho} = \dfrac{1}{\rho}\dfrac{\partial v}{\partial \theta}, \\[2mm] \dfrac{1}{\rho}\dfrac{\partial u}{\partial \theta} = -\dfrac{\partial v}{\partial \rho}. \end{cases} \tag{2.11}$$

（证明略）

　　C-R 条件是解析函数的一个重要性质,它揭示了解析函数的实部和虚部之间关系.利用 C-R 条件,可以由解析函数的实部求出其虚部;反之亦然.

　　从 C-R 条件的证明过程中已经得出:在两种逼近过程中,极限 $\lim\limits_{\Delta z \to 0}\dfrac{f(z+\Delta z)-f(z)}{\Delta z}$ 的值都表示为 $f(z)$ 的实部和虚部的偏导数形式.若函数 $f(z)$ 在点 z 的导数存在,那么两种逼近过程所得到的极限值就等于函数 $f(z)$ 在点 z 的导数值,因此,也可作为复变函数 $f(z)$ 导数的计算公式.

　　(i) 在直角坐标系中,解析函数 $f(z)=u(x,y)+\mathrm{i}v(x,y)$ 在点 $z=x+\mathrm{i}y$ 处的导数:

$$\begin{aligned} f'(z) &= \frac{\partial u(x,y)}{\partial x} + \mathrm{i}\frac{\partial v(x,y)}{\partial x} \\[2mm] &= \frac{\partial v(x,y)}{\partial y} - \mathrm{i}\frac{\partial u(x,y)}{\partial y}. \end{aligned} \tag{2.12}$$

　　(ii) 在极坐标系中,解析函数 $f(z)=u(\rho,\theta)+\mathrm{i}v(\rho,\theta)$ 在点 $z=\rho\mathrm{e}^{\mathrm{i}\theta}$ 处的导数:

$$\begin{aligned} f'(z) &= \mathrm{e}^{-\mathrm{i}\theta}\left[\frac{\partial u(\rho,\theta)}{\partial \rho} + \mathrm{i}\frac{\partial v(\rho,\theta)}{\partial \rho}\right] \\[2mm] &= \mathrm{e}^{-\mathrm{i}\theta}\left[\frac{\partial v(\rho,\theta)}{\rho\partial \theta} - \mathrm{i}\frac{\partial u(\rho,\theta)}{\rho\partial \theta}\right]. \end{aligned} \tag{2.13}$$

　　例 2.5　已知解析函数 $f(z)$ 的实部 $u(x,y)=x^2-y^2$,且 $f(0)=0$,试求出 $f(z)$ 的虚部.

　　解　设 $f(z)=u(x,y)+\mathrm{i}v(x,y)$,由于 $f(z)$ 是解析函数,利用 C-R 条件可得

$$\frac{\partial v}{\partial x} = -\frac{\partial u}{\partial y} = 2y,$$

$$\frac{\partial v}{\partial y} = \frac{\partial u}{\partial x} = 2x,$$

所以

$$\mathrm{d}v(x,y) = 2y\mathrm{d}x + 2x\mathrm{d}y = \mathrm{d}(2xy + C) \quad (C \text{ 为待定常数}),$$
$$v(x,y) = 2xy + C.$$

由 $f(0) = u(0,0) + iv(0,0) = 0$,可得 $C = 0$. 因此

$$v(x,y) = 2xy, \quad f(z) = x^2 - y^2 + 2xy\mathrm{i}.$$

§2.3 复变函数积分的定义和性质

复变函数积分的定义 设 $f(z)$ 在逐段光滑的有向曲线 l 上有定义. 将 l 分成 n 小段,各个分点依次为: $z_0, z_1, z_2, \cdots, z_n$,如图 2.2 所示.

再于每小段 $z_{k-1}z_k (k = 1, 2, \cdots, n)$ 上任取一点 ξ_k,定义如下和式 S_n:

$$S_n = \sum_{k=1}^{n} f(\xi_k)(z_k - z_{k-1})$$
$$= \sum_{k=1}^{n} f(\xi_k)\Delta z_k,$$

其中 $\Delta z_k = z_k - z_{k-1}$.

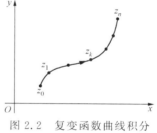

图 2.2 复变函数曲线积分
路径示意图

如果极限 $\lim\limits_{\substack{n \to \infty \\ \Delta z_k \to 0}} \sum_{k=1}^{n} f(\xi_k)\Delta z_k$ 存在,

则称复变函数在有向曲线 l 上可积,并把该极限值称为 $f(z)$ 沿有向曲线 l 的积分,记为 $\int_l f(z)\mathrm{d}z$. 其中 z 称为积分变量,$f(z)$ 称为被积函数,有向曲线 l 称为积分路径.

定理 2.4 若复变函数 $f(z) = u(x,y) + iv(x,y)$ 在有向曲线 l 上各点连续,则 $f(z)$ 沿曲线 l 可积,并且有

$$\int_l f(z)\mathrm{d}z = \int_l (u\mathrm{d}x - v\mathrm{d}y) + \mathrm{i}\int_l (v\mathrm{d}x + u\mathrm{d}y). \quad (2.14)$$

(证明略)

由此可见,复变函数积分实际上是二元实变函数的曲线积分,因而具有与实变函数曲线积分完全相同的性质:

(i) $\int_l \mathrm{d}z = z_n - z_0$ (z_0, z_n 分别是有向曲线 l 的起点和终点);
$$(2.15)$$

(ii) $\int_l [a_1 f_1(z) + a_2 f_2(z)] \mathrm{d}z = a_1 \int_l f_1(z) \mathrm{d}z + a_2 \int_l f_2(z) \mathrm{d}z$

(a_1, a_2 为常数);
$$(2.16)$$

(iii) $\int_{l_1+l_2} f(z) \mathrm{d}z = \int_{l_1} f(z) \mathrm{d}z + \int_{l_2} f(z) \mathrm{d}z$;
$$(2.17)$$

(iv) $\int_l f(z) \mathrm{d}z = -\int_{l^-} f(z) \mathrm{d}z$ (l^- 代表有向曲线 l 的反向曲

线);
$$(2.18)$$

(v) $\left| \int_l f(z) \mathrm{d}z \right| \leqslant \int_l |f(z)| \mathrm{d}s$ ($\mathrm{d}s$ 代表沿曲线 l 的弧微分,

$\mathrm{d}s = |\mathrm{d}z|$).
$$(2.19)$$

在计算复变积分的过程中常常采用参数变换法,把曲线积分化为对参数的一元积分. 设有向曲线 l 的参数方程为
$$z(t) = x(t) + \mathrm{i}y(t) \quad (\alpha \leqslant t \leqslant \beta),$$
曲线 l 的起点 $z(\alpha) = x(\alpha) + \mathrm{i}y(\alpha)$,终点 $z(\beta) = x(\beta) + \mathrm{i}y(\beta)$. 若被积函数为 $f(z) = u(x,y) + \mathrm{i}v(x,y)$,那么

$$
\begin{aligned}
\int_l f(z) \mathrm{d}z &= \int_l (u\mathrm{d}x - v\mathrm{d}y) + \mathrm{i}\int_l (v\mathrm{d}x + u\mathrm{d}y) \\
&= \int_\alpha^\beta [u(x,y)x'(t) - v(x,y)y'(t)] \mathrm{d}t \\
&\quad + \mathrm{i}\int_\alpha^\beta [v(x,y)x'(t) + u(x,y)y'(t)] \mathrm{d}t \\
&= \int_\alpha^\beta [u(x,y) + \mathrm{i}v(x,y)]x'(t) \mathrm{d}t \\
&\quad + \mathrm{i}\int_\alpha^\beta [u(x,y) + \mathrm{i}v(x,y)]y'(t) \mathrm{d}t \\
&= \int_\alpha^\beta f[z(t)]x'(t) \mathrm{d}t + \mathrm{i}\int_\alpha^\beta f[z(t)]y'(t) \mathrm{d}t,
\end{aligned}
$$

所以 $\qquad \int_l f(z) \mathrm{d}z = \int_\alpha^\beta f[z(t)]z'(t) \mathrm{d}t.$
$$(2.20)$$

例 2.6 计算积分 $\int_l \mathrm{Re}z\mathrm{d}z$,其中 l 代表如下路径:

(i) l 为连接原点 O 到点 $1+\mathrm{i}$ 的有向线段;

(ii) l 为连接原点 O 到 1 再折向点 $1+i$ 的折线段.

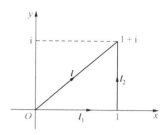

图 2.3 两种积分路径示意图

解 (i) 见图 2.3,这种情形下,曲线 l 的参数方程为 $z = (1+i)t$ ($0 \leqslant t \leqslant 1$),因此

$$\text{Re}z = t, \quad z'(t) = 1+i,$$

所以
$$\int_l \text{Re}z \, dz = \int_0^1 t(1+i)dt = \frac{1}{2}(1+i).$$

(ii) $\int_l \text{Re}z \, dz = \int_{l_1} \text{Re}z \, dz + \int_{l_2} \text{Re}z \, dz$ (l_1 为 $0 \to 1$, l_2 为 $1 \to 1+i$,见图 2.3).

在 l_1 上,参数方程为 $z = t$ ($0 \leqslant t \leqslant 1$),所以 $\text{Re}z = t$, $z'(t) = 1$;

在 l_2 上,参数方程为 $z = 1 + it$ ($0 \leqslant t \leqslant 1$),所以 $\text{Re}z = 1$, $z'(t) = i$. 所以

$$\int_l \text{Re}z \, dz = \int_{l_1} \text{Re}z \, dz + \int_{l_2} \text{Re}z \, dz$$
$$= \int_0^1 t \, dt + \int_0^1 1 \cdot i \, dt = \frac{1}{2} + i.$$

从以上例子看到,复变函数积分的值不仅与积分的起点和终点有关,而且也与积分路径有关,这是复变函数积分的一般性特点.

例 2.7 试求积分 $\oint_C \frac{1}{(z-\alpha)^n} dz$ (n 为整数,α 为常数),其中积分路径 C 代表圆心为 α,半径为 r 的圆周,逆时针方向,符号 $\oint_C$ 代表积分路径是闭合曲线.

解 积分路径 C 的参数方程可表示为:$z = \alpha + re^{i\varphi}$ ($0 \leqslant \varphi \leqslant 2\pi$,$\varphi = 0$ 为起点,$\varphi = 2\pi$ 为终点),如图 2.4 所示.

$$z'(\varphi) = \mathrm{i} r \mathrm{e}^{\mathrm{i}\varphi},$$

$$\frac{1}{(z-\alpha)^n} = \frac{1}{r^n \mathrm{e}^{\mathrm{i} n\varphi}} = r^{-n} \mathrm{e}^{-\mathrm{i} n\varphi}.$$

所以

$$\oint_C \frac{1}{(z-\alpha)^n}\mathrm{d}z = \int_0^{2\pi} r^{-n}\mathrm{e}^{-\mathrm{i} n\varphi} \cdot \mathrm{i} r \mathrm{e}^{\mathrm{i}\varphi}\mathrm{d}\varphi = \int_0^{2\pi} \mathrm{i} r^{-n+1} \mathrm{e}^{-\mathrm{i}(n-1)\varphi}\mathrm{d}\varphi$$

$$= \begin{cases} \mathrm{i} r^{-n+1} \cdot \left[\dfrac{\mathrm{e}^{-\mathrm{i}(n-1)\varphi}}{-\mathrm{i}(n-1)}\right]_0^{2\pi} = 0, & \text{当 } n \neq 1, \\ \displaystyle\int_0^{2\pi} \mathrm{i}\,\mathrm{d}\varphi = 2\pi\mathrm{i}, & \text{当 } n = 1. \end{cases}$$

所以
$$\oint_C \frac{1}{(z-\alpha)^n}\mathrm{d}z = \begin{cases} 2\pi\mathrm{i} & (n=1), \\ 0 & (n \neq 1, n \text{ 为整数}). \end{cases}$$

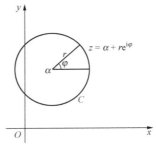

图 2.4　参数方程表示积分路径示意图

§2.4　柯西定理和柯西积分公式

柯西定理 1　若 $f(z)$ 在单连通区域 D 中解析,那么 $f(z)$ 沿 D 内任意闭合曲线 C 的积分值为 0.

$$\oint_C f(z)\mathrm{d}z = 0. \qquad (2.21)$$

推论　若 $f(z)$ 在单连通区域 D 中解析,那么 $f(z)$ 沿 D 内任意曲线的积分只与起点和终点有关,与积分路径无关.

柯西定理 2　若 $f(z)$ 在复连通闭区域 $\overline{D}$ 中解析,那么 $f(z)$ 沿 $\overline{D}$

的所有边界线的积分总和等于 0.

设复连通闭区域 $\overline{D}$ 的总边界线为 $C = C_0 + C_1^- + C_2^- + \cdots + C_n^-$，那么：

$$\int_C f(z)\mathrm{d}z = \int_{C_0} f(z)\mathrm{d}z + \int_{C_1^-} f(z)\mathrm{d}z + \int_{C_2^-} f(z)\mathrm{d}z + \cdots$$
$$+ \int_{C_n^-} f(z)\mathrm{d}z = 0, \qquad (2.22)$$

或者表示为：

$$\int_{C_0} f(z)\mathrm{d}z = \int_{C_1} f(z)\mathrm{d}z + \int_{C_2} f(z)\mathrm{d}z + \cdots + \int_{C_n} f(z)\mathrm{d}z. \qquad (2.23)$$

以上式子中 $C_0, C_1, C_2, \cdots, C_n$ 表示逆时针方向，如图 2.5 所示. $C_1^-, C_2^-, \cdots, C_n^-$ 表示顺时针方向（复连通区域内边界线的正向）.

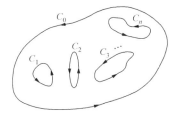

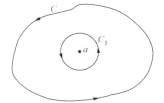

图 2.5 复连通区域和
逆时针边界线示意图

图 2.6 包围 a 点的闭合
积分路径示意图

例 2.8 试计算积分 $\oint_C (z-a)^n \mathrm{d}z$（$n$ 为整数），积分路径 C 为包围 a 点的任意闭合曲线，逆时针方向.

解 （i）$n \geqslant 0$ 时，被积函数为复平面上的解析函数. 所以

$$\oint_C (z-a)^n \mathrm{d}z = 0 \quad (n \geqslant 0).$$

（ii）$n < 0$ 时，被积函数在全复平面上只有一个奇点 $z_0 = a$.

以 a 点为圆心，作逆时针方向的圆周 C_1（完全处于积分路径 C 所包围的区域内），如图 2.6 所示. 原积分路径 C 与圆周 C_1 围成一个复连通区域. 由于被积函数在 $C + C_1^-$ 围成的复连通闭区域内解

析,所以

$$\oint_{C+C_1^-} (z-a)^n \mathrm{d}z = 0 \quad (n\ 为整数),$$

即

$$\oint_C (z-a)^n \mathrm{d}z = \oint_{C_1} (z-a)^n \mathrm{d}z.$$

直接利用例 2.7 的结果得到:

$$\oint_{C_1} (z-a)^n \mathrm{d}z = \begin{cases} 2\pi\mathrm{i} & (n=-1), \\ 0 & (n\neq-1, n\ 为整数). \end{cases}$$

所以

$$\oint_C (z-a)^n \mathrm{d}z = \begin{cases} 2\pi\mathrm{i} & (n=-1), \\ 0 & (n\neq-1, n\ 为整数). \end{cases} \tag{2.24}$$

例 2.9 计算积分 $\displaystyle\oint_C \frac{\mathrm{d}z}{z^2+4z+3}$ (C: $|z|=2$,逆时针方向).

解

$$\oint_C \frac{\mathrm{d}z}{z^2+4z+3} = \oint_C \frac{1}{2}\left[\frac{1}{z+1} - \frac{1}{z+3}\right]\mathrm{d}z$$

$$= \frac{1}{2}\oint_C \frac{\mathrm{d}z}{z+1} - \frac{1}{2}\oint_C \frac{\mathrm{d}z}{z+3}$$

(路径 C 包围 $z_1=-1$,但不包围 $z_2=-3$)

$$= \frac{1}{2}\cdot 2\pi\mathrm{i} + 0 = \pi\mathrm{i}.$$

柯西定理 3 若 $f(z)$ 在闭区域 $\overline{D}$ 中解析,z 是 D 内任意一点,C 代表 $\overline{D}$ 的正向边界,那么:

$$f(z) = \frac{1}{2\pi\mathrm{i}}\oint_C \frac{f(\xi)}{\xi-z}\mathrm{d}\xi \quad (C\ 包围\ z\ 点). \tag{2.25}$$

上式称为柯西积分公式.(证明略)

若 $\overline{D}$ 是复连通区域,总正向边界线 $C=C_0+C_1^-+C_2^-+\cdots+C_n^-$,则柯西积分公式为:

$$f(z) = \frac{1}{2\pi\mathrm{i}}\oint_{C_0} \frac{f(\xi)\mathrm{d}\xi}{\xi-z} + \frac{1}{2\pi\mathrm{i}}\oint_{C_1^-} \frac{f(\xi)\mathrm{d}\xi}{\xi-z} + \frac{1}{2\pi\mathrm{i}}\oint_{C_2^-} \frac{f(\xi)\mathrm{d}\xi}{\xi-z} + \cdots$$

$$+ \frac{1}{2\pi\mathrm{i}}\oint_{C_n^-} \frac{f(\xi)\mathrm{d}\xi}{\xi-z} \quad (z\in D). \tag{2.26}$$

柯西积分公式表明:$f(z)$ 在解析区域内的取值决定于它在解析区域边界线上的取值.它的主要作用在于计算复变函数的闭合曲线积分.同时,根据柯西积分公式还可以推导出 $f(z)$ 的各阶导数的积分公式,这说明 $f(z)$ 在解析区域内存在任意阶导数.

解析函数各阶导数的柯西公式:

$$f'(z) = \frac{1}{2\pi i}\oint_C \frac{f(\xi)}{(\xi-z)^2}\mathrm{d}\xi, \tag{2.27}$$

$$f''(z) = \frac{2}{2\pi i}\oint_C \frac{f(\xi)}{(\xi-z)^3}\mathrm{d}\xi, \tag{2.28}$$

$$f'''(z) = \frac{2\cdot3}{2\pi i}\oint_C \frac{f(\xi)}{(\xi-z)^4}\mathrm{d}\xi, \tag{2.29}$$

$$\cdots$$

$$f^{(n)}(z) = \frac{n!}{2\pi i}\oint_C \frac{f(\xi)}{(\xi-z)^{n+1}}\mathrm{d}\xi. \tag{2.30}$$

例 2.10 求积分 $\oint_C \frac{e^z}{z}\mathrm{d}z$（$C:|z|=1$，逆时针），并证明:

$$\int_0^\pi e^{\cos\theta}\cdot\cos(\sin\theta)\mathrm{d}\theta = \pi.$$

解 设 $f(z)=e^z$，它在全平面上解析，应用柯西公式得:

$$\oint_C \frac{e^z}{z}\mathrm{d}z = 2\pi i\cdot e^0 = 2\pi i.$$

积分路径 C 的参数方程为 $z=e^{i\theta}(-\pi\leqslant\theta\leqslant\pi)$，采用参数变换法计算闭合曲线积分,

$$\oint_C \frac{e^z}{z}\mathrm{d}z = \int_{-\pi}^\pi \frac{e^{\cos\theta+i\sin\theta}}{e^{i\theta}}\cdot ie^{i\theta}\mathrm{d}\theta$$

$$= \int_{-\pi}^\pi e^{\cos\theta}\cdot[i\cos(\sin\theta)-\sin(\sin\theta)]\mathrm{d}\theta$$

$$= -\int_{-\pi}^\pi e^{\cos\theta}\cdot\sin(\sin\theta)\mathrm{d}\theta + i\int_{-\pi}^\pi e^{\cos\theta}\cdot\cos(\sin\theta)\mathrm{d}\theta.$$

比较两种方法计算积分的结果可知:

$$\int_{-\pi}^\pi e^{\cos\theta}\cdot\cos(\sin\theta)\mathrm{d}\theta = 2\pi,$$

所以 $$\int_0^\pi e^{\cos\theta}\cdot\cos(\sin\theta)\mathrm{d}\theta = \pi.$$

例 2.11 计算积分 $\oint_C \frac{e^z}{(z^2+1)^2}\mathrm{d}z$（$C:|z|=2$，逆时针）.

解 被积函数有两个奇点 $z_1=i,z_2=-i$，都在积分路径 C 所围成的区域内. 在 C 所围成的区域内作围线 C_1 和 C_2 分别包围两个奇

点. $C+C_1^- +C_2^-$ 围成了复连通区域 D,如图 2.7 所示.

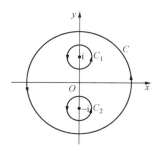

图 2.7　$C+C_1^- +C_2^-$ 围成复连通区域 D 示意图

由于被积函数在复连通闭区域 $\overline{D}$ 中解析,由柯西定理 2 可知

$$\oint_c \frac{e^z}{(z^2+1)^2}dz = \oint_{C_1} \frac{e^z}{(z^2+1)^2}dz + \oint_{C_2} \frac{e^z}{(z^2+1)^2}dz.$$

再根据柯西积分公式(柯西定理 3)得到

$$\oint_{C_1} \frac{e^z}{(z^2+1)^2}dz = \oint_{C_1} \frac{\left[e^z/(z+i)^2\right]}{(z-i)^2}dz = 2\pi i\left[\frac{e^z}{(z+i)^2}\right]'_{z=i}$$

$$= \frac{\pi}{2}(1-i)e^i,$$

$$\oint_{C_2} \frac{e^z}{(z^2+1)^2}dz = \oint_{C_2} \frac{\left[e^z/(z-i)^2\right]}{(z+i)^2}dz = 2\pi i\left[\frac{e^z}{(z-i)^2}\right]'_{z=-i}$$

$$= -\frac{\pi}{2}(1+i)e^{-i}.$$

所以

$$\oint_c \frac{e^z}{(z^2+1)^2}dz = \frac{\pi}{2}(1-i)e^i - \frac{\pi}{2}(1+i)e^{-i} = i\pi(\sin 1 - \cos 1)$$

$$= i\sqrt{2}\pi\sin\left(1 - \frac{\pi}{4}\right).$$

习　题　二

2-1　判断下列复变函数在原点 $z=0$ 处是否连续.

(1) $f(z)=\begin{cases}0, & z=0,\\ \dfrac{\mathrm{Re}z}{|z|}, & z\neq 0.\end{cases}$

(2) $f(z)=\begin{cases}0, & z=0,\\ \dfrac{(\mathrm{Re}z)^2}{|z|}, & z\neq 0.\end{cases}$

2-2　证明连续函数 $f(z)$ 的模 $|f(z)|$ 也连续.

2-3　设函数 $f(z)$ 在 z_0 处连续,且 $f(z_0)\neq 0$,求证:可以找到 z_0 的一个邻域,使得函数 $f(z)$ 在此邻域内的值不为 0.

2-4　求下列函数的导数,并指出有哪些奇点.

(1) $f(z)=\dfrac{1}{z}$; 　　　　　(2) $f(z)=\dfrac{z-1}{(z+1)(z^2+1)}$.

2-5　$f(z)=\begin{cases}\dfrac{x^3-y^3+\mathrm{i}(x^3+y^3)}{x^2+y^2}, & z\neq 0,\\ 0, & z=0.\end{cases}$ 证明 $f(z)$ 在原点处满足 C-R 条件,但不可微.

2-6　已知 $f(z)=x^3-3xy^2-1+\mathrm{i}(3x^2y-y^3+2)$,试求 $f'(\mathrm{i})$.

2-7　证明在极坐标系中 C-R 条件为:
$$\frac{\partial u}{\partial \rho}=\frac{1}{\rho}\frac{\partial v}{\partial \theta},\quad \frac{1}{\rho}\frac{\partial u}{\partial \theta}=-\frac{\partial v}{\partial \rho}.$$

2-8　根据给出条件求出解析函数 $f(z)=u+\mathrm{i}v$:

(1) $u(x,y)=x^2-y^2+xy$, $f(\mathrm{i})=-1+\mathrm{i}$;

(2) $u(x,y)=3x^2y-y^3$, $f(\mathrm{i})=-1$;

(3) $u(x,y)=\mathrm{e}^x(x\cos y-y\sin y)$, $f(0)=0$;

(4) $u(\rho,\theta)=\ln\rho$, $f(1)=0$;

(5) $u(\rho,\theta)=\theta$, $f(1)=0$.

2-9　证明:若 $f(z)=u+\mathrm{i}v$ 在 D 内解析,且满足下列条件之一,则 $f(z)$ 在 D 内为常数.

(a) $f'(z)\equiv 0$;(b) $\mathrm{Re}[f(z)]$ 为常数;(c) $\overline{f(z)}$ 在 D 内亦解析;(d) $u=v^2$.

2-10　设 $f(z)=x-y+\mathrm{i}x^2$,试沿下列三种路径分别计算积分 $I=\displaystyle\int_0^{1+\mathrm{i}}f(z)\mathrm{d}z$.

(1) 沿连接 0 到 1+i 的有向直线段；

(2) 沿直线 $y=0$ 与 $x=1$ 所成的有向折线；

(3) 沿直线 $x=0$ 和 $y=1$ 组成的有向折线.

2-11　计算下列积分：

(1) $\oint_C \dfrac{1}{z+2}\mathrm{d}z$ （C：$|z|=1$，逆时针）；

(2) $\oint_C \dfrac{z^2-1}{z^2+1}\mathrm{d}z$ （C：$|z|=2$，逆时针）；

(3) $\oint_C \dfrac{\sin \mathrm{e}^z}{z^2}\mathrm{d}z$ （C：$|z|=1$，逆时针）；

(4) $\oint_C \dfrac{\mathrm{e}^{\mathrm{i}z}}{z^2+1}\mathrm{d}z$ $\left(C：|z-2\mathrm{i}|=\dfrac{3}{2}，逆时针 \right)$；

(5) $\oint_C \dfrac{\sin \dfrac{\pi}{4}z}{z^2-1}\mathrm{d}z$ （C：$|z|=2$，逆时针）.

2-12　设 C 代表圆周 $x^2+y^2=3$，方向为逆时针，
$$f(z)=\oint_C \frac{3\xi^2+7\xi+1}{\xi-z}\mathrm{d}\xi,$$
试求出 $f'(1+\mathrm{i})$ 和 $f''(1+\mathrm{i})$.

2-13　计算积分 $\oint_C \dfrac{1}{z+2}\mathrm{d}z$ （C：$|z|=1$，逆时针），并证明：
$$\int_0^\pi \frac{1+2\cos\theta}{5+4\cos\theta}\mathrm{d}\theta = 0.$$

2-14　若 $f(z)=u+\mathrm{i}v$ 在区域 D 内解析，证明在 D 内有：
$$\frac{\partial^2 u}{\partial x^2}+\frac{\partial^2 u}{\partial y^2}=0 \quad 和 \quad \frac{\partial^2 v}{\partial x^2}+\frac{\partial^2 v}{\partial y^2}=0.$$

（注：满足上述关系的函数称为调和函数，即解析函数的实部和虚部都是调和函数.）

2-15　已知函数 $\psi(t,x)=\mathrm{e}^{2tx-t^2}$ （t 为复变量，x 为参数），试写出 $\left. \dfrac{\partial^n \psi}{\partial t^n} \right|_{t=0}$ 的闭合曲线积分表示式，并借助变量代换 $t=x-z$，证明：
$$\left. \frac{\partial^n \psi}{\partial t^n} \right|_{t=0} = (-1)^n \mathrm{e}^{x^2}\ \frac{\mathrm{d}^n(\mathrm{e}^{-x^2})}{\mathrm{d}x^n}.$$

第三章　复变函数的幂级数展开

§3.1　复变函数项级数及其收敛性

复变函数项级数的定义　设 $f_k(z)(k=1,2,3,\cdots)$ 是区域 D 中的复变函数,如下表达式

$$f_1(z)+f_2(z)+f_3(z)+\cdots+f_k(z)+\cdots$$

称为复变函数项级数,记为 $\sum\limits_{k=1}^{+\infty}f_k(z)$,称 $S_n(z)=\sum\limits_{k=1}^{n}f_k(z)$ 为级数的前 n 项部分和.

复变函数项级数收敛和发散的定义　若对于 $z_0\in D$,极限 $\lim\limits_{n\to+\infty}S_n(z_0)$ 存在,则称级数 $\sum\limits_{k=1}^{+\infty}f_k(z)$ 在 z_0 处收敛;若极限 $\lim\limits_{n\to+\infty}S_n(z_0)$ 不存在,则称级数 $\sum\limits_{k=1}^{+\infty}f_k(z)$ 在 z_0 处发散.若 $\sum\limits_{k=1}^{+\infty}|f_k(z_0)|$ 收敛,则称级数 $\sum\limits_{k=1}^{+\infty}f_k(z)$ 在 z_0 处绝对收敛.

若级数 $\sum\limits_{k=1}^{+\infty}f_k(z)$ 在区域 D 中所有点都收敛,则称级数在区域 D 中收敛.对应于区域 D 中不同的点,级数 $\sum\limits_{k=1}^{+\infty}f_k(z)$ 一般收敛于不同的值.假设对应于点 $z\in D$,级数收敛于 $f(z)$,即 $f(z)=\sum\limits_{k=1}^{+\infty}f_k(z)$,那么 $f(z)$ 称为级数 $\sum\limits_{k=1}^{+\infty}f_k(z)$ 的和函数.

幂级数的定义　形如 $\sum\limits_{k=0}^{+\infty}a_k(z-z_0)^k$ 的级数称为以 z_0 为中心的幂级数,常数 $a_0,a_1,a_2,\cdots,a_n,\cdots$ 称为该幂级数的系数.

阿贝尔定理　若 $\sum\limits_{k=0}^{+\infty} a_k (z-z_0)^k$ 在某点 z_1 处收敛,则该幂级数

在满足 $|z-z_0| < |z_1-z_0|$ 的圆域内将处处绝对收敛;若

$$\sum_{k=0}^{+\infty} a_k (z-z_0)^k$$

在某点 z_1 处发散,则该幂级数在满足 $|z-z_0| > |z_1-z_0|$ 的圆域外
处处发散.(证明略)

根据阿贝尔定理可知,对于任意幂级数 $\sum\limits_{k=0}^{+\infty} a_k (z-z_0)^k$,总是存

在一个圆周 $|z-z_0| = R$ $(0 \leqslant R < \infty)$,使得幂级数在此圆域内处处
收敛,在此圆域外则处处发散.圆域 $|z-z_0| < R$ 称为幂级数的收敛
圆,R 称为幂级数的收敛半径.

幂级数在收敛圆内绝对收敛,在收敛圆外发散.但在收敛圆的圆
周上,则可能收敛,也可能发散,需要具体问题具体分析.

幂级数 $\sum\limits_{k=0}^{+\infty} a_k (z-z_0)^k$ 收敛半径的两种求法:

(i) 达朗贝尔法(俗称比值法):

$$R = \lim_{k \to +\infty} \left| \frac{a_k}{a_{k+1}} \right|. \tag{3.1}$$

(ii) 柯西法(俗称根式法):

$$R = \lim_{k \to +\infty} \frac{1}{\sqrt[k]{|a_k|}}. \tag{3.2}$$

例 3.1　求 $\sum\limits_{k=0}^{+\infty} (-1)^k \cdot 2^k \cdot z^{2k}$ 的收敛半径 R.

解　设 $z^2 = t$,则该幂级数变为 $\sum\limits_{k=0}^{+\infty} (-1)^k \cdot 2^k \cdot t^k$,其中系数为

$a_k = (-1)^k \cdot 2^k$.所以收敛半径为 $R' = \lim\limits_{k \to +\infty} \dfrac{1}{\sqrt[k]{|a_k|}} = \dfrac{1}{2}$,即当 $|t| < \dfrac{1}{2}$

时级数收敛.

因为 $t = z^2$,所以对 z 而言,收敛区域为 $|z^2| < \dfrac{1}{2}$,即 $|z| < \dfrac{1}{\sqrt{2}}$.

因此,级数 $\sum\limits_{k=0}^{+\infty} (-1)^k \cdot 2^k \cdot z^{2k}$ 的收敛半径 $R = \sqrt{\dfrac{1}{2}}$.

例 3.2 求 $\sum\limits_{k=0}^{+\infty}\dfrac{z^k}{k!}$ 的收敛半径 R.

解 根据达朗贝尔法,

$$R=\lim_{k\to+\infty}\left|\frac{a_k}{a_{k+1}}\right|=\lim_{k\to+\infty}\left|\frac{(k+1)!}{k!}\right|=+\infty.$$

$R=+\infty$ 表明收敛圆无限大,所以该级数在整个复平面上收敛.

例 3.3 求 $\sum\limits_{k=0}^{+\infty}k^k\cdot z^k$ 的收敛半径 R.

解 根据柯西法 $R=\lim\limits_{k\to+\infty}\dfrac{1}{\sqrt[k]{|a_k|}}=\lim\limits_{k\to+\infty}\dfrac{1}{k}=0$.

$R=0$ 表明收敛圆已收缩为一点,因此,除了 $z=0$ 外,该级数在复平面上其他点都发散.

幂级数在收敛圆内的重要性质:

(i) 和函数 $f(z)=\sum\limits_{k=0}^{+\infty}a_k(z-z_0)^k$ 在收敛圆内解析.

(ii) 和函数 $f(z)=\sum\limits_{k=0}^{+\infty}a_k(z-z_0)^k$ 在收敛圆内存在任意阶导数,且可逐项求导,即 $f'(z)=\sum\limits_{k=0}^{+\infty}a_kk(z-z_0)^{k-1}$. 求导后所得幂级数 $\sum\limits_{k=0}^{+\infty}a_kk(z-z_0)^{k-1}$ 的收敛半径不变.

(iii) 和函数 $f(z)=\sum\limits_{k=0}^{+\infty}a_k(z-z_0)^k$ 可沿收敛圆内任意的有向曲线 l 逐项积分,即 $\int_l f(z)\mathrm{d}z=\sum\limits_{k=0}^{+\infty}a_k\int_l(z-z_0)^k\mathrm{d}z$. 积分后所得幂级数 $\sum\limits_{k=0}^{+\infty}a_k\int_l(z-z_0)^k\mathrm{d}z$ 的收敛半径不变.

例 3.4 分别求出幂级数 $\sum\limits_{k=1}^{+\infty}kz^{k-1}$ 和 $\sum\limits_{k=1}^{+\infty}\dfrac{z^k}{k}$ 在收敛圆内的和函数.

解 $\dfrac{1}{1-z}=1+z+z^2+\cdots+z^{k-1}+z^k+\cdots=\sum\limits_{k=0}^{+\infty}z^k$(收敛圆域 $|z|<1$).

(i) 将 $(1-z)^{-1}$ 的幂级数逐项求导可得

$$\left(\frac{1}{1-z}\right)' = 1 + 2z + 3z^2 + \cdots + (k-1)z^{k-2} + kz^{k-1} + \cdots$$

$$= \sum_{k=1}^{+\infty} kz^{k-1} \quad (|z| < 1),$$

所以 $f_1(z) = \sum_{k=1}^{+\infty} kz^{k-1} = \frac{1}{(1-z)^2}$ (收敛圆域 $|z| < 1$).

(ii) 将 $(1-z)^{-1}$ 的幂级数从 $0 \to z(|z| < 1)$ 逐项积分,则

$$\int_0^z \frac{1}{1-z} dz = \int_0^z 1 dz + \int_0^z z dz + \int_0^z z^2 dz + \cdots$$

$$+ \int_0^z z^{k-1} dz + \int_0^z z^k dz + \cdots \quad (|z| < 1),$$

即

$$\int_0^z \frac{1}{1-z} dz = z + \frac{z^2}{2} + \frac{z^3}{3} + \cdots + \frac{z^k}{k} + \frac{z^{k+1}}{k+1} + \cdots$$

$$= \sum_{k=1}^{+\infty} \frac{z^k}{k} \quad (|z| < 1).$$

所以

$$f_2(z) = \sum_{k=1}^{+\infty} \frac{z^k}{k} = \int_0^z \frac{1}{1-z} dz = -\ln(1-z)$$

$$(\text{收敛圆域 } |z| < 1).$$

§3.2 泰勒级数展开

泰勒定理   若 $f(z)$ 在 z_0 的邻域 $U(z_0, R)$ 中解析,那么 $f(z)$ 在该邻域中可展开为如下幂级数:

$$f(z) = \sum_{k=0}^{+\infty} a_k(z-z_0)^k, \quad |z-z_0| < \lim_{k \to +\infty} \left|\frac{a_k}{a_{k+1}}\right|$$

$$\left(a_k = \frac{f^{(k)}(z_0)}{k!}, k = 0, 1, 2, \cdots\right). \tag{3.3}$$

证明   设 $f(z)$ 在 z_0 的邻域 $U(z_0, R)$ 内解析,对于该邻域中任意一点 z,总可以作圆心为 z_0,半径为 $r(r < R)$ 的圆周 C,把点 z 包围

其内.应用柯西积分公式可得：

$$f(z) = \frac{1}{2\pi i} \oint_C \frac{f(\xi)}{\xi - z} \mathrm{d}\xi.$$

因为积分变量 ξ 在圆周 C 上取值，所以 $\left| \dfrac{z - z_0}{\xi - z_0} \right| < 1$，于是

$$\begin{aligned}
\frac{1}{\xi - z} &= \frac{1}{(\xi - z_0) - (z - z_0)} \\
&= \frac{1}{\xi - z_0} \cdot \frac{1}{1 - (z - z_0)/(\xi - z_0)} \\
&= \sum_{k=0}^{+\infty} \frac{(z - z_0)^k}{(\xi - z_0)^{k+1}}.
\end{aligned}$$

所以

$$\begin{aligned}
f(z) &= \frac{1}{2\pi i} \oint_C \sum_{k=0}^{+\infty} \frac{f(\xi)(z - z_0)^k}{(\xi - z_0)^{k+1}} \mathrm{d}\xi \\
&= \sum_{k=0}^{+\infty} \left[\frac{1}{2\pi i} \oint_C \frac{f(\xi)}{(\xi - z_0)^{k+1}} \mathrm{d}\xi \right] (z - z_0)^k \\
&= \sum_{k=0}^{+\infty} \frac{f^{(k)}(z_0)}{k!} (z - z_0)^k.
\end{aligned}$$

例 3.5 将 $f(z) = \sin z$ 在 $z = 0$ 处展开成幂级数.

解 $f(z) = \sin z$, $f(0) = 0$;

$\qquad f'(z) = \cos z$, $f'(0) = 1$;

$\qquad f''(z) = -\sin z$, $f''(0) = 0$;

$\qquad f'''(z) = -\cos z$, $f'''(0) = -1$;

$$\cdots$$

$\qquad f^{(2m)}(z) = (-1)^m \sin z$, $f^{(2m)}(0) = 0$;

$\qquad f^{(2m+1)}(z) = (-1)^m \cos z$, $f^{(2m+1)}(0) = (-1)^m$.

所以

$$\begin{aligned}
f(z) = \sin z &= \sum_{k=0}^{+\infty} \frac{f^{(k)}(0)}{k!} z^k = \sum_{m=0}^{+\infty} \frac{f^{(2m+1)}(0)}{(2m+1)!} \cdot z^{2m+1} \\
&= \sum_{m=0}^{+\infty} \frac{(-1)^m}{(2m+1)!} \cdot z^{2m+1} \\
&= z - \frac{1}{3!} z^3 + \frac{1}{5!} z^5 - \frac{1}{7!} z^7 + \cdots + \frac{(-1)^m}{(2m+1)!} z^{2m+1} + \cdots,
\end{aligned}$$

该级数全复平面收敛.

　　例 3.6　将 $f(z)=\ln(1+z)$ 在 $z=0$ 处展开成泰勒级数.

　　解　$f(z)=\ln(1+z)$，$f(0)=\ln 1=0$；

（符号 $\ln$ 表示对数的主值）

$$f'(z)=\frac{1}{1+z}, \quad f'(0)=1;$$

$$f''(z)=-\frac{1}{(1+z)^2}, \quad f''(0)=-1;$$

$$f'''(z)=\frac{2}{(1+z)^3}, \quad f'''(0)=2;$$

$$\cdots$$

$$f^{(k)}(z)=(-1)^{k-1}\frac{(k-1)!}{(1+z)^k}, \quad f^{(k)}(0)=(-1)^{k-1}\cdot(k-1)!$$

$$(k\geqslant 1).$$

所以

$$f(z)=\sum_{k=0}^{+\infty}\frac{f^{(k)}(0)}{k!}z^k=\sum_{k=1}^{+\infty}\frac{(-1)^{k-1}}{k}z^k$$

$$=z-\frac{1}{2}z^2+\frac{1}{3}z^3-\frac{1}{4}z^4+\frac{1}{5}z^5-\cdots+(-1)^{k-1}\frac{z^k}{k}+\cdots.$$

收敛区域：$|z|<1$.

　　例 3.7　将 $f(z)=\arctan z$ 在 $z=0$ 处展开成泰勒级数.

　　解　设 $\arctan z=\sum_{k=0}^{+\infty}a_k z^k$，那么 $(\arctan z)'=\sum_{k=0}^{+\infty}ka_k z^{k-1}$. 因为

$$(\arctan z)'=\frac{1}{1+z^2}=\sum_{m=0}^{+\infty}(-1)^m z^{2m},$$

所以

$$\sum_{k=0}^{+\infty}ka_k z^{k-1}=\sum_{m=0}^{+\infty}(-1)^m z^{2m}.$$

　　通过比较以上式子两边的系数即可求出 a_k，从而得到 $\arctan z$ 的泰勒级数.

　　(i) 当 k 为奇数时，$(2m+1)a_{2m+1}=(-1)^m$，即 $a_{2m+1}=\dfrac{(-1)^m}{2m+1}$

$(m = 0, 1, 2, \cdots)$.

(ii) 当 k 为偶数时，$2m \cdot a_{2m} = 0$，即 $a_{2m} = 0$ $(m = 1, 2, 3, \cdots)$. 所以

$$\arctan z = a_0 + \sum_{m=0}^{+\infty} \frac{(-1)^m}{2m+1} z^{2m+1} \quad (\text{其中 } a_0 = \arctan 0 = 0).$$

收敛区域：$|z| < 1$.

§3.3 洛朗级数展开

洛朗定理 若 $f(z)$ 在以 z_0 为中心的圆环区域 $R_1 < |z - z_0| < R_2$ 内解析，则 $f(z)$ 可在该环域内展开为如下双边级数：

$$f(z) = \sum_{k=-\infty}^{+\infty} a_k (z - z_0)^k, \qquad (3.4)$$

式中

$$a_k = \frac{1}{2\pi i} \oint_C \frac{f(\xi)}{(\xi - z_0)^{k+1}} d\xi$$

$(k = 0, \pm 1, \pm 2, \cdots$，$C$ 是处于环域中并包围 z_0 的任意围线$)$.

证明 设 z 是环域 $R_1 < |z - z_0| < R_2$ 内任意点，以 z_0 为圆心，作半径为 r_1 的圆周 C_1 和半径为 r_2 的圆周 C_2，使 z 处于环域 $r_1 < |z - z_0| < r_2$ 内，并且 $R_1 < r_1 < r_2 < R_2$，如图 3.1 所示.

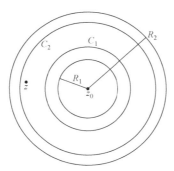

图 3.1 复平面上解析环域的示意图

应用复连通区域的柯西积分公式得到：

$$f(z) = \frac{1}{2\pi i} \oint_{C_1^- + C_2} \frac{f(\xi)}{(\xi - z)} \mathrm{d}\xi$$

$$= \frac{1}{2\pi i} \oint_{C_2} \frac{f(\xi)}{(\xi - z)} \mathrm{d}\xi - \frac{1}{2\pi i} \oint_{C_1} \frac{f(\xi)}{(\xi - z)} \mathrm{d}\xi.$$

（i）当沿 C_1 积分时，$|\xi - z_0| < |z - z_0|$，所以

$$\frac{1}{\xi - z} = -\frac{1}{z - z_0} \cdot \frac{1}{1 - (\xi - z_0)/(z - z_0)} = -\sum_{n=0}^{+\infty} \frac{(\xi - z_0)^n}{(z - z_0)^{n+1}};$$

（ii）当沿 C_2 积分时，$|\xi - z_0| > |z - z_0|$，所以

$$\frac{1}{\xi - z} = \frac{1}{\xi - z_0} \cdot \frac{1}{1 - (z - z_0)/(\xi - z_0)} = \sum_{k=0}^{+\infty} \frac{(z - z_0)^k}{(\xi - z_0)^{k+1}}.$$

因此

$$f(z) = \frac{1}{2\pi i} \oint_{C_2} \sum_{k=0}^{+\infty} \frac{f(\xi)(z - z_0)^k}{(\xi - z_0)^{k+1}} \mathrm{d}\xi$$

$$+ \frac{1}{2\pi i} \oint_{C_1} \sum_{n=0}^{+\infty} \frac{f(\xi)(\xi - z_0)^n}{(z - z_0)^{n+1}} \mathrm{d}\xi$$

$$= \frac{1}{2\pi i} \oint_{C_2} \sum_{k=0}^{+\infty} \frac{f(\xi)(z - z_0)^k}{(\xi - z_0)^{k+1}} \mathrm{d}\xi$$

$$+ \frac{1}{2\pi i} \oint_{C_2} \sum_{n=0}^{+\infty} \frac{f(\xi)(\xi - z_0)^n}{(z - z_0)^{n+1}} \mathrm{d}\xi.$$

令 $k = -n - 1$，将上式右边第二项中对 n 求和变为对 k 求和，那么

$$f(z) = \sum_{k=0}^{+\infty} \left[\frac{1}{2\pi i} \oint_{C_2} \frac{f(\xi)}{(\xi - z_0)^{k+1}} \mathrm{d}\xi \right] (z - z_0)^k$$

$$+ \sum_{k=-\infty}^{-1} \left[\frac{1}{2\pi i} \oint_{C_2} \frac{f(\xi)}{(\xi - z_0)^{k+1}} \mathrm{d}\xi \right] (z - z_0)^k$$

$$= \sum_{k=-\infty}^{+\infty} \left[\frac{1}{2\pi i} \oint_{C_2} \frac{f(\xi)}{(\xi - z_0)^{k+1}} \mathrm{d}\xi \right] (z - z_0)^k$$

$$= \sum_{k=-\infty}^{+\infty} a_k (z - z_0)^k,$$

式中

$$a_k = \frac{1}{2\pi i} \oint_{C_2} \frac{f(\xi)}{(\xi - z_0)^{k+1}} \mathrm{d}\xi = \frac{1}{2\pi i} \oint_{C} \frac{f(\xi)}{(\xi - z_0)^{k+1}} \mathrm{d}\xi$$

（C 为环域内包围 z_0 的任意围线）.

注意：由于 $f(z)$ 在 C 围成的区域中不解析，所以

$$a_k = \frac{1}{2\pi i}\oint_{c_2} \frac{f(\xi)}{(\xi-z_0)^{k+1}}\mathrm{d}\xi \neq \frac{f^{(k)}(z_0)}{k!}.$$

在一般情况下，通过计算上述闭合曲线积分求洛朗级数系数 a_k 的方法不可行，因此常采用一些技巧求出函数的洛朗级数展开式.

例 3.8 试求出函数 $f(z)=\dfrac{z}{(2-z)(3-z)}$ 在下列环域中的洛朗级数.

(1) $2<|z|<3$；　　　　(2) $3<|z|<+\infty$.

解 (1) 在环域 $2<|z|<3$ 中，$\left|\dfrac{2}{z}\right|<1$，$\left|\dfrac{z}{3}\right|<1$. 所以

$$f(z)=\frac{z}{2-z}-\frac{z}{3-z}=-\frac{1}{1-2/z}-\frac{z}{3}\cdot\frac{1}{1-z/3}$$

$$=-\left[1+\frac{2}{z}+\left(\frac{2}{z}\right)^2+\cdots\right]-\frac{z}{3}\left[1+\frac{z}{3}+\left(\frac{z}{3}\right)^2+\cdots\right]$$

$$=-1-2\cdot z^{-1}-\cdots-2^k\cdot z^{-k}-\cdots-\frac{z}{3}-\frac{z^2}{3^2}-\frac{z^3}{3^3}-\cdots.$$

(2) 在环域 $3<|z|<+\infty$ 中，$\left|\dfrac{2}{z}\right|<1$，$\left|\dfrac{3}{z}\right|<1$. 所以

$$f(z)=\frac{z}{2-z}-\frac{z}{3-z}=-\frac{1}{1-2/z}+\frac{1}{1-3/z}$$

$$=-\left[1+\frac{2}{z}+\left(\frac{2}{z}\right)^2+\cdots\right]+\left[1+\frac{3}{z}+\left(\frac{3}{z}\right)^2+\cdots\right]$$

$$=\frac{1}{z}+\frac{5}{z^2}+\cdots+\frac{3^k-2^k}{z^k}+\cdots.$$

从以上例子可以看到，一个函数在不同环域中所展开成的洛朗级数不相同. 但可以证明，在每一个解析环域中所展开成的洛朗级数是唯一的.

奇点的类型：

若 z_0 点是 $f(z)$ 的奇点，但 $f(z)$ 在 z_0 的某一个去心邻域 $0<|z-z_0|<R$ 内解析，则称点 z_0 是函数 $f(z)$ 的**孤立奇点**.

若 $f(z)$ 在 z_0 的去心邻域 $0<|z-z_0|<R$ 中的洛朗级数没有负幂项，则 z_0 称为 $f(z)$ 的**可去奇点**.

若 $f(z)$ 在 z_0 的去心邻域 $0<|z-z_0|<R$ 中的洛朗级数具有如下形式

$$f(z) = \sum_{k=-m}^{+\infty} a_k (z-z_0)^k \quad (m \text{ 为正整数}, a_{-m} \neq 0), \quad (3.5)$$

则 z_0 称为 $f(z)$ 的 **m 阶极点**. m 阶极点可采用下式判定:

$$\lim_{z \to z_0} [(z-z_0)^m \cdot f(z)] = \text{非零有限值}. \quad (3.6)$$

若 $f(z)$ 在 z_0 的去心邻域中的洛朗级数有无穷多个负幂项,则 z_0 称为 $f(z)$ 的**本性奇点**.

例3.9   试找出下列函数的奇点并指出其类型.

(1) $\dfrac{\sin z}{z}$;   (2) $\dfrac{1}{(z-1)(z-2)}$;   (3) $e^{\frac{1}{z}}$.

解   (1) $f(z) = \dfrac{\sin z}{z}$ 的奇点只有 $z=0$,在 $0<|z|<+\infty$ 中把 $f(z)$ 展开成洛朗级数,

$$\frac{\sin z}{z} = \frac{z - (1/3!)z^3 + (1/5!)z^5 - (1/7!)z^7 + \cdots}{z}$$

$$= 1 - \frac{1}{3!}z^2 + \frac{1}{5!}z^4 - \frac{1}{7!}z^6 + \cdots.$$

所以 $z=0$ 是函数 $f(z) = \dfrac{\sin z}{z}$ 的可去奇点.

(2) $f(z) = \dfrac{1}{(z-1)(z-2)}$ 的奇点有 $z_1=1$ 和 $z_2=2$. 因为

$$\lim_{z \to 1}(z-1) \cdot f(z) = -1, \quad \lim_{z \to 2}(z-2) \cdot f(z) = 1,$$

所以 $z_1=1$ 和 $z_2=2$ 都是函数 $f(z) = \dfrac{1}{(z-1)(z-2)}$ 的一阶极点.

(3) $f(z) = e^{\frac{1}{z}}$ 的奇点只有 $z=0$,在邻域 $0<|z|<+\infty$ 中把 $f(z)$ 展开成洛朗级数,

$$e^{\frac{1}{z}} = \sum_{k=0}^{+\infty} \frac{1}{k!} \cdot \left(\frac{1}{z}\right)^k = \sum_{k'=-\infty}^{0} \frac{z^{k'}}{(-k')!}.$$

由此可见,$e^{\frac{1}{z}}$ 的洛朗级数中有无穷多个负幂项. 所以 $z=0$ 是函数 $f(z) = e^{\frac{1}{z}}$ 的本性奇点.

习　题　三

3-1　已知幂级数 $\sum\limits_{k=0}^{+\infty} a_k (z-1)^k$ 在 $z=\mathrm{i}$ 处收敛,试判断该幂级数在 $z=2$ 处是否收敛.

3-2　已知幂级数 $\sum\limits_{k=0}^{+\infty} a_k z^k$ 的收敛半径为 R,试求幂级数 $\sum\limits_{k=1}^{+\infty} ka_k z^{k-1}$ 和 $\sum\limits_{k=0}^{+\infty} a_k (z-1)^{3k}$ 的收敛半径.

3-3　求幂级数 $\sum\limits_{n=0}^{+\infty} \dfrac{1}{(n+1)(n+2)} z^{n+2}$ $(|z|<1)$ 的和函数.

3-4　试求出下列幂级数的收敛区域.

（1）$\sum\limits_{k=0}^{+\infty} k!(z-\mathrm{i})^k$;　（2）$\sum\limits_{k=1}^{+\infty} \left(\dfrac{z+\mathrm{i}}{k}\right)^k$;　（3）$\sum\limits_{k=1}^{+\infty} \dfrac{(z+1)^{2k}}{k^2}$.

3-5　求出下列函数在 z_0 处的泰勒级数及其收敛半径.

（1）$\dfrac{2z+3}{z+1}$, $z_0=1$;　　　　　　（2）$\sin^2 z$, $z_0=0$;

（3）$(1+z^2)\cos z$, $z_0=0$;　　　　（4）$\dfrac{1}{(1+z^2)^2}$, $z_0=0$.

3-6　将下列函数按给定环域展开为洛朗级数.

（1）$\dfrac{1}{(z-3)(z-1)}$,环域 $0<|z-1|<2$ 和 $2<|z-1|<+\infty$;

（2）$\dfrac{1}{z^2+1}$,环域 $0<|z-\mathrm{i}|<1$;

（3）$\dfrac{1}{z^2(z-2)}$,环域 $1<|z-1|<+\infty$;

（4）$\dfrac{\cos z}{z^3}$,环域 $0<|z|<+\infty$;

（5）$\mathrm{e}^{\frac{2}{1-z}}$,环域 $0<|z-1|<+\infty$.

3-7　指出下列函数的奇点和类型.

(1) $\dfrac{z+2}{z(z+1)(z-1)^3}$；

(2) $\dfrac{1}{e^z-1}-\dfrac{1}{z}$；

(3) $\dfrac{1-\cos z}{z^2}$；

(4) $\dfrac{1}{z^2\sin(z-1)}$；

(5) $\tan\dfrac{1}{z-1}$；

(6) $\dfrac{z\sin z}{1-\cos z}$.

第四章 留数及其应用

§4.1 留 数 定 理

留数的定义 设 $f(z)$ 在孤立奇点 z_0 的去心邻域 $\hat{U}(z_0,\delta)$ 中展开成的洛朗级数为 $f(z)=\sum\limits_{k=-\infty}^{+\infty}a_k\,(z-z_0)^k$，则 a_{-1} 称为 $f(z)$ 在 z_0 处的留数，记为 $\mathrm{Res}f(z_0)$.

设 $f(z)$ 在去心邻域 $\hat{U}(z_0,\delta)$ 中解析，C 为 $\hat{U}(z_0,\delta)$ 内包围 z_0 点的闭合曲线，方向逆时针. 则

$$\oint_C f(z)\mathrm{d}z=\sum\limits_{k=-\infty}^{+\infty}a_k\oint_C (z-z_0)^k\mathrm{d}z=2\pi\mathrm{i}a_{-1}.$$

所以
$$\mathrm{Res}f(z_0)=a_{-1}=\frac{1}{2\pi\mathrm{i}}\oint_C f(z)\mathrm{d}z.$$

留数定理 设 $f(z)$ 在区域 D 内除了有限个孤立奇点外解析，闭合曲线 C 处于 D 内且包围 $f(z)$ 的 n 个孤立奇点 $z_1,z_2,\cdots,z_n$. 那么

$$\oint_C f(z)\mathrm{d}z=2\pi\mathrm{i}\sum\limits_{k=1}^{n}\mathrm{Res}f(z_k). \tag{4.1}$$

证明 在 C 内作 n 条较小的逆时针闭合曲线 $C_1,C_2,\cdots,C_n$，分别包围 $z_1,z_2,\cdots,z_n$. 那么 $f(z)$ 在 C 和 $C_1^-,C_2^-,\cdots,C_n^-$ 围成的复连通区域中解析. 应用柯西定理可得：

$$\oint_C f(z)\mathrm{d}z=\oint_{C_1} f(z)\mathrm{d}z+\oint_{C_2} f(z)\mathrm{d}z+\cdots+\oint_{C_n} f(z)\mathrm{d}z$$

$$=2\pi\mathrm{i}\mathrm{Res}f(z_1)+2\pi\mathrm{i}\mathrm{Res}f(z_2)+\cdots+2\pi\mathrm{i}\mathrm{Res}f(z_n)$$

$$=2\pi\mathrm{i}\sum\limits_{k=1}^{n}\mathrm{Res}f(z_k).$$

留数定理的重要意义在于把复变函数的闭合曲线积分转化为计

算被积函数在孤立奇点处的留数. 由于一般被积函数在相应的区域中只有少数几个孤立奇点,求出这些孤立奇点的留数比较容易,因此,留数定理是计算复变函数闭合曲线积分的非常有效的方法.

运用留数定理计算复变函数闭合曲线积分,首先必须求出被积函数在相应区域中的孤立奇点及其留数. 求孤立奇点的留数是很重要的一个环节,下面将按孤立奇点类型讲述留数的求法.

(i) 若 z_0 是 $f(z)$ 的可去奇点,则 $\mathrm{Res} f(z_0) = a_{-1} = 0$.

(ii) 若 z_0 是 $f(z)$ 的 m 阶极点,则因为

$$f(z) = \sum_{k=-m}^{+\infty} a_k (z-z_0)^k \quad (a_{-m} \neq 0),$$

所以 $\quad (z-z_0)^m f(z) = \sum_{k=-m}^{+\infty} a_k (z-z_0)^{k+m} = \sum_{k=0}^{+\infty} a_{k-m} (z-z_0)^k.$

上式中,系数 a_{-1} 对应于最右边的幂级数中系数 a_{k-m} 的下标 $k-m = -1$,或 $k = m-1$. 对应项 $(z-z_0)^k$ 的幂次是 $k = m-1$,若求 $(m-1)$ 次导数,则该项幂次下降为 0.

$$\frac{\mathrm{d}^{(m-1)}}{\mathrm{d}z^{m-1}} [(z-z_0)^m f(z)]$$

$$= \sum_{k=m-1}^{+\infty} a_{k-m} \cdot k(k-1)(k-2)\cdots(k-m+2)(z-z_0)^{k-m+1}$$

$$= a_{-1}(m-1)! + a_0 m! (z-z_0) + a_1 \frac{(m+1)!}{2!}(z-z_0)^2 + \cdots.$$

所以 $\qquad \lim_{z \to z_0} \dfrac{\mathrm{d}^{(m-1)}}{\mathrm{d}z^{m-1}}[(z-z_0)^m f(z)] = a_{-1}(m-1)!,$

$$\mathrm{Res} f(z_0) = a_{-1} = \frac{1}{(m-1)!} \lim_{z \to z_0} \frac{\mathrm{d}^{(m-1)}}{\mathrm{d}z^{m-1}} [(z-z_0)^m f(z)].$$

$$(4.2)$$

(iii) 若 z_0 是 $f(z)$ 的本性奇点,则需要将 $f(z)$ 展开成洛朗级数,再按定义求出留数;$\mathrm{Res} f(z_0) = a_{-1}$.

例 4.1　计算积分 $\oint_C \dfrac{z \mathrm{d}z}{(z-1)(z-2)}$ $(C: |z-2| = 2,$ 逆时针$)$.

解　函数 $f(z) = \dfrac{z}{(z-1)(z-2)}$ 共有两个孤立奇点,分别是 $z_1 =$

1 和 $z_2 = 2$，都属于一阶极点，并且都被包围于 C 中。根据留数定理

$$\oint_C \frac{z}{(z-1)(z-2)}dz = 2\pi i[\operatorname{Res}f(z_1) + \operatorname{Res}f(z_2)]$$

$$= 2\pi i[\lim_{z \to 1}(z-1)f(z) + \lim_{z \to 2}(z-2)f(z)]$$

$$= 2\pi i\left(\lim_{z \to 1}\frac{z}{z-2} + \lim_{z \to 2}\frac{z}{z-1}\right) = 2\pi i.$$

例 4.2 计算 $\oint_C \dfrac{\sin z}{(2z-\pi)(z-\pi)^2}dz$ (C：$|z| = 2\pi$，逆时针)。

解 被积函数 $f(z) = \dfrac{\sin z}{(2z-\pi)(z-\pi)^2}$ 共有两个孤立奇点，分别

是 $z_1 = \dfrac{\pi}{2}$ 和 $z_2 = \pi$，可以证明它们都是一阶极点。

$$\operatorname{Res}f\left(\frac{\pi}{2}\right) = \lim_{z \to \frac{\pi}{2}}\left[\left(z - \frac{\pi}{2}\right) \cdot \frac{\sin z}{(2z-\pi)(z-\pi)^2}\right] = \frac{2}{\pi^2},$$

$$\operatorname{Res}f(\pi) = \lim_{z \to \pi}\left[(z-\pi) \cdot \frac{\sin z}{(2z-\pi)(z-\pi)^2}\right]$$

$$= \lim_{z \to \pi}\frac{\cos z}{2(z-\pi) + (2z-\pi)} = -\frac{1}{\pi}.$$

所以

$$\oint_C \frac{\sin z}{(2z-\pi)(z-\pi)^2}dz = 2\pi i\left[\operatorname{Res}f\left(\frac{\pi}{2}\right) + \operatorname{Res}f(\pi)\right]$$

$$= 2\pi i\left[\frac{2}{\pi^2} - \frac{1}{\pi}\right] = \frac{2i}{\pi}(2-\pi).$$

例 4.3 计算 $\oint_C \tan z\, dz$ (C：$|z| = n\pi$(n 为正整数)，逆时针)。

解 被积函数 $f(z) = \tan z = \dfrac{\sin z}{\cos z}$，其孤立奇点有 $z_k = \left(k + \dfrac{1}{2}\right)\pi$

($k = 0, \pm 1, \pm 2, \cdots$)，被包围于 C 中的孤立奇点对应于 $k = -n, -n$
$+1, \cdots, -1, 0, 1, 2, \cdots, n-1$，共有 $2n$ 个。由于 z_k($k = 0, \pm 1, \pm 2$,
$\cdots$)都是 $\tan z$ 的一阶极点，所以

$$\operatorname{Res}f(z_k) = \lim_{z \to \left(k+\frac{1}{2}\right)\pi}\left[z - \left(k + \frac{1}{2}\right)\pi\right] \cdot \frac{\sin z}{\cos z}$$

$$= \lim_{z \to \left(k+\frac{1}{2}\right)\pi}\frac{\sin z + \left[z - \left(k + \frac{1}{2}\right)\pi\right]\cos z}{-\sin z} = -1.$$

所以

$$\oint_C \tan z \, dz = 2\pi i \sum_{k=-n}^{n-1} \operatorname{Res} f(z_k) = 2\pi i \cdot (-2n) = -4n\pi i$$
$$(n \text{ 为正整数}).$$

例 4.4 计算 $\oint_C \dfrac{\cos z}{z^3} dz$ (C：$|z|=1$，逆时针).

解 被积函数 $f(z) = \dfrac{\cos z}{z^3}$，$z=0$ 是三阶极点.

$$\operatorname{Res} f(0) = \frac{1}{2!} \lim_{z \to 0} \frac{d^2}{dz^2} [z^3 f(z)] = \frac{1}{2!} \lim_{z \to 0} \frac{d^2}{dz^2} (\cos z) = -\frac{1}{2}.$$

所以
$$\oint_C \frac{\cos z}{z^3} dz = 2\pi i \operatorname{Res} f(0) = -\pi i.$$

§4.2 运用留数计算实变积分

某些实函数的积分难以直接计算,可以设法化为复变闭合曲线积分,然后再应用留数定理计算积分值,这是计算某些实变积分的有效方法之一,下面将介绍几种常见的类型.

1. 形如 $I = \displaystyle\int_0^{2\pi} F(\cos\theta, \sin\theta) d\theta$.

设 $z = e^{i\theta}$,则 $\cos\theta = \dfrac{z+z^{-1}}{2}$；$\sin\theta = \dfrac{z-z^{-1}}{2i}$；$d\theta = \dfrac{dz}{iz}$. 相应的积分路径由 ($\theta$：$0 \to 2\pi$) 转变为 ($C$：$|z|=1$，逆时针). 所以

$$I = \int_0^{2\pi} F(\cos\theta, \sin\theta) d\theta$$

$$= \oint_C F\left(\frac{z+z^{-1}}{2}, \frac{z-z^{-1}}{2i}\right) \frac{dz}{iz} \quad (C：|z|=1，\text{逆时针}). \quad (4.3)$$

例 4.5 计算积分 $I = \displaystyle\int_0^{2\pi} \dfrac{1}{1+\varepsilon\cos\theta} d\theta$ ($|\varepsilon| < 1$).

解 设 $z = e^{i\theta}$,则 $\cos\theta = \dfrac{z+z^{-1}}{2}$；$d\theta = \dfrac{dz}{iz}$. 所以

$$I = \oint_C \frac{1}{1+\varepsilon \cdot (z+z^{-1})/2} \frac{dz}{iz}$$

$$= \frac{2}{i\varepsilon} \oint_C \frac{1}{z^2 + (2/\varepsilon)z + 1} \mathrm{d}z \quad (C: |z| = 1,\ \text{逆时针}).$$

该被积函数 $f(z) = \dfrac{1}{z^2 + (2/\varepsilon)z + 1}$ 共有两个奇点,它们都是一阶极点,分别是

$$z_1 = -\frac{1}{\varepsilon} + \frac{\sqrt{1-\varepsilon^2}}{\varepsilon}, \quad z_2 = -\frac{1}{\varepsilon} - \frac{\sqrt{1-\varepsilon^2}}{\varepsilon}.$$

由 $|\varepsilon| < 1$ 可知 $|z_1| < 1$,$|z_2| > 1$,即 C 只包围 z_1 点,不包围 z_2 点. 其中

$$\mathrm{Res}f(z_1) = \lim_{z \to z_1}[(z - z_1) \cdot f(z)] = \lim_{z \to z_1} \frac{z - z_1}{z^2 + (2/\varepsilon)z + 1}$$

$$= \frac{\varepsilon}{2\sqrt{1-\varepsilon^2}},$$

所以

$$I = \frac{2}{i\varepsilon} \cdot 2\pi i \mathrm{Res}f(z_1) = \frac{2}{i\varepsilon} \cdot 2\pi i \cdot \frac{\varepsilon}{2\sqrt{1-\varepsilon^2}} = \frac{2\pi}{\sqrt{1-\varepsilon^2}}.$$

2. 形如 $I = \displaystyle\int_{-\infty}^{+\infty} f(x)\mathrm{d}x$(当实变量 x 变成复变量 z 并且 $|z| \to +\infty$ 时,$|zf(z)| \to 0$).

设 C 代表半圆周 C_R 和直径所组成的围线,如图 4.1 所示. 假如 $f(z)$ 在上半平面只有有限个孤立奇点 $z_k(k=1,2,\cdots,n)$,则只要 R 足够

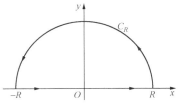

图 4.1   半圆周 C_R 和直径
所组成的闭合曲线 C

大,总可以使 C 包围 $f(z)$ 在上半平面的全部孤立奇点 $z_k(k=1,2,\cdots,n)$. 根据留数定理有

$$\oint_C f(z)\mathrm{d}z = \int_{-R}^{R} f(x)\mathrm{d}x + \int_{C_R} f(z)\mathrm{d}z = 2\pi i \sum_{k=1}^{n} \mathrm{Res}f(z_k).$$

由假设条件可知:任给 $\varepsilon > 0$,存在 $R > 0$,当 $|z| \geqslant R$ 时,就有 $|zf(z)| < \varepsilon$. 于是当 $R \to +\infty$ 时,

$$\left| \int_{C_R} f(z)\mathrm{d}z \right| \leqslant \int_{C_R} |zf(z)| \cdot \frac{\mathrm{d}s}{|z|} < \int_{C_R} \varepsilon \cdot \frac{\mathrm{d}s}{R} = \pi\varepsilon \to 0,$$

即
$$\lim_{R \to +\infty} \int_{C_R} f(z) \mathrm{d}z = 0.$$

所以 $\displaystyle \lim_{R \to +\infty} \oint_C f(z) \mathrm{d}z = \lim_{R \to +\infty} \int_{-R}^{R} f(x) \mathrm{d}x = 2\pi \mathrm{i} \sum_{k=1}^{n} \mathrm{Res} f(z_k).$

因此，
$$\int_{-\infty}^{+\infty} f(x) \mathrm{d}x = 2\pi \mathrm{i} \sum_{\text{上半平面} z_k} \mathrm{Res} f(z_k). \qquad (4.4)$$

例 4.6 计算积分 $I = \displaystyle\int_{-\infty}^{+\infty} \frac{\mathrm{d}x}{(1+x^2)^3}.$

解 被积函数对应的复变函数 $f(z) = \dfrac{1}{(1+z^2)^3}$，奇点 $z_1 = \mathrm{i}$，

$z_2 = -\mathrm{i}$（下半平面，舍去）. $z_1 = \mathrm{i}$ 是 $f(z)$ 的三阶极点，所以

$$\mathrm{Res} f(\mathrm{i}) = \frac{1}{2} \lim_{z \to \mathrm{i}} \frac{\mathrm{d}^2}{\mathrm{d}z^2} \left[\frac{(z-\mathrm{i})^3}{(1+z^2)^3} \right] = \frac{1}{2} \lim_{z \to \mathrm{i}} \frac{12}{(z+\mathrm{i})^5} = \frac{3}{16\mathrm{i}}.$$

所以

$$I = \oint_C f(z) \mathrm{d}z = 2\pi \mathrm{i} \sum_{\text{上半平面} z_k} \mathrm{Res} f(z_k) = 2\pi \mathrm{i} \mathrm{Res} f(z_1)$$

$$= 2\pi \mathrm{i} \cdot \frac{3}{16\mathrm{i}} = \frac{3\pi}{8}.$$

3. 形如 $I = \displaystyle\int_{-\infty}^{+\infty} f(x) \mathrm{e}^{\mathrm{i}px} \mathrm{d}x (p > 0)$（$f(z)$ 在实轴上没有奇点）.

约当引理 设函数 $f(z)$ 在上半平面内除了有限个孤立奇点 z_1，

$\cdots$，z_n 外解析，而且 $\lim\limits_{z \to \infty} f(z) = 0$，则 $\lim\limits_{R \to +\infty} \displaystyle\int_{C_R} f(z) \mathrm{e}^{\mathrm{i}pz} \mathrm{d}z = 0 \ (p > 0)$，

C_R 代表半圆周 $\{z \mid |z| = R, \mathrm{Im} z \geqslant 0\}$.（证明略）

若函数 $f(z)$ 满足约当引理的条件，则根据留数定理和约当
引理，

$$\lim_{R \to +\infty} \left[\int_{-R}^{+R} f(x) \mathrm{e}^{\mathrm{i}px} \mathrm{d}x + \int_{C_R} f(z) \mathrm{e}^{\mathrm{i}pz} \mathrm{d}z \right]$$

$$= 2\pi \mathrm{i} \sum_{k=1}^{n} \mathrm{Res}[f(z_k) \mathrm{e}^{\mathrm{i}pz_k}],$$

因为
$$\lim_{R \to +\infty} \int_{C_R} f(z) \mathrm{e}^{\mathrm{i}pz} \mathrm{d}z = 0$$

和
$$\lim_{R \to +\infty} \int_{-R}^{+R} f(x) \mathrm{e}^{\mathrm{i}px} \mathrm{d}x = \int_{-\infty}^{+\infty} f(x) \mathrm{e}^{\mathrm{i}px} \mathrm{d}x,$$

所以

$$\int_{-\infty}^{+\infty} f(x) e^{ipx} dx = 2\pi i \sum_{\text{上半平面} z_k} \text{Res}[f(z_k) e^{ipz_k}] \quad (p>0). \quad (4.5)$$

例 4.7 计算 $I = \int_0^{+\infty} \dfrac{\cos px}{x^2 + a^2} dx \quad (p>0, a>0)$.

解 $f(z) = \dfrac{1}{z^2 + a^2}$, 在实轴上没有奇点, 并且 $\lim_{z \to \infty} f(z) = 0$, 所以函数 $f(z)$ 满足约当引理的条件. $f(z)$ 在上半平面只有一个奇点 $z_1 = ai$, 属于一阶极点.

$$\text{Res}[f(z_1) e^{ipz_1}] = \lim_{z \to ai} \left[\frac{z - ai}{z^2 + a^2} \cdot e^{ipz} \right] = \frac{e^{-ap}}{2ai}.$$

应用 (4.5) 式得:

$$\int_{-\infty}^{+\infty} f(x) e^{ipx} dx = 2\pi i \text{Res}[f(z_1) e^{ipz_1}] = 2\pi i \cdot \frac{e^{-ap}}{2ai} = \frac{\pi}{a} e^{-ap}.$$

所以

$$I = \int_0^{+\infty} \frac{\cos px}{x^2 + a^2} dx = \frac{1}{2} \int_{-\infty}^{+\infty} \frac{\cos px}{x^2 + a^2} dx$$

$$= \frac{1}{2} \text{Re} \left[\int_{-\infty}^{+\infty} \frac{e^{ipx}}{x^2 + a^2} dx \right] = \frac{\pi}{2a} e^{-ap}.$$

例 4.8 计算积分 $\int_0^{+\infty} \dfrac{x \sin x}{x^2 + 1} dx$.

解 $f(z) = \dfrac{z}{z^2 + 1}$ 在实轴上没有奇点, 并且 $\lim_{z \to \infty} \dfrac{z}{z^2 + 1} = 0$, 所以满足约当引理的条件. $f(z)$ 在上半平面只有一个奇点 $z_1 = i$, 是一阶极点. 应用 (4.5) 式得:

$$\int_{-\infty}^{+\infty} \frac{x e^{ix}}{x^2 + 1} dx = 2\pi i \sum_{\text{上半平面}} \text{Res}[f(z_k) e^{iz_k}]$$

$$= 2\pi i \lim_{z \to i} \left[(z - i) \cdot \frac{z}{z^2 + 1} e^{iz} \right] = \frac{\pi i}{e}.$$

所以

$$I = \int_0^{+\infty} \frac{x \sin x}{x^2 + 1} dx = \frac{1}{2} \int_{-\infty}^{+\infty} \frac{x \sin x}{x^2 + 1} dx$$

$$= \frac{1}{2} \text{Im} \left[\int_{-\infty}^{+\infty} \frac{x e^{ix}}{x^2 + 1} dx \right] = \frac{\pi}{2e}.$$

4. 形如 $I = \int_{-\infty}^{+\infty} f(x)\mathrm{e}^{\mathrm{i}px}\mathrm{d}x\ (p>0)$（$f(z)$在实轴上存在奇点）.

例 4.9　计算积分 $\int_0^{+\infty} \dfrac{\sin x}{x}\mathrm{d}x$.

解　被积函数 $f(z)\mathrm{e}^{\mathrm{i}z} = \dfrac{\mathrm{e}^{\mathrm{i}z}}{z}$，有一奇点 $z=0$，处于实轴上. 考虑如图 4.2 闭合曲线 C，其中 C_R 和 C_δ 均为半圆周.

$$
\begin{aligned}
\oint_C \frac{\mathrm{e}^{\mathrm{i}z}}{z}\mathrm{d}z &= \oint_{C_R} \frac{\mathrm{e}^{\mathrm{i}z}}{z}\mathrm{d}z + \oint_{C_\delta} \frac{\mathrm{e}^{\mathrm{i}z}}{z}\mathrm{d}z + \int_{-R}^{-\delta} \frac{\mathrm{e}^{\mathrm{i}x}}{x}\mathrm{d}x + \int_{\delta}^{R} \frac{\mathrm{e}^{\mathrm{i}x}}{x}\mathrm{d}x \\
&= \int_{C_R} \frac{\mathrm{e}^{\mathrm{i}z}}{z}\mathrm{d}z + \int_{C_\delta} \frac{\mathrm{e}^{\mathrm{i}z}}{z}\mathrm{d}z + \int_{\delta}^{R} \frac{\mathrm{e}^{\mathrm{i}x} - \mathrm{e}^{-\mathrm{i}x}}{x}\mathrm{d}x \\
&= \int_{C_R} \frac{\mathrm{e}^{\mathrm{i}z}}{z}\mathrm{d}z + \int_{C_\delta} \frac{\mathrm{e}^{\mathrm{i}z}}{z}\mathrm{d}z + 2\mathrm{i} \int_{\delta}^{R} \frac{\sin x}{x}\mathrm{d}x.
\end{aligned}
$$

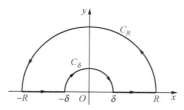

图 4.2　闭合曲线积分的路径 C

令 $R \to +\infty, \delta \to 0$，根据约当引理 $\lim\limits_{R \to +\infty} \int_{C_R} \dfrac{\mathrm{e}^{\mathrm{i}z}}{z}\mathrm{d}z = 0$. 另外，$f(z)\mathrm{e}^{\mathrm{i}z} = \dfrac{\mathrm{e}^{\mathrm{i}z}}{z}$ 在全复平面中只有一个孤立奇点 $z=0$，在 C 所包围的区域内解析，根据柯西定理 1，$\oint_C \dfrac{\mathrm{e}^{\mathrm{i}z}}{z}\mathrm{d}z = 0$. 所以

$$
\lim_{\substack{R \to \infty \\ \delta \to 0}} \left[\int_{C_\delta} \frac{\mathrm{e}^{\mathrm{i}z}}{z}\mathrm{d}z + 2\mathrm{i} \int_{\delta}^{R} \frac{\sin x}{x}\mathrm{d}x \right] = 0.
$$

也即

$$
\int_0^{+\infty} \frac{\sin x}{x}\mathrm{d}x = -\frac{1}{2\mathrm{i}} \lim_{\delta \to 0} \int_{C_\delta} \frac{\mathrm{e}^{\mathrm{i}z}}{z}\mathrm{d}z.
$$

上式右边的积分可以采用参数法计算出. 设 $z = \delta \mathrm{e}^{\mathrm{i}\theta}(0 \leqslant \theta \leqslant \pi)$，则 $\mathrm{d}z = \mathrm{i}\delta \mathrm{e}^{\mathrm{i}\theta}\mathrm{d}\theta = \mathrm{i}z\mathrm{d}\theta$，即 $\dfrac{\mathrm{d}z}{z} = \mathrm{i} \cdot \mathrm{d}\theta$，并且当 z 沿 C_δ 变化时，θ 由 π 变至 0，所以

$$\int_0^{+\infty} \frac{\sin x}{x} dx = -\frac{1}{2i} \lim_{\delta \to 0} \int_{C_\delta} \frac{e^{iz}}{z} dz = -\frac{1}{2i} \lim_{\delta \to 0} \int_\pi^0 e^{i\delta e^{i\theta}} \cdot i \cdot d\theta$$

$$= -\frac{1}{2i} \lim_{\delta \to 0} \int_\pi^0 \left[1 + i\delta e^{i\theta} + \frac{i^2 \delta^2 e^{i2\theta}}{2!} + \frac{i^3 \delta^3 e^{i3\theta}}{3!} + \cdots \right] \cdot i \cdot d\theta$$

$$= -\frac{1}{2i} \int_\pi^0 i \cdot d\theta = \frac{\pi}{2}.$$

习　题　四

4-1　求下列函数在指定点处的留数.

(1) $\dfrac{z}{(z-1)(z+1)}$ 在 $z=\pm 1$ 处；

(2) $\dfrac{1}{\sin z}$ 在 $z=n\pi$ ($n=0, \pm 1, \pm 2, \cdots$) 处；

(3) $\dfrac{1-e^{2z}}{z^4}$ 在 $z=0$ 处；

(4) $e^{1/(z-1)}$ 在 $z=1$ 处；

(5) $\dfrac{z}{1-\cos z}$ 在 $z=0$ 处；

(6) $z^m \sin \dfrac{1}{z}$ (m 为自然数) 在 $z=0$ 处.

4-2　计算下列闭合曲线积分(闭合曲线 C 均为逆时针方向).

(1) $\displaystyle\oint_C \frac{z \, dz}{(z-1)^5 (z-2)^2}$ $\left(C: |z-2| = \dfrac{1}{2} \right)$；

(2) $\displaystyle\oint_C \frac{dz}{(z-a)^m (z-b)^n}$ (m, n 为 自 然 数，$|a| < 1 <$ $|b|$，$C: |z| = 1$)；

(3) $\displaystyle\oint_C \frac{e^{2z}}{1+z^2} dz$ ($C: |z| = 2$)；

(4) $\displaystyle\oint_C \frac{1-\cos z}{z^n} dz$ ($C: |z| = 1$，n 为自然数)；

(5) $\displaystyle\oint_C \frac{z^3 e^{1/z}}{1+z} dz$ ($C: |z| = 2$).

4-3　计算下列实变积分.

(1) $\displaystyle\int_0^{2\pi}\dfrac{\mathrm{d}x}{5+3\sin x}$;

(2) $\displaystyle\int_0^{\frac{\pi}{2}}\dfrac{\mathrm{d}\theta}{a+\sin^2\theta}$ $(a>0)$;

(3) $\displaystyle\int_0^{2\pi}\dfrac{\cos 2\theta\,\mathrm{d}\theta}{1-2a\cos\theta+a^2}$ $(0<a<1)$;

(4) $\displaystyle\int_0^{+\infty}\dfrac{x^2\,\mathrm{d}x}{(1+x^2)^2}$;

(5) $\displaystyle\int_0^{+\infty}\dfrac{\mathrm{d}x}{1+x^4}$;

(6) $\displaystyle\int_{-\infty}^{+\infty}\dfrac{\cos x}{x^2+4x+5}\mathrm{d}x$;

(7) $\displaystyle\int_0^{+\infty}\dfrac{\sin x}{x(1+x^2)}\mathrm{d}x$;

(8) $\displaystyle\int_{-\infty}^{+\infty}\dfrac{\cos x}{(x^2+1)(x^2+9)}\mathrm{d}x$.

第五章 拉普拉斯变换及其应用

§5.1 拉普拉斯变换

拉普拉斯变换的定义 设函数 $\varphi(t) = \begin{cases} \varphi(t), & 0 \leqslant t < +\infty, \\ 0, & t < 0, \end{cases}$ 则

$\overline{\varphi}(p) = \int_0^{+\infty} \varphi(t) e^{-pt} dt$ 称为 $\varphi(t)$ 的**拉普拉斯变换**,简称**拉氏变换**. 通常称 $\varphi(t)$ 为 $\overline{\varphi}(p)$ 的**原函数**,$\overline{\varphi}(p)$ 为 $\varphi(t)$ 的**像函数**,记为 $\mathscr{L}[\varphi(t)] = \overline{\varphi}(p)$,或记为 $\mathscr{L}^{-1}[\overline{\varphi}(p)] = \varphi(t)$.

例 5.1 求 $\varphi(t) = 1$ 的拉氏变换.

解 原函数 $\varphi(t) = 1$ 应理解为阶跃函数 $H(t) = \begin{cases} 1, & t \geqslant 0, \\ 0, & t < 0. \end{cases}$ 根据拉氏变换的定义,

$$\overline{\varphi}(p) = \int_0^{+\infty} 1 \cdot e^{-pt} dt = \frac{1}{p} \quad (\operatorname{Re} p > 0).$$

所以 $$\mathscr{L}[1] = \frac{1}{p}.$$

注意例 5.1 中拉氏变换只有在 $\operatorname{Re} p > 0$ 时才成立. 在一般情况下,原函数要求 $t > 0$,像函数则要求 $\operatorname{Re} p > s$ (s 为实常数),否则计算拉氏变换式的积分发散. 拉氏变换成立的条件通常必须在相应的拉氏变换式后面用小括号加以注明.

例 5.2 求 $\varphi(t) = t^n$(n 为正整数)的拉氏变换式.

解 $\overline{\varphi}(p) = \int_0^{+\infty} t^n \cdot e^{-pt} dt = \frac{n!}{p^{n+1}}$ $(\operatorname{Re} p > 0)$,所以

$$\mathscr{L}[t^n] = \frac{n!}{p^{n+1}}.$$

例 5.1 是例 5.2 中 $n=0$ 的特殊情形.例 5.2 中拉氏变换同样要求 $\mathrm{Re}p>0$ 时才成立.

例 5.3　求 $\varphi(t)=\mathrm{e}^{st}$（$s$ 为实常数）的拉氏变换式.

解　$\overline{\varphi}(p)=\displaystyle\int_0^{+\infty}\mathrm{e}^{st}\cdot\mathrm{e}^{-pt}\mathrm{d}t=\frac{1}{p-s}$（$\mathrm{Re}p>s$），所以

$$\mathscr{L}[\mathrm{e}^{st}]=\frac{1}{p-s}.$$

例 5.4　求 $\varphi(t)=t^n\mathrm{e}^{st}$（$n$ 为正整数，s 为实常数）的拉氏变换.

解　$\overline{\varphi}(p)=\displaystyle\int_0^{+\infty}t^n\mathrm{e}^{st}\cdot\mathrm{e}^{-pt}\mathrm{d}t=\frac{n!}{(p-s)^{n+1}}$（$\mathrm{Re}p>s$），所以

$$\mathscr{L}[t^n\mathrm{e}^{st}]=\frac{n!}{(p-s)^{n+1}}.$$

实际上，例 5.1、例 5.2、例 5.3 都是例 5.4 的特殊情形.

例 5.5　求 $\varphi(t)=\sin\omega t$ 的拉氏变换式.

解　$\overline{\varphi}(p)=\displaystyle\int_0^{+\infty}\sin\omega t\cdot\mathrm{e}^{-pt}\mathrm{d}t=\frac{\omega}{p^2+\omega^2}$（$\mathrm{Re}p>0$），所以

$$\mathscr{L}[\sin\omega t]=\frac{\omega}{p^2+\omega^2}.$$

同理可证明：$\mathscr{L}[\cos\omega t]=\dfrac{p}{p^2+\omega^2}.$

*拉普拉斯变换的几个重要性质

性质 1　若 $\mathscr{L}[\varphi(t)]=\overline{\varphi}(p)$，并且 $\varphi(t)$ 存在 n 阶导数，那么

$$\mathscr{L}[\varphi^{(n)}(t)]=p^n\overline{\varphi}(p)-p^{n-1}\varphi(0)-p^{n-2}\varphi'(0)-\cdots$$
$$-p\varphi^{(n-2)}(0)-\varphi^{(n-1)}(0).$$

证明　根据拉氏变换的定义

$$\mathscr{L}[\varphi'(t)]=\int_0^{+\infty}\varphi'(t)\mathrm{e}^{-pt}\mathrm{d}t$$
$$=[\varphi(t)\mathrm{e}^{-pt}]_0^{+\infty}-\int_0^{+\infty}\varphi(t)(-p)\mathrm{e}^{-pt}\mathrm{d}t$$
$$=p\int_0^{+\infty}\varphi(t)\mathrm{e}^{-pt}\mathrm{d}t-\varphi(0)\quad(\mathrm{Re}p>0)$$
$$=p\overline{\varphi}(p)-\varphi(0).$$

同理可证明

$$\mathscr{L}[\varphi''(t)] = p^2\bar{\varphi}(p) - p\varphi(0) - \varphi'(0) \quad (\mathrm{Re}\,p > 0).$$

利用归纳法可以证明性质 1 成立.

性质 2 若 $\mathscr{L}[\psi(t)] = \bar{\psi}(p)$，则 $\mathscr{L}\left[\int_0^t \psi(\tau)\mathrm{d}\tau\right] = \dfrac{1}{p}\bar{\psi}(p)$.

证明 设 $\varphi(t) = \int_0^t \psi(\tau)\mathrm{d}\tau$，则 $\dfrac{\mathrm{d}\varphi(t)}{\mathrm{d}t} = \psi(t)$，而且 $\varphi(0)=0$.

若 $\mathscr{L}[\varphi(t)] = \bar{\varphi}(p)$，那么利用拉普拉斯变换的性质 1 可以得到：

$$\mathscr{L}[\varphi'(t)] = p\bar{\varphi}(p) - \varphi(0) = p\bar{\varphi}(p).$$

根据前面的假设 $\mathscr{L}[\varphi'(t)] = \mathscr{L}[\psi(t)] = \bar{\psi}(p)$，所以

$$p\bar{\varphi}(p) = \bar{\psi}(p) \quad 即 \quad \bar{\varphi}(p) = \frac{1}{p}\bar{\psi}(p).$$

因此

$$\mathscr{L}\left[\int_0^t \psi(\tau)\mathrm{d}\tau\right] = \mathscr{L}[\varphi(t)] = \frac{1}{p}\bar{\psi}(p).$$

性质 3 若 $\mathscr{L}[\varphi(t)] = \bar{\varphi}(p)$，则 $\mathscr{L}[(-1)^n t^n \varphi(t)] = \dfrac{\mathrm{d}^n\bar{\varphi}(p)}{\mathrm{d}p^n}$.

证明 因为 $\bar{\varphi}(p) = \int_0^{+\infty} \varphi(t)\mathrm{e}^{-pt}\mathrm{d}t$，所以

$$\frac{\mathrm{d}\bar{\varphi}(p)}{\mathrm{d}p} = \int_0^{+\infty} (-t)\varphi(t)\mathrm{e}^{-pt}\mathrm{d}t,$$

$$\frac{\mathrm{d}^2\bar{\varphi}(p)}{\mathrm{d}p^2} = \int_0^{+\infty} (-t)^2\varphi(t)\mathrm{e}^{-pt}\mathrm{d}t,$$

$$\cdots$$

$$\frac{\mathrm{d}^n\bar{\varphi}(p)}{\mathrm{d}p^n} = \int_0^{+\infty} (-t)^n\varphi(t)\mathrm{e}^{-pt}\mathrm{d}t.$$

所以 $$\mathscr{L}[(-t)^n\varphi(t)] = \frac{\mathrm{d}^n\bar{\varphi}(p)}{\mathrm{d}p^n}.$$

§5.2　拉普拉斯变换的反演

根据拉普拉斯变换的定义,已知原函数 $\varphi(t)$ 求像函数 $\bar{\varphi}(p)$ 比较容易. 但反之,已知像函数 $\bar{\varphi}(p)$,要求出原函数 $\varphi(t)$ 却不容易. 通常不仅要记住一些基本函数的拉氏变换式,而且还要借助以下几个基本定理.

延迟定理　若 $\mathscr{L}^{-1}[\bar{\varphi}(p)]=\varphi(t)$,则

$$\mathscr{L}^{-1}[\mathrm{e}^{-\tau p}\bar{\varphi}(p)]=\begin{cases}\varphi(t-\tau), & t\geqslant\tau,\\ 0, & t<\tau.\end{cases}$$

证明　按定义

$$\mathscr{L}[\varphi(t-\tau)]=\int_{\tau}^{+\infty}\varphi(t-\tau)\mathrm{e}^{-pt}\mathrm{d}t$$

$$\text{(注意：当 } t<\tau \text{ 时},\varphi(t-\tau)=0)$$

$$=\int_{0}^{+\infty}\varphi(t)\mathrm{e}^{-p(t+\tau)}\mathrm{d}t$$

$$=\mathrm{e}^{-\tau p}\bar{\varphi}(p).$$

所以　　　　$$\mathscr{L}^{-1}[\mathrm{e}^{-\tau p}\bar{\varphi}(p)]=\begin{cases}\varphi(t-\tau), & t\geqslant\tau,\\ 0, & t<\tau.\end{cases}$$

位移定理　若 $\mathscr{L}^{-1}[\bar{\varphi}(p)]=\varphi(t)$,则 $\mathscr{L}^{-1}[\bar{\varphi}(p+\lambda)]=\mathrm{e}^{-\lambda t}\varphi(t)$.

证明　因为 $\int_{0}^{+\infty}\mathrm{e}^{-\lambda t}\varphi(t)\mathrm{e}^{-pt}\mathrm{d}t=\int_{0}^{+\infty}\varphi(t)\mathrm{e}^{-(p+\lambda)t}\mathrm{d}t=\bar{\varphi}(p+\lambda)$,

所以　　　　$$\mathscr{L}^{-1}[\bar{\varphi}(p+\lambda)]=\mathrm{e}^{-\lambda t}\varphi(t).$$

卷积定理　若 $\mathscr{L}^{-1}[\bar{\varphi_1}(p)]=\varphi_1(t)$, $\mathscr{L}^{-1}[\bar{\varphi_2}(p)]=\varphi_2(t)$,则

$$\mathscr{L}^{-1}[\bar{\varphi_1}(p)\cdot\bar{\varphi_2}(p)]=\int_{0}^{t}\varphi_1(\tau)\varphi_2(t-\tau)\mathrm{d}\tau.$$

证明　考虑等式

$$\int_{0}^{+\infty}\left[\int_{0}^{t}\varphi_1(\tau)\varphi_2(t-\tau)\mathrm{d}\tau\right]\mathrm{e}^{-pt}\mathrm{d}t$$

$$=\int_{0}^{+\infty}\left[\int_{\tau}^{+\infty}\varphi_1(\tau)\varphi_2(t-\tau)\mathrm{e}^{-pt}\mathrm{d}t\right]\mathrm{d}\tau.$$

上式成立的依据是:在没改变积分区域的条件下,改变二重积分的次序.如图 5.1 所示,积分区域是右半横轴与直线 $t=\tau$ 围成的无穷三角区域.上式左边先对 τ 积分,再对 t 积分,对应于图 5.1 中左图;上式右边先对 t 积分,再对 τ 积分,对应于图 5.1 中右图.

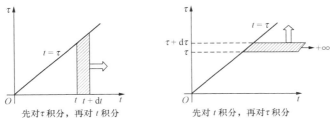

先对 τ 积分,再对 t 积分   先对 t 积分,再对 τ 积分

图 5.1   二重积分变化积分次序的示意图

将上式右边做积分变量代换 $(t \rightarrow t' + \tau)$,则

$$
\begin{aligned}
\text{上式右边的积分} &= \int_0^{+\infty} \varphi_1(\tau) \mathrm{d}\tau \left[\int_0^{+\infty} \varphi_2(t') \mathrm{e}^{-p(t'+\tau)} \mathrm{d}t' \right] \\
&= \int_0^{+\infty} \varphi_1(\tau) \mathrm{e}^{-p\tau} \mathrm{d}\tau \cdot \int_0^{+\infty} \varphi_2(t) \mathrm{e}^{-pt} \mathrm{d}t \\
&= \bar{\varphi}_1(p) \cdot \bar{\varphi}_2(p).
\end{aligned}
$$

所以 $\mathscr{L}^{-1}\left[\bar{\varphi}_1(p) \cdot \bar{\varphi}_2(p) \right] = \int_0^t \varphi_1(\tau) \varphi_2(t-\tau) \mathrm{d}\tau.$

例 5.6   求 $\dfrac{\omega}{(p+\lambda)^2 + \omega^2}$ 和 $\dfrac{p+\lambda}{(p+\lambda)^2 + \omega^2}$ (λ, ω 为已知常数)的原函数.

解   由例 5.5 知

$$
\mathscr{L}^{-1}\left[\frac{\omega}{p^2 + \omega^2} \right] = \sin\omega t \ (t > 0), \qquad \mathscr{L}^{-1}\left[\frac{p}{p^2 + w^2} \right] = \cos\omega t.
$$

根据位移定理,

$$
\mathscr{L}^{-1}\left[\frac{\omega}{(p+\lambda)^2 + \omega^2} \right] = \mathrm{e}^{-\lambda t} \sin\omega t \qquad (t > 0).
$$

同理

$$
\mathscr{L}^{-1}\left[\frac{p+\lambda}{(p+\lambda)^2 + \omega^2} \right] = \mathrm{e}^{-\lambda t} \cos\omega t \qquad (t > 0).
$$

例 5.7 求 $\dfrac{\mathrm{e}^{-ap}}{p(p+b)}$($a$，$b$ 为常实数，$a>0$)的原函数.

解   因为 $\mathscr{L}^{-1}\left[\dfrac{1}{p}\right]=H(t)=\begin{cases}1, & t\geqslant 0,\\ 0, & t<0.\end{cases}$ 所以

$$\mathscr{L}^{-1}\left[\dfrac{\mathrm{e}^{-ap}}{p}\right]=H(t-a).$$

已知 $\mathscr{L}^{-1}\left[\dfrac{1}{p+b}\right]=\mathrm{e}^{-bt}$，根据卷积定理可得：

$$\mathscr{L}^{-1}\left[\dfrac{\mathrm{e}^{-ap}}{p(p+b)}\right]=\int_0^t H(\tau-a)\mathrm{e}^{-b(t-\tau)}\,\mathrm{d}\tau$$

$$=\int_a^t \mathrm{e}^{-b(t-\tau)}\,\mathrm{d}\tau=\dfrac{1}{b}\left[1-\mathrm{e}^{-b(t-a)}\right]\quad(t>a).$$

拉普拉斯变换的反演公式   若 $\mathscr{L}[\varphi(t)]=\bar\varphi(p)$ $(\mathrm{Re}\,p>s_0,s_0$ 为已知实数)，那么 $\varphi(t)$ 在连续点处有

$$\varphi(t)=\dfrac{1}{2\pi\mathrm{i}}\int_{a-\mathrm{i}\infty}^{a+\mathrm{i}\infty}\bar\varphi(p)\mathrm{e}^{pt}\,\mathrm{d}p\quad(t>0,a>s_0).$$

该反演公式也称为**黎曼-梅林公式**.

反演公式中的积分路径是 p 平面中一条平行于虚轴的直线，该直线上的点满足 $\mathrm{Re}\,p=a>s_0$. 这样的直线有很多条，可以结合实际问题任意选取，所得的积分结果相同.

反演积分展开定理   若当 $p\to\infty$ 时，$\bar\varphi(p)\to 0$，并且在 p 平面中，$\bar\varphi(p)$ 只有有限个孤立奇点 $p_1,p_2,\cdots,p_n$. 那么必然存在一个实数 a，使得这些奇点全部在 $\mathrm{Re}\,p<a$ 的半平面内，而且

$$\dfrac{1}{2\pi\mathrm{i}}\int_{a-\mathrm{i}\infty}^{a+\mathrm{i}\infty}\bar\varphi(p)\mathrm{e}^{pt}\,\mathrm{d}p=\sum_{k=1}^n \mathrm{Res}\left[\bar\varphi(p_k)\mathrm{e}^{p_k t}\right].$$

综合运用黎曼-梅林公式和反演积分展开定理，若拉普拉斯变换式 $\bar\varphi(p)$ 满足反演积分展开定理的条件，那么 $\bar\varphi(p)$ 的原函数 $\varphi(t)$ 在连续点处可表示为

$$\varphi(t)=\sum_{k=1}^n \mathrm{Res}f\left[\bar\varphi(p_k)\mathrm{e}^{p_k t}\right]\quad(t>0).$$

例 5.8   求 $\dfrac{1}{(p^2+1)^2}$ 的原函数.

解 $\bar{\varphi}(p) = \dfrac{1}{(p^2+1)^2}$ 在复平面上有两个二阶极点,分别是 $p_1 =$ i 和 $p_2 = -$i.

$$\operatorname{Res} f[\bar{\varphi}(p_1)\mathrm{e}^{p_1 t}] = \lim_{p\to \mathrm{i}} \frac{\mathrm{d}}{\mathrm{d}p}\Big[(p-\mathrm{i})^2 \cdot \frac{1}{(p^2+1)^2} \cdot \mathrm{e}^{pt}\Big]$$

$$= \lim_{p\to \mathrm{i}}\Big[\frac{t}{(p+\mathrm{i})^2} - \frac{2}{(p+\mathrm{i})^3}\Big]\mathrm{e}^{pt}$$

$$= -\frac{\mathrm{e}^{\mathrm{i}t}}{4}(\mathrm{i}+t),$$

$$\operatorname{Res} f[\bar{\varphi}(p_2)\mathrm{e}^{p_2 t}] = \lim_{p\to -\mathrm{i}} \frac{\mathrm{d}}{\mathrm{d}p}\Big[(p+\mathrm{i})^2 \cdot \frac{1}{(p^2+1)^2} \cdot \mathrm{e}^{pt}\Big]$$

$$= \lim_{p\to -\mathrm{i}}\Big[\frac{t}{(p-\mathrm{i})^2} - \frac{2}{(p-\mathrm{i})^3}\Big]\mathrm{e}^{pt}$$

$$= \frac{\mathrm{e}^{-\mathrm{i}t}}{4}(\mathrm{i}-t).$$

所以

$$\varphi(t) = \sum_{k=1}^{2}\operatorname{Res} f[\bar{\varphi}(p_k)\mathrm{e}^{p_k t}] = -\frac{\mathrm{e}^{\mathrm{i}t}}{4}(\mathrm{i}+t) + \frac{\mathrm{e}^{-\mathrm{i}t}}{4}(\mathrm{i}-t)$$

$$= \frac{1}{2}(\sin t - t\cos t).$$

§5.3 拉普拉斯变换的应用

拉普拉斯变换的一个重要应用是求解微分方程或微分方程组. 从拉普拉斯变换的性质 1 和性质 2 可以看到,一个函数的导数和不定积分经过拉普拉斯变换以后将消除导数和积分形式. 若把这种性质应用于微分方程或微积分混合方程,将可以使微分方程得到简化,使其变为不含导数和积分的普通代数方程. 通过求解普通代数方程或代数方程组得到未知函数的拉普拉斯变换式,再通过拉普拉斯反演即可求出未知函数. 这就是求解微分方程或微分方程组的拉普拉斯变换法. 下面将通过一些典型例子讲述这种方法.

例 5.9 图 5.2 是理想的 LC 振荡电路. 当开关 K 合上后,回路中将产生瞬时振荡电流 $i(t)$,试求出其表达式.

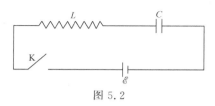

图 5.2

解   根据电路知识,回路中振荡电流 $i(t)$ 满足如下方程和初值

$$\begin{cases} L \cdot \dfrac{\mathrm{d}i(t)}{\mathrm{d}t} + \dfrac{1}{C} \cdot \displaystyle\int_0^t i(\tau)\mathrm{d}\tau = \mathscr{E}, \\ i(0) = 0. \end{cases}$$

方程两边进行拉普拉斯变换,则

$$L \cdot p\bar{i}(p) + \frac{1}{C} \cdot \frac{\bar{i}(p)}{p} = \frac{\mathscr{E}}{p},$$

所以　　　　　$$\bar{i}(p) = \frac{\mathscr{E}}{p} \cdot \frac{1}{Lp + 1/Cp} = \frac{\mathscr{E}}{L} \cdot \frac{1}{p^2 + 1/LC}$$

$$= \frac{\mathscr{E}}{\sqrt{L/C}} \cdot \frac{1/\sqrt{LC}}{p^2 + 1/LC}.$$

再经过反演后得到 $i(t) = \dfrac{\mathscr{E}}{\sqrt{L/C}} \sin \dfrac{t}{\sqrt{LC}}$.

例 5.10   求解积分方程

$$f(t) = at + \int_0^t \sin(t - \tau) f(\tau)\mathrm{d}\tau \quad (a \text{ 为常数}).$$

解   方程两边进行拉普拉斯变换,则

$$\bar{f}(p) = \frac{a}{p^2} + \frac{1}{p^2 + 1} \cdot \bar{f}(p),$$

$$\bar{f}(p) = \frac{a(p^2 + 1)}{p^4} = \frac{a}{p^2} + \frac{a}{p^4},$$

所以　　　　　$$f(t) = at + \frac{a}{3!}t^3 = a\left(t + \frac{t^3}{6}\right).$$

例 5.11   求解如下方程组

$$\begin{cases} \dfrac{\mathrm{d}y}{\mathrm{d}t} + 2y + 2z = 10\mathrm{e}^{2t}, \\[2mm] \dfrac{\mathrm{d}z}{\mathrm{d}t} - 2y + z = 7\mathrm{e}^{2t}, \end{cases}$$

其中 $\begin{cases} y(0)=1, \\ z(0)=3. \end{cases}$

解 方程两边进行拉普拉斯变换,则

$$\begin{cases} p\bar{y}(p) - 1 + 2\bar{y}(p) + 2\bar{z}(p) = \dfrac{10}{p-2}, \\[2mm] p\bar{z}(p) - 3 - 2\bar{y}(p) + \bar{z}(p) = \dfrac{7}{p-2}, \end{cases}$$

所以 $\begin{cases} \bar{y}(p) = \dfrac{1}{p-2}, \\[2mm] \bar{z}(p) = \dfrac{3}{p-2}. \end{cases}$

以上两式再进行拉普拉斯反演,得到 $y(t)=\mathrm{e}^{2t}$ 和 $z(t)=3\mathrm{e}^{2t}$.

习 题 五

5-1 求下列函数的拉氏变换.

(1) $\varphi(t) = \sin t\cos t$; (2) $\varphi(t) = \mathrm{e}^{-2t}\sin 6t$;

(3) $\varphi(t) = t\mathrm{e}^{-3t}\sin 2t$; (4) $\varphi(t) = \cosh \omega t$ (ω 为常数);

(5) $\varphi(t) = t\cos at$ (a 为常数); (6) $\varphi(t) = t \cdot \displaystyle\int_0^t \mathrm{e}^{-3t}\sin 2t\mathrm{d}t$.

5-2 求下列拉氏变换式的原函数.

(1) $\dfrac{p+8}{p^2+4p+5}$; (2) $\dfrac{p}{(p^2+a^2)^2}$ ($a>0$);

(3) $\dfrac{1+\mathrm{e}^{-2p}}{p^2}$; (4) $\dfrac{1}{(p+1)(p^2+1)}$.

5-3 求下列方程的解.

(1) $\begin{cases} X''(t) + 4X'(t) + 4X(t) = \sin\omega t & (\omega\text{ 为已知常数}), \\ X(0)=0, X'(0)=0. \end{cases}$

(2) $a\sin\omega t = G(t) - \int_0^t \sin(t-\tau)G(\tau)\mathrm{d}\tau$ (a 为常数).

5-4　求下列微分方程组的解.

(1) $\begin{cases} 3x'(t)+y'(t)+2x(t)=1, \\ x'(t)+4y'(t)+3y(t)=0 \end{cases}$ 和 $\begin{cases} x(0)=0, \\ y(0)=0. \end{cases}$

(2) $\begin{cases} x'(t)+x(t)-y(t)=\mathrm{e}^t, \\ y'(t)+3x(t)-2y(t)=2\mathrm{e}^t \end{cases}$ 和 $\begin{cases} x(0)=1, \\ y(0)=1. \end{cases}$

第六章　傅里叶级数和傅里叶积分变换

§6.1　傅里叶级数

狄利克雷定理　设 $f(x)$ 是周期为 $2l(l>0)$ 的函数,即 $f(x+2l)=f(x)$. 若 $f(x)$ 满足狄利克雷条件:

(i) $f(x)$ 连续或在每一周期中只有有限个第一类间断点(间断点处函数的跳跃度为有限值);

(ii) $f(x)$ 在每一周期中只有有限个极值.
那么 $f(x)$ 可展开成如下三角函数级数:

$$a_0 + \sum_{n=1}^{+\infty} a_n \cos \frac{n\pi}{l}x + \sum_{n=1}^{+\infty} b_n \sin \frac{n\pi}{l}x$$
$$= \begin{cases} f(x) & (连续点处), \\ \dfrac{1}{2}\big[f(x+0)+f(x-0)\big] & (间断点处), \end{cases} \quad (6.1)$$

其中系数 a_n 和 $b_n(n=1,2,\cdots)$ 可按如下式子求出:

$$a_0 = \frac{1}{2l} \int_{-l}^{l} f(x)\mathrm{d}x, \tag{6.2}$$

$$a_n = \frac{1}{l} \int_{-l}^{l} f(x)\cos \frac{n\pi x}{l}\mathrm{d}x \quad (n=1,2,\cdots,+\infty), \tag{6.3}$$

$$b_n = \frac{1}{l} \int_{-l}^{l} f(x)\sin \frac{n\pi x}{l}\mathrm{d}x \quad (n=1,2,\cdots,+\infty). \tag{6.4}$$

三角函数级数(6.1)式称为 $f(x)$ 的傅里叶级数,其中 a_0,a_n,$b_n(n=1,2,\cdots)$ 称为傅里叶级数的系数.

由欧拉公式得到:

$$\cos \frac{n\pi}{l}x = \frac{\mathrm{e}^{\mathrm{i}(n\pi x/l)} + \mathrm{e}^{-\mathrm{i}(n\pi x/l)}}{2},$$

$$\sin\frac{n\pi}{l}x = \frac{\mathrm{e}^{\mathrm{i}(n\pi x/l)} - \mathrm{e}^{-\mathrm{i}(n\pi x/l)}}{2\mathrm{i}}, \tag{6.5}$$

只要将 $f(x)$ 的傅里叶级数中的三角函数写成(6.5)式的形式,周期为 $2l$ 并满足狄利克雷条件的函数 $f(x)$ 的傅里叶级数也可表示为如下复函数形式:

$$\sum_{n=-\infty}^{+\infty} c_n \mathrm{e}^{\mathrm{i}(n\pi x/l)} = \begin{cases} f(x) & \text{(连续点处)}, \\ \dfrac{1}{2}\big[f(x+0)+f(x-0)\big] & \text{(间断点处)}, \end{cases}$$

$$\tag{6.6}$$

其中
$$c_n = \frac{1}{2l}\int_{-l}^{l} f(x)\mathrm{e}^{-\mathrm{i}(n\pi x/l)}\,\mathrm{d}x. \tag{6.7}$$

　　傅里叶级数展开是把一个复杂的周期性函数表示为一系列具有倍频关系的正弦和余弦函数的线性叠加. 实际上,一个复杂的周期性函数代表一个复杂振动,一个正弦或余弦函数代表一个简谐振动. 因此傅里叶级数展开实际上是把一个复杂振动分解为一系列具有倍频关系的简谐振动的线性叠加,这在信号处理和频谱分析中具有十分重要的意义.

　　例 6.1　试研究如图 6.1 三角波的频谱.

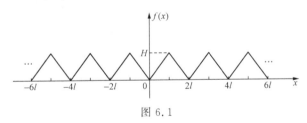

图 6.1

　　解　图中三角波函数 $f(x)$ 的最小正周期为 $2l$,在对称区间 $[-l,l]$ 中可表示为

$$f(x) = \frac{H}{l}\,|x| \quad (x \in [-l, l]).$$

根据狄利克雷定理

$$f(x) = a_0 + \sum_{n=1}^{+\infty} a_n \cos\frac{n\pi}{l}x + \sum_{n=1}^{+\infty} b_n \sin\frac{n\pi}{l}x,$$

其中系数 $a_0, a_n, b_n (n=1,2,\cdots)$ 可按(6.2)—(6.4)式求出,

$$a_0 = \frac{1}{2l}\int_{-l}^{l}\frac{H}{l}\mid x\mid \mathrm{d}x = \frac{H}{2},$$

$$a_n = \frac{1}{l}\int_{-l}^{l}\frac{H}{l}\mid x\mid \cos\frac{n\pi x}{l}\mathrm{d}x = -\frac{2H}{n^2\pi^2}[1-(-1)^n],$$

$$b_n = \frac{1}{l}\int_{-l}^{l}\frac{H}{l}\mid x\mid \sin\frac{n\pi x}{l}\mathrm{d}x = 0.$$

$$f(x) = \frac{H}{2} - \frac{2H}{\pi^2}\sum_{n=1}^{+\infty}\frac{1-(-1)^n}{n^2}\cos\frac{n\pi}{l}x$$

$$= \frac{H}{2} - \frac{4H}{\pi^2}\sum_{k=0}^{+\infty}\frac{1}{(2k+1)^2}\cos\frac{(2k+1)\pi}{l}x.$$

在三角波函数 $f(x)$ 的傅里叶级数中各余弦函数的周期为 $T_k = \frac{2l}{2k+1}$ $(k=0,1,2,\cdots)$,频率为 $\nu_k = \frac{1}{T_k} = \frac{2k+1}{2l}$ $(k=0,1,2,\cdots)$.其中最低的谐振频率 $\nu_0 = \frac{1}{2l}$,称为**基频**;其余谐振频率 $\nu_k = \frac{2k+1}{2l}$ $(k=1,2,\cdots)$ 都是基频的倍数,称为**谐频**,频率是基频的多少倍,就称为多少次谐频.由此可见,三角波的频谱中只有基频 ν_0 和奇次谐频 $\nu_k = (2k+1)\nu_0 (k=1,2,\cdots)$,没有偶次谐频,并且谐频的次数 $(2k+1)$ 越高,所对应的谐振强度越弱(振幅越小),因为各高次谐频的振幅正比于 $\frac{1}{(2k+1)^2} \to 0 (k\to +\infty)$.

例 6.2 利用傅里叶级数展开法求出如下级数和.

$$\sum_{k=0}^{+\infty}\frac{1}{(2k+1)^2} = 1 + \frac{1}{3^2} + \frac{1}{5^2} + \frac{1}{7^2} + \cdots.$$

解 参考例 6.1 的计算结果.如果例 6.1 中 $H=1$,并且在 $f(x)$ 的傅里叶级数展开式中令 $x=l$,那么展开式最右边的余弦级数变为 $\frac{4}{\pi^2}\sum_{k=0}^{+\infty}\frac{1}{(2k+1)^2}$,这正是本题所要求的级数和.根据例 6.1 的计算结果,

$$\frac{\mid x\mid}{l} = \frac{1}{2} - \frac{4}{\pi^2}\sum_{k=0}^{+\infty}\frac{1}{(2k+1)^2}\cos\frac{(2k+1)\pi}{l}x \quad (x\in[-l,l]),$$

再令 $x=l$,则

$$1 = \frac{1}{2} + \frac{4}{\pi^2}\sum_{k=0}^{+\infty}\frac{1}{(2k+1)^2},$$

所以
$$\sum_{k=0}^{+\infty}\frac{1}{(2k+1)^2}=1+\frac{1}{3^2}+\frac{1}{5^2}+\frac{1}{7^2}+\cdots=\frac{\pi^2}{8}.$$

按照狄利克雷定理,定义在有限区间上的函数原则上不能展开为傅里叶级数.但实际问题中,常常由于各种原因需要将这类函数展开为傅里叶级数,因此必须采用一定方式将函数的定义域扩大至全区间$(-\infty,+\infty)$,使其成为定义于全区间中的周期函数,这一过程称为**函数的周期性延拓**.

经过周期性延拓后的函数 $f(x)$将可以进行傅里叶级数展开.按照狄利克雷定理,该傅里叶级数在函数 $f(x)$原定义域的连续点处收敛于 $f(x)$,在间断点处则收敛于$\frac{1}{2}\big[f(x+0)+f(x-0)\big]$,因此两者仍然可以划上等号.

函数的周期性延拓通常有两种延拓方式,即**奇延拓**和**偶延拓**.所谓奇延拓是将定义域为$(0,l)$的函数 $f(x)$延拓为对称区间$(-l,l)$中的奇函数,然后再以对称区间$(-l,l)$中的函数曲线为模型进行复制,使其成为定义于全区间$(-\infty,+\infty)$中并且周期为 $2l$ 的奇函数.偶延拓是将定义域为$(0,l)$的函数 $f(x)$延拓为对称区间$(-l,l)$中的偶函数,然后再以对称区间$(-l,l)$中的函数曲线为模型进行复制,使其成为定义于全区间$(-\infty,+\infty)$中并且周期为 $2l$ 的偶函数.

(i) **奇延拓**

设 $f_1(x)=\begin{cases}f(x), & x\in(0,l),\\ -f(-x), & x\in(-l,0),\end{cases}$ 然后以对称区间$(-l,l)$中的函数 $f_1(x)$为基准进行复制,使其成为定义于全区间$(-\infty,+\infty)$中并且周期为 $2l$ 的奇函数 $F_1(x)$.

(ii) **偶延拓**

设 $f_2(x)=\begin{cases}f(x), & x\in(0,l),\\ f(-x), & x\in(-l,0),\end{cases}$ 然后再以对称区间$(-l,l)$中的函数 $f_2(x)$为基准进行复制,使其成为定义于全区间$(-\infty,+\infty)$中并且周期为 $2l$ 的偶函数 $F_2(x)$.

例 6.3 将函数 $f(x)=x,x\in(0,l)$进行奇延拓和偶延拓,然后再展开为傅里叶级数.

解 （i）将 $f(x)$ 进行奇延拓，使其成为定义于全区间 $(-\infty,+\infty)$ 中并且周期为 $2l$ 的奇函数 $F_1(x)$，如图 6.2 所示.

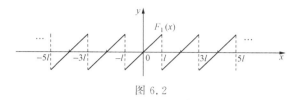

图 6.2

$F_1(x)$ 在一个周期的对称区间 $(-l,l)$ 中表示为 $F_1(x)=x,x\in(-l,l)$.

设 $F_1(x)=a_0+\sum\limits_{n=1}^{+\infty}a_n\cos\dfrac{n\pi x}{l}+\sum\limits_{n=1}^{+\infty}b_n\sin\dfrac{n\pi x}{l}$，那么

$$a_0=\frac{1}{2l}\int_{-l}^{l}F_1(x)\mathrm{d}x=\frac{1}{2l}\int_{-l}^{l}x\,\mathrm{d}x=0,$$

$$a_n=\frac{1}{l}\int_{-l}^{l}F_1(x)\cos\frac{n\pi x}{l}\mathrm{d}x=\frac{1}{l}\int_{-l}^{l}x\cos\frac{n\pi x}{l}\mathrm{d}x=0,$$

$$b_n=\frac{1}{l}\int_{-l}^{l}F_1(x)\sin\frac{n\pi}{l}x\,\mathrm{d}x=\frac{1}{l}\int_{-l}^{l}x\sin\frac{n\pi x}{l}\mathrm{d}x=(-1)^{n+1}\frac{2l}{n\pi}.$$

所以 $\quad f(x)=x=\sum\limits_{n=1}^{+\infty}(-1)^{n+1}\dfrac{2l}{n\pi}\sin\dfrac{n\pi x}{l},\quad x\in(0,l).$

（ii）将 $f(x)$ 进行偶延拓，使其成为定义于全区间 $(-\infty,+\infty)$ 中并且周期为 $2l$ 的偶函数 $F_2(x)$，如图 6.3 所示.

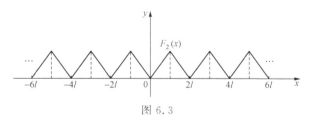

图 6.3

$F_2(x)$ 在一个周期的对称区间 $(-l,l)$ 内表示为 $F_2(x)=|x|,x\in(-l,l)$.

设 $F_2(x)=a_0+\sum\limits_{n=1}^{+\infty}a_n\cos\dfrac{n\pi x}{l}+\sum\limits_{n=1}^{+\infty}b_n\sin\dfrac{n\pi x}{l}$，那么

$$a_0 = \frac{1}{2l} \int_{-l}^{l} |x| \, \mathrm{d}x = \frac{l}{2},$$

$$a_n = \frac{1}{l} \int_{-l}^{l} |x| \cos\frac{n\pi x}{l} \mathrm{d}x = -\frac{2l}{n^2\pi^2}[1-(-1)^n],$$

$$b_n = \frac{1}{l} \int_{-l}^{l} |x| \sin\frac{n\pi}{l}x \, \mathrm{d}x = 0.$$

所以

$$f(x) = \frac{l}{2} - \sum_{n=1}^{+\infty} \frac{2l}{n^2\pi^2}[1-(-1)^n]\cos\frac{n\pi x}{l}$$

$$= \frac{l}{2} - \frac{4l}{\pi^2}\sum_{k=0}^{+\infty}\frac{1}{(2k+1)^2}\cos\frac{(2k+1)\pi x}{l}, \quad x \in (0,l).$$

　　若函数 $f(x)$ 进行奇延拓,所展开的傅里叶级数总是正弦函数级数,简称为 $f(x)$ 的傅里叶正弦级数. 若函数 $f(x)$ 进行偶延拓,则总是展开为傅里叶余弦函数级数,简称为 $f(x)$ 的傅里叶余弦级数. 由此可见,相同函数 $f(x)$ 经过不同延拓方式,结果将展开为完全不同的傅里叶级数形式. 这些傅里叶级数虽然形式不同,但在定义域 $(0,l)$ 中函数 $f(x)$ 的连续点处级数都收敛于 $f(x)$,在第一类间断点处级数都收敛于 $\frac{1}{2}[f(x+0)+f(x-0)]$,因此都是正确的. 到底应该采用哪种延拓方式或哪种傅里叶级数形式,这一般是由具体问题中 $f(x)$ 在原定义域 $(0,l)$ 的边界条件决定.

§6.2　傅里叶积分变换

　　前面已经讲述了周期函数和定义于有限区间中的函数展开为傅里叶级数的方法. 若函数 $f(x)$ 在全区间 $(-\infty,+\infty)$ 上有定义并满足狄利克雷条件,但不是周期函数,那么按照狄利克雷定理 $f(x)$ 将不能展开为傅里叶级数. 然而,定义于全区间 $(-\infty,+\infty)$ 中的非周期函数可以看成为周期无穷大的特殊周期函数,即周期表示为 $2l(l\to+\infty)$,因此可以在对称区间 $(-l,l)$ 中把非周期函数 $f(x)$ 展开为傅里叶级数,再令 $l\to+\infty$,求其极限,结果将得到一个积分表达式,称为函数 $f(x)$ 的傅里叶积分.

设 $f(x) = \sum\limits_{n=-\infty}^{+\infty} c_n \mathrm{e}^{\mathrm{i}\frac{n\pi x}{l}}$ $(l \to +\infty)$. 令 $\omega_n = \dfrac{n\pi}{l}$ $(n = 0, \pm 1, \pm 2,$ …), 则

$$f(x) = \sum_{n=-\infty}^{+\infty} c_n \mathrm{e}^{\mathrm{i}\omega_n x},$$

$$\Delta\omega = \omega_{n+1} - \omega_n = \frac{\pi}{l} \to 0 \quad （当 \, l \to +\infty \, 时）.$$

因为 $c_n = \dfrac{1}{2l}\displaystyle\int_{-l}^{l} f(\xi)\mathrm{e}^{-\mathrm{i}\frac{n\pi\xi}{l}}\mathrm{d}\xi = \dfrac{\Delta\omega}{2\pi}\displaystyle\int_{-l}^{l} f(\xi)\mathrm{e}^{-\mathrm{i}\omega_n\xi}\mathrm{d}\xi$, 所以

$$f(x) = \lim_{l \to +\infty} \sum_{-\infty}^{+\infty}\left[\frac{1}{2\pi}\int_{-l}^{l} f(\xi)\mathrm{e}^{-\mathrm{i}\omega_n\xi}\mathrm{d}\xi\right]\mathrm{e}^{\mathrm{i}\omega_n x}\Delta\omega$$

$$= \int_{-\infty}^{+\infty}\left[\frac{1}{2\pi}\int_{-\infty}^{+\infty} f(\xi)\mathrm{e}^{-\mathrm{i}\omega\xi}\mathrm{d}\xi\right]\mathrm{e}^{\mathrm{i}\omega x}\mathrm{d}\omega.$$

傅里叶积分变换的定义

定义

$$\bar{f}(\omega) = \frac{1}{\sqrt{2\pi}}\int_{-\infty}^{+\infty} f(\xi)\mathrm{e}^{-\mathrm{i}\omega\xi}\mathrm{d}\xi, \tag{6.8}$$

$\bar{f}(\omega)$ 称为 $f(x)$ 的**傅里叶积分变换式**, $f(x)$ 称为 $\bar{f}(\omega)$ 的**原函数**, 记为 $\bar{f}(\omega) = F[f(x)]$. 那么

$$f(x) = \frac{1}{\sqrt{2\pi}}\int_{-\infty}^{+\infty} \bar{f}(\omega)\mathrm{e}^{\mathrm{i}\omega x}\mathrm{d}\omega, \tag{6.9}$$

上式称为 $f(x)$ 的**傅里叶积分**或**傅里叶积分逆变换**, 记为 $f(x) = F^{-1}[\bar{f}(\omega)]$.

例 6.4 试求如下指数衰减函数的傅里叶积分变换.

$$f(x) = \begin{cases} 0, & x < 0, \\ \mathrm{e}^{-\beta x}, & x \geqslant 0, \beta > 0. \end{cases}$$

解 $\bar{f}(\omega) = \dfrac{1}{\sqrt{2\pi}}\displaystyle\int_{-\infty}^{+\infty} f(\xi)\mathrm{e}^{-\mathrm{i}\omega\xi}\mathrm{d}\xi = \dfrac{1}{\sqrt{2\pi}}\displaystyle\int_{0}^{+\infty} \mathrm{e}^{-\beta\xi}\mathrm{e}^{-\mathrm{i}\omega\xi}\mathrm{d}\xi$

$$= \frac{1}{\sqrt{2\pi}} \cdot \frac{1}{\beta + \mathrm{i}\omega}.$$

为了进一步检验傅里叶积分变换和逆变换的正确性, 下面将采用傅里叶积分逆变换公式求出 $\bar{f}(\omega)$ 的原函数 $f(x)$, 看看是否与例 6.4 所给出的原函数一样.

$$f(x) = \frac{1}{\sqrt{2\pi}} \int_{-\infty}^{+\infty} \bar{f}(\omega) \, e^{i\omega x} \, d\omega$$

$$= \int_{-\infty}^{+\infty} \frac{1}{2\pi} \frac{e^{i\omega x}}{\beta + i\omega} d\omega = \begin{cases} 0, & x < 0, \\ \dfrac{1}{2}, & x = 0, \\ e^{-\beta x}, & x > 0. \end{cases}$$

由此可见,当 $x<0$ 和 $x>0$ 时,傅里叶积分逆变换公式的计算结果与例 6.4 所给定的函数 $f(x)$ 完全相同;但在 $x=0$ 处,傅里叶积分值与 $f(x)$ 在 $x=0$ 处的定义值不同.究其原因是由于函数 $f(x)$ 在 $x=0$ 处不连续.在第一类间断点处,傅里叶积分值等于

$$\frac{1}{2}\big[f(x+0) + f(x-0)\big],$$

这与周期函数展开为傅里叶级数的情况完全一样.

* 傅里叶积分变换的重要性质

(i) 线性关系:
$$F\big[\alpha f_1(x) + \beta f_2(x)\big] = \alpha F\big[f_1(x)\big] + \beta F\big[f_2(x)\big]$$
$$(\alpha, \beta \text{ 为常数}), \tag{6.10}$$
$$F^{-1}\big[\alpha \bar{f}_1(\omega) + \beta \bar{f}_2(\omega)\big] = \alpha F^{-1}\big[\bar{f}_1(\omega)\big] + \beta F^{-1}\big[\bar{f}_2(\omega)\big].$$
$$\tag{6.11}$$

(ii) 延迟定理: 设 $\bar{f}(\omega) = F[f(x)]$,则
$$F\big[f(x \pm x_0)\big] = \bar{f}(\omega) e^{\pm i\omega x_0}. \tag{6.12}$$

(iii) 位移定理: 设 $F[f(x)] = \bar{f}(\omega)$,则
$$F\big[e^{\pm i\omega_0 x} f(x)\big] = \bar{f}(\omega \mp \omega_0). \tag{6.13}$$

(iv) 微分定理: 设 $F[f(x)] = \bar{f}(\omega)$,则
$$F\big[f'(x)\big] = i\omega \bar{f}(\omega). \tag{6.14}$$

(v) 积分定理: 设 $F[f(x)] = \bar{f}(\omega)$,则
$$F\left[\int_{-\infty}^{x} f(\xi) \, d\xi\right] = \frac{1}{i\omega} \bar{f}(\omega). \tag{6.15}$$

(vi) 卷积定理: 设 $F[f_1(x)] = \bar{f}_1(\omega)$, $F[f_2(x)] = \bar{f}_2(\omega)$,那么

$$F\left[\frac{1}{\sqrt{2\pi}}\int_{-\infty}^{+\infty}f_1(x-\xi)f_2(\xi)\mathrm{d}\xi\right]=\overline{f}_1(\omega)\cdot\overline{f}_2(\omega),\quad(6.16)$$

$$F[f_1(x)\cdot f_2(x)]=\frac{1}{\sqrt{2\pi}}\int_{-\infty}^{+\infty}\overline{f}_1(\omega-\omega')\overline{f}_2(\omega')\mathrm{d}\omega'.\quad(6.17)$$

§ 6.3　δ 函数及其傅里叶积分变换

首先考察如下分段函数

$$f(x)=\begin{cases}0,&x<x_0,\\[2mm]\dfrac{1}{h},&x_0\leqslant x\leqslant x_0+h,\quad(x_0,h\ \text{为实常数},h>0).\\[2mm]0,&x>x_0+h\end{cases}$$

该函数在 Oxy 平面中的函数曲线图如图 6.4 所示.

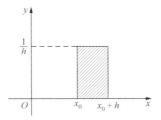

图 6.4　$f(x)$ 函数曲线

当 $h\to 0$ 时,$\lim\limits_{h\to 0}f(x)\to +\infty$ $(x_0\leqslant x\leqslant x_0+h)$,也即当 $h\to 0$,$f(x_0)\to +\infty$ 而只要 $x\neq x_0$,$f(x)=0$,所以分段阶跃函数 $f(x)$ 在 $h\to 0$ 的极限下可表示为:

$$f(x)=\begin{cases}+\infty,&x=x_0,\\0,&x\neq x_0\end{cases}\quad(h\to 0).$$

然而,不管 h 取任何正数,在 x 轴上方的矩形面积都保持不变,都等于 1.因为分段阶跃函数 $f(x)$ 在全区间 $(-\infty,+\infty)$ 内积分值保持不变.

$$\int_{x_0}^{x_0+h}f(x)\mathrm{d}x=1\quad\text{或}\quad\int_{-\infty}^{+\infty}f(x)\mathrm{d}x=1.$$

其次,再看如下函数

$$f(x) = \frac{1}{\pi} \cdot \frac{a}{x^2 + a^2} \quad (a > 0).$$

在 Oxy 平面上画出其曲线图如图 6.5 所示.

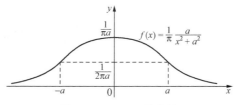

图 6.5　$f(x)$ 函数曲线

从图中可看出,函数的最大值在 $x=0$ 处,当 $x=\pm a$ 时,函数值下降为原来的一半. 可以采用 $2a$ 来表示该曲线峰的宽度,当 a 越小时,曲线峰将越窄,但高度却越大. 当 $a \to +0$ 时,函数曲线将变为无限窄但却无限高的尖锐脉冲. 另外,不管 a 值如何改变,整条函数曲线在 x 轴上方覆盖的总面积保持等于 1,只要计算函数 $f(x)$ 在全区间 $(-\infty, +\infty)$ 中的积分值就可以证明这一点.

$$\int_{-\infty}^{+\infty} f(x)\,\mathrm{d}x = \int_{-\infty}^{+\infty} \frac{1}{\pi} \cdot \frac{a}{x^2 + a^2}\,\mathrm{d}x = \left[\frac{1}{\pi}\arctan\frac{x}{a} \right]_{-\infty}^{+\infty} = 1.$$

以上所讨论的两个函数有两个共同特点:(ⅰ) 当代表函数曲线峰宽度的参数趋于 0 时,函数曲线变为无限窄但却无限高的尖锐脉冲;(ⅱ) 不管该脉冲宽度如何,脉冲曲线与 x 轴围成的面积始终保持等于 1. 这类函数称为单位强度的脉冲函数,通常称为 δ 函数. 也就是说,δ 函数是满足下列两条规则的一类特殊函数.

(ⅰ) $\delta(x - x_0) = \begin{cases} +\infty, & x - x_0 = 0, \\ 0, & x - x_0 \neq 0. \end{cases}$　　　　　(6.18)

(ⅱ) $\displaystyle\int_a^b \delta(x - x_0)\,\mathrm{d}x = 1 \ (a < x_0 < b).$　　　　　(6.19)

其中(ⅱ)也可写为:

$$\int_{-\infty}^{+\infty} \delta(x - x_0)\,\mathrm{d}x = 1 \quad (x_0 \text{ 为已知实数}).$$

在量子力学等后续物理课程中经常要遇到 δ 函数,同时也涉及

一些有关 δ 函数的运算性质. 为此, 下面将简单介绍 δ 函数的几条重要性质.

设 $f(x)$ 是定义于区间 $[a,b]$ 中的任意实函数, 则

(i) $\delta(-x) = \delta(x)$, $\delta'(-x) = -\delta'(x)$; (6.20)

(ii) $\int_a^b f(x)\delta(x-x_0)\mathrm{d}x = f(x_0)\ (a < x_0 < b)$; (6.21)

(iii) $f(x)\delta(x-x_0) = f(x_0)\delta(x-x_0)$ ($f(x)$ 为任意实函数); (6.22)

(iv) $\delta(ax) = \dfrac{\delta(x)}{|a|}$ (a 为任意非零实数). (6.23)

δ 函数作为一类特殊的函数, 同样可以进行傅里叶积分变换, 其变换式为

$$F[\delta(x)] = \frac{1}{\sqrt{2\pi}} \int_{-\infty}^{+\infty} \delta(x)\mathrm{e}^{-i\omega x}\mathrm{d}x = \frac{1}{\sqrt{2\pi}}. \quad (6.24)$$

根据傅里叶积分逆变换公式, δ 函数的逆变换为

$$\delta(x) = \frac{1}{\sqrt{2\pi}} \int_{-\infty}^{+\infty} \frac{1}{\sqrt{2\pi}} \cdot \mathrm{e}^{i\omega x}\mathrm{d}\omega = \frac{1}{2\pi} \int_{-\infty}^{+\infty} \mathrm{e}^{i\omega x}\mathrm{d}\omega. \quad (6.25)$$

上式也称为 **δ 函数的傅里叶积分**.

δ 函数的傅里叶积分是一个十分重要的公式, 在量子力学、固体物理学、傅里叶光学和通信原理等课程中都有广泛的应用.

若把 $\delta(x)$ 的傅里叶积分按广义积分的定义算出, 则

$$\delta(x) = \frac{1}{2\pi} \int_{-\infty}^{+\infty} \mathrm{e}^{i\omega x}\mathrm{d}\omega = \lim_{k \to +\infty} \frac{1}{2\pi} \int_{-k}^{+k} \mathrm{e}^{i\omega x}\mathrm{d}\omega$$

$$= \lim_{k \to +\infty} \frac{\mathrm{e}^{ikx} - \mathrm{e}^{-ikx}}{2\pi i \cdot x} = \lim_{k \to +\infty} \frac{\sin kx}{\pi x}. \quad (6.26)$$

函数 $f(x) = \dfrac{\sin kx}{\pi x}$ 的曲线图如图 6.6 所示.

从图 6.6 可以看出, $\dfrac{\sin kx}{\pi x}$ 是一个衰减振荡型函数, 函数曲线的主峰值为 $\dfrac{k}{\pi}$, 主峰宽度为 $\dfrac{2\pi}{k}$. 当 $k \to +\infty$ 时, 该函数曲线将收缩为脉冲型曲线. 另外, 不管 k 取何值, 可以证明脉冲曲线与 x 轴围成的面积为 1. 即

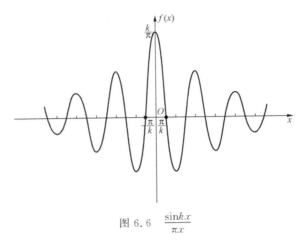

图 6.6　$\dfrac{\sin kx}{\pi x}$

$$\int_{-\infty}^{+\infty} \frac{\sin kx}{\pi x}\mathrm{d}x = 1.$$

　　除了以上所介绍的几种函数属于 δ 函数外，在物理学中还有大量函数最终都可表示为 δ 函数. 熟练掌握 δ 函数的定义和基本运算性质对学好其他物理课程十分重要.

习　题　六

6-1　试把下列周期函数展开为傅里叶级数.

(1) $f(x)$ 的周期为 2π；在对称区间 $(-\pi,\pi)$ 中，$f(x)=H(x)$.

(2) $f(x)$ 的周期为 π；在 $(0,\pi)$ 中，$f(x)=1-\sin\dfrac{x}{2}$.

(3) $f(x)$ 的周期为 2π；在 $(-\pi,\pi)$ 中，$f(x)=\sin\alpha x$（α 为非整数）.

(4) $f(x)$ 的周期为 2π；在 $[-\pi,\pi]$ 中，

$$f(x)=\begin{cases}\cos x, & |x|<\dfrac{\pi}{2},\\[2mm] 0, & \dfrac{\pi}{2}\leqslant|x|\leqslant\pi.\end{cases}$$

6-2　交流电压 $E_0\sin\omega t$ 经过全波整流后为 $E(t)=E_0|\sin\omega t|$，试把它展开为傅里叶级数.

6-3　利用函数傅里叶级数展开法，证明

$$1-\frac{1}{2^2}+\frac{1}{3^2}-\frac{1}{4^2}+\cdots=\frac{\pi^2}{12}.$$

6-4　下列函数均定义在有限区间 $(0,l)$ 中，试将它们进行奇延拓，然后展开为傅里叶级数.

（1）$f(x)=1$；（2）$f(x)=x$；（3）$f(x)=a\left(1-\frac{x}{l}\right)$（$a$ 为常数）.

6-5　下列函数均定义在有限区间 $(0,l)$ 中，试将它们进行偶延拓，然后展开成傅里叶级数.

（1）$f(x)=l-x$；　（2）$f(x)=x^2$；　（3）$f(x)=x^3$.

6-6　试求下列函数的傅里叶积分变换式.

（1）$f(x)=\begin{cases}0,& x<0,\\ kx,& 0\leqslant x\leqslant T\\ 0,& x>T;\end{cases}$（$k$ 为常数）.

（2）$f(x)=\dfrac{\sin\beta x}{x}$（$\beta$ 为常数）；

（3）$f(x)=\begin{cases}\sin x,& |x|\leqslant\pi,\\ 0,& |x|>\pi.\end{cases}$

6-7　试求出下列傅里叶积分变换式的原函数.

（1）$f(\omega)=\dfrac{1}{\beta+\mathrm{i}\omega}$（$\beta>0$）；

（2）$f(\omega)=\dfrac{\mathrm{i}\omega}{\alpha^2+\omega^2}$（$\alpha>0$）；

（3）$f(\omega)=\dfrac{\mathrm{i}\omega}{(\beta+\mathrm{i}\omega)(\alpha^2+\omega^2)}$（$\alpha>0,\beta>0$）.

6-8　证明傅里叶积分变换的相似性质：若 $F[f(x)]=\overline{f}(\omega)$，则有

$$F[f(at)]=\frac{1}{|a|}\overline{f}\left(\frac{\omega}{a}\right)\quad(a\text{ 为非零常数}).$$

6-9　试运用傅里叶积分变换求解如下积分方程.

$$\int_{-\infty}^{+\infty} \frac{y(t)\mathrm{d}t}{(x-t)^2+a^2} = \frac{1}{x^2+b^2} \quad (0<a<b).$$

6-10 证明 δ 函数性质 $\delta(ax) = \dfrac{\delta(x)}{|a|}$ (a 为非零实数).

6-11 把极限 $\lim\limits_{k\to+\infty} \dfrac{1-\cos kx}{kx^2}$ 表示为 $\delta(x)$ 函数形式.

6-12 试证明如下公式.

$$\delta(x^2-a^2) = \frac{\delta(x+a)+\delta(x-a)}{2|a|} \quad (a \text{ 为非零实数}).$$

第二篇　数学物理方程

第七章 一维有限区间中的波动方程

本章主要讲述物理学中很常见的一维波动问题的解决方法.解决实际问题的过程包括了以下几个步骤:(1)根据物理学基本理论建立一维波动问题的偏微分方程和初值、边界值等约束条件,把物理中的一维波动问题转化为数学中的定解问题;(2)采用一些数学方法求解由偏微分方程和约束条件所组成的定解问题;(3)分析求解结果,对一维波动问题的最终解中所包含的物理意义作适当讨论.

§7.1 定解问题的建立

本节将以几个非常典型的一维波动问题为例子,讲述如何建立一维波动问题的偏微分方程和初值、边界值等约束条件,把一个实际问题转化为数学中的定解问题.这是解决实际问题的第一步,想要完成这一步,必须具备相应的物理和数学基础.

例 7.1 两端固定弦的自由振动问题.

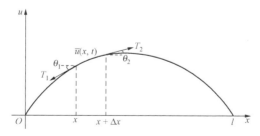

图 7.1 两端固定的自由振动弦在 t 时刻的状态

如图 7.1 所示,长度为 l 的弦两端固定,当弦中某处受到微扰以后,该处质点将做微小的横向振动,同时也带动其他质点做微小的横向振动. 假如忽略振动过程中的空气阻力和弦的重力,也没有其他外力存在,那么弦中各质点的振动都属于自由振动. 弦中质点的自由振动将沿着弦传播形成波动,当波动到达两端固定点时将产生反射波,正向波和反向波叠加后形成了驻波. 也就是说,整段弦最终将处于驻波振动状态.

接下来将运用经典力学知识,推导描述弦自由振动的偏微分方程. 不妨取弦静止时所在直线为 x 轴,垂直于弦的方向为 y 轴(位移方向),并设两端固定点的坐标为 $x=0$ 和 $x=l$,其中 l 是弦的长度. 假设在弦开始振动后的任一时刻 t,弦的形状如图 7.1 所示,弦中各质点的横向位移采用函数 $u(x,t)$ 表示,其中 x 表示质点的位置. 在不同时刻 t,不同位置 x 的质点的位移各不相同,因此,弦中各质点的横向位移 u 应该是 x 和 t 的函数.

首先在弦上任取一小段,位于 $x \sim x+\Delta x$ 处,当 $\Delta x \to 0$ 时,这一小段弦可看成质点. 假设每单位长度弦的质量为 ρ,那么这一小段弦的质量为 $\rho \Delta x$,其位移可用平均位移 $\bar{u}(x,t)$ 表示. 被拉紧的弦中存在张力,方向沿弦的切向,弦中各处的张力有所不同. 假设弦中 x 和 $x+\Delta x$ 处的张力分别为 T_1 和 T_2,它们与水平方向夹角分别为 θ_1 和 θ_2,并且忽略弦的重力和空气阻力,那么这一小段弦的动力学方程为

$$T_1 \cos\theta_1 = T_2 \cos\theta_2 \qquad (x \text{ 方向}),$$

$$T_2 \sin\theta_2 - T_1 \sin\theta_1 = \rho \Delta x \frac{\partial^2 \bar{u}(x,t)}{\partial t^2} \quad (y \text{ 方向}),$$

所以

$$\rho \Delta x \frac{\partial^2 \bar{u}}{\partial t^2} = T_2 \cos\theta_2 (\tan\theta_2 - \tan\theta_1)$$

$$= T_2 \cos\theta_2 \left[\left(\frac{\partial u}{\partial x}\right)_{x+\Delta x} - \left(\frac{\partial u}{\partial x}\right)_x \right],$$

也即

$$\rho \frac{\partial^2 \bar{u}}{\partial t^2} = T_2 \cos\theta_2 \cdot \frac{\left[(\partial u/\partial x)_{x+\Delta x} - (\partial u/\partial x)_x \right]}{\Delta x}.$$

当 $\Delta x \to 0$ 时,

$$u(x,t) \to u(x,t), \quad \frac{[(\partial u / \partial x)_{x+\Delta x} - (\partial u / \partial x)_x]}{\Delta x} \to \frac{\partial^2 u}{\partial x^2},$$

并且由于前面已经假定了弦振动为微小横振动,即 $|u(x,t)| \ll l$,所以 $T_1 \approx T_2 \approx T$($T$ 为弦静止时的张力),$\theta_1 \approx \theta_2 \approx 0$. 因此

$$\rho \frac{\partial^2 u}{\partial t^2} = T \frac{\partial^2 u}{\partial x^2}, \tag{7.1}$$

或

$$\frac{\partial^2 u}{\partial t^2} - a^2 \frac{\partial^2 u}{\partial x^2} = 0 \quad (a = \sqrt{T/\rho},\text{是弦中机械波的传播速度}).\tag{7.2}$$

方程(7.1)或(7.2)称为**一维齐次波动方程**,常简写为

$$u_{tt} - a^2 u_{xx} = 0 \quad (a \text{ 代表波速}).\tag{7.3}$$

只有偏微分方程(7.1)或(7.2)还不能得到确定的位移函数 $u(x,t)$,若要得到确定解,还必须知道实际问题给定的位移函数 $u(x,t)$ 的初始值和边界值等约束条件,这些约束条件分别称为实际问题的初始条件和边界条件. 下面将继续以两端固定弦这一实际问题为例,分别讲述如何写出实际问题的边界条件和初始条件.

由于弦两端固定不动,所以不管在什么时刻,$u(x,t)$ 在两端点($x=0$ 和 $x=l$)处取值为 0,即

$$u \mid_{x=0} = 0, \quad u \mid_{x=l} = 0.\tag{7.4}$$

长度为 l 的弦中质点坐标 x 的取值范围为 $[0,l]$. $x=0$ 和 $x=l$ 实际上是 x 取值区间的两个边界点. (7.4)式是对位移函数 $u(x,t)$ 在区间边界点的数值的限定,也就是偏微分方程的解在边界点取值的约束条件,称为**第一类边界条件**. 若解的边界值被限定为 0,则称为**第一类齐次边界条件**;若解的边界值被限定为不恒等于 0 的数值,则称为**第一类非齐次边界条件**. 在后面的例子和后续章节中还将遇到第二、第三类边界条件和其他类型的边界条件,到时候再详细讲述.

所谓**初始条件**是指实际问题所给出的偏微分方程的解 $u(x,t)$ 在初始时刻($t=0$)的取值和对时间 t 的偏导数值. 以弦振动问题为例,偏微分方程的解 $u(x,t)$ 在初始时刻($t=0$)的取值对应于初始时刻($t=0$)弦中各处的位移,即使是在初始时刻($t=0$),弦中各处的位

移一般也是不一样的,所以这个初始条件通常表示为 $u(x,0)=\varphi(x)$. 偏微分方程的解 $u(x,t)$ 在初始时刻 $(t=0)$ 对时间 t 的偏导数值(记为 $u_t(x,0)$)则对应于初始时刻 $(t=0)$ 弦中各处的速度,一般弦中各处的运动速度也是不一样的,所以另一个初始条件通常表示为 $u_t(x,0)=\psi(x)$. 初始条件对应于弦的初始运动状态,包括弦中各处的初始位移和初始速度,这一般是实际问题中给定的,即属于已知条件,关键在于正确理解初始运动状态与初始条件的对应关系.

一般初始条件采用简写表示为

$$\begin{cases} u\mid_{t=0} = \varphi(x), \\ u_t\mid_{t=0} = \psi(x) \end{cases} \quad (0 < x < l, \varphi(x), \psi(x) \text{ 为已知函数}).$$

$$(7.5)$$

描述一段弦自由振动的偏微分方程与给定的边界条件和初始条件联立,就构成了一个完整的定解问题.综上所述,两端固定弦中的自由振动问题可归结为以下定解问题:

$$\begin{cases} u_{tt} - a^2 u_{xx} = 0 & (a>0, a \text{ 代表波速}), \\ u\mid_{x=0} = 0; u\mid_{x=l} = 0 & (\text{第一类齐次边界条件}), \\ u\mid_{t=0} = \varphi(x); u_t\mid_{t=0} = \psi(x) & (0 \leqslant x \leqslant l). \end{cases} \quad (7.6)$$

例 7.2   两端固定弦的受迫振动问题.

如图 7.2 所示,两端固定的一段弦最初处于静止状态,从 $t=0$ 时刻开始受到策动力 $F(x,t)$ 作用而振动,因此属于受迫振动.假设在 t 时刻,弦的形状如图 7.2 中右图所示.

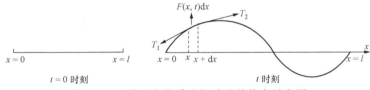

图 7.2   两端固定的受迫振动弦的状态示意图

假定在 t 时刻坐标为 x 处,每单位长度弦所受策动力为 $F(x,t)$,指定正向为 y 轴正向(位移 u 的正向),那么坐标处于 $x \sim x+\mathrm{d}x$ 的小段弦所受到的策动力为 $F(x,t)\mathrm{d}x$. 同时考虑到小段弦两端所受张力分别为 T_1 和 T_2,方向与水平方向夹角分别为 θ_1 和 θ_2,

因此可写出这一小段弦的动力学方程.

$$T_1\cos\theta_1 = T_2\cos\theta_2 \qquad (x\,方向),$$

$$T_2\sin\theta_2 - T_1\sin\theta_1 + F(x,t)\mathrm{d}x = \rho\mathrm{d}x\,\frac{\partial^2\bar{u}(x,t)}{\partial t^2}(y\,方向).$$

类似于例 7.1 的推导,当 $\mathrm{d}x \to 0$ 时,$\bar{u}(x,t) \to u(x,t)$,则

$$T_2\sin\theta_2 - T_1\sin\theta_1 = T_2\cos\theta_2(\tan\theta_2 - \tan\theta_1)$$

$$= T_2\cos\theta_2\left[\left(\frac{\partial u}{\partial x}\right)_{x+\mathrm{d}x} - \left(\frac{\partial u}{\partial x}\right)_x\right] \to T\frac{\partial^2 u}{\partial x^2}\mathrm{d}x.$$

所以

$$T\frac{\partial^2 u}{\partial x^2} + F(x,t) = \rho\frac{\partial^2 u}{\partial t^2},$$

即

$$\frac{\partial^2 u}{\partial t^2} - a^2\frac{\partial^2 u}{\partial x^2} = \frac{F(x,t)}{\rho} \quad (a = \sqrt{T/\rho}), \qquad (7.7)$$

通常记 $f(x,t) = \dfrac{F(x,t)}{\rho}$,它代表作用于每单位质量的弦的策动力.

方程(7.7)式称为**一维非齐次波动方程**.该方程再与问题给定的边界条件和初始条件联立,就得到一个完整的定解问题:

$$\begin{cases} u_{tt} - a^2 u_{xx} = f(x,t) & (0 \leqslant x \leqslant l; t \geqslant 0), \\ u\,|_{x=0} = 0; u\,|_{x=l} = 0 & (第一类齐次边界条件), \\ u\,|_{t=0} = 0; u_t\,|_{t=0} = 0. \end{cases} \qquad (7.8)$$

例 7.3 一端固定另一端受力作用的均匀细杆的纵振动问题.

如图 7.3 所示,考虑坐标为 $x \sim x + \Delta x$ 的一小段杆的受力和运动情况.假设在 t 时刻,坐标为 x 处的截面的纵向位移为 $u(x,t)$,杆中的应力为 $P(x,t)$;在 $x + \Delta x$ 处的截面的纵向位移为 $u(x + \Delta x, t)$,杆中的应力为 $P(x+\Delta x, t)$.那么这一小段细杆的动力学方程为

$$\rho S\Delta x\,\frac{\partial^2\bar{u}}{\partial t^2} = [P(x + \Delta x, t) - P(x,t)]S,$$

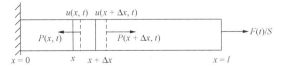

图 7.3 一端固定另一端受力作用的均匀细杆的纵振动示意图

上式中 ρ 和 S 分别代表细杆的密度和横截面积，$\bar{u}(x,t)$ 代表 $x\sim x+\Delta x$ 中截面的平均纵向位移. 根据胡克定律，细杆中任一横截面处应力正比于应变，即

$$P(x,t) = Y\left(\frac{\partial u}{\partial x}\right) \quad (Y\text{ 为细杆的杨氏模量}),$$

结合以上两式得到

$$\rho\Delta x \cdot \frac{\partial^2 \bar{u}}{\partial t^2} = Y\left[\left(\frac{\partial u}{\partial x}\right)_{x+\Delta x} - \left(\frac{\partial u}{\partial x}\right)_{x}\right].$$

当 $\Delta x \rightarrow 0$ 时，$\bar{u}\rightarrow u$，$\left(\dfrac{\partial u}{\partial x}\right)_{x+\Delta x} - \left(\dfrac{\partial u}{\partial x}\right)_{x} \rightarrow \dfrac{\partial^2 u}{\partial x^2}\Delta x$，因此

$$\rho\frac{\partial^2 u}{\partial t^2} = Y\frac{\partial^2 u}{\partial x^2}. \tag{7.9}$$

写为标准形式的波动方程

$$u_{tt} - a^2 u_{xx} = 0 \quad (a = \sqrt{Y/\rho}). \tag{7.10}$$

下面再进一步考虑边界条件.

在固定端（$x=0$）处位移为 0，所以 $u|_{x=0}=0$（第一类齐次边界条件）.

在受力端（$x=l$）处应力为 $\dfrac{F(t)}{S}$，那么 $Y\left(\dfrac{\partial u}{\partial x}\right)_{x=l} = \dfrac{F(t)}{S}$，或 $u_x|_{x=l}=F(t)/YS$. 这类边界条件是对偏微分方程的解在边界点（$x=l$ 或 $x=0$）处的导数进行限定，称为**第二类边界条件**. 若限定偏微分方程的解在边界点的导数为 0，则称为**第二类齐次边界条件**；若限定偏微分方程的解在边界点的导数为不恒等于 0 的数值，则称为**第二类非齐次边界条件**.

假设例 7.3 给定初始条件 $u|_{t=0}=\varphi(x)$，$u_t|_{t=0}=\psi(x)$. 那么完整的定解问题为

$$u_{tt} - a^2 u_{xx} = 0 \quad (a = \sqrt{Y/\rho}),$$

$$\begin{cases} u\,|_{x=0} = 0, \\ u_x\,|_{x=l} = F(t)/YS, \end{cases}$$

$$\begin{cases} u\,|_{t=0} = \varphi(x), \\ u_t\,|_{t=0} = \psi(x) \end{cases} \quad (0 \leqslant x \leqslant l).$$

虽然在例 7.3 中细杆的一端受外力作用，但只是作用于边界点

处,因此这一问题的运动方程仍为齐次波动方程.因为波动方程所描述的质点处于$(0,l)$中,不包括边界点.边界点处的作用力体现在第二类非齐次边界条件中.

以上通过举例的方式讲述了一维波动方程和边界条件的推导,而初始条件往往在实际问题中直接给出.边界条件对问题的最终解有决定性的影响,因此,正确地写出问题的边界条件非常关键.前面已经遇到过第一和第二类边界条件,在实际问题中还会遇到第三类边界条件,形式为$[\alpha u_x + \beta u]_{x=0\text{或}l} = f(t)$ $(\alpha \neq 0, \beta \neq 0)$.

实际上三类边界条件可统一地写为

$$\left[\alpha u_x + \beta u\right]_{\substack{x=0 \\ \text{或}x=l}} = f(t) \qquad (\alpha^2 + \beta^2 \neq 0). \tag{7.11}$$

(i) 若 $\alpha=0, \beta \neq 0$,上式对应于第一类边界条件;

(ii) 若 $\beta=0, \alpha \neq 0$,上式对应于第二类边界条件;

(iii) 若 $\alpha \neq 0, \beta \neq 0$,上式对应于第三类边界条件.

在(7.11)式中,若 $f(t) \equiv 0$,则分别称(i),(ii),(iii)为第一、二、三类齐次边界条件;若 $f(t) \neq 0$,则称为第一、二、三类非齐次边界条件.

§7.2 分离变量法

建立定解问题以后,接下来的任务就是采用一些数学方法求解定解问题.分离变量法是求解偏微分方程的最基本方法,其主要思想是:通过假设偏微分方程的解为包含不同自变量的两部分相乘,从而把具有两个自变量的偏微分方程分离为两个常微分方程,再求解常微分方程,并寻找既满足常微分方程又满足边界条件的解,最终得到偏微分方程的通解.也就是说,我们仅学会求解常微分方程,对具有多个自变量的偏微分方程只能分离为多个常微分方程进行求解.下面通过两个例子讲述分离变量法的基本步骤.

例 7.4 求解两端固定弦的自由振动问题.

$$\begin{cases} u_{tt} - a^2 u_{xx} = 0 & (a > 0), \\ u\mid_{x=0} = 0; u\mid_{x=l} = 0, \\ u\mid_{t=0} = \varphi(x); u_t\mid_{t=0} = \psi(x) & (0 \leqslant x \leqslant l). \end{cases}$$

解   假设试解 $u(x,t) = X(x)T(t)$，代入方程得到

$$X(x)T''(t) - a^2 X''(x)T(t) = 0.$$

把与变量 x 和 t 有关的函数分离，分别放到方程的两边，则

$$\frac{X''(x)}{X(x)} = \frac{T''(t)}{a^2 T(t)}.$$

上式两边分别只与变量 x 和 t 有关，若对任意的 x 和 t 值，等式都成立，那么上式两边都只能等于常数. 否则，只要 x（或 t）值改变，等式某一边的值就跟着改变，而另一边的值仍保持不变，这样的等式不可能对所有的 x 和 t 值都成立.

根据上述分析，不妨设上式两边都等于 $-\lambda$，λ 是与 x 和 t 均无关的实数，则得到

$$X''(x) + \lambda X(x) = 0,$$
$$T''(t) + \lambda a^2 T(t) = 0.$$

以试解 $u(x,t) = X(x)T(t)$ 代入定解问题的边界条件，得到 $X(0)T(t) = 0$ 和 $X(l)T(t) = 0$，因为 $T(t) \not\equiv 0$，所以 $X(0) = 0, X(l) = 0$. 这是对常微分方程的解 $X(x)$ 在边界点取值的限制，称为 $X(x)$ 的边界条件. 常微分方程和边界条件联立，就组成了**本征值问题**. 求解本征值问题，就是要寻找既满足常微分方程又满足边界条件的非零解. 下面写出关于 $X(x)$ 的本征值问题，并详细讲述求解过程.

$$\begin{cases} X''(x) + \lambda X(x) = 0, \\ X(0) = 0, X(l) = 0. \end{cases}$$

以上本征值问题中 λ 为待定常实数，对其取值范围分三种情形进行讨论.

（i）$\lambda < 0$，则通解为 $X(x) = C_1 \mathrm{e}^{\sqrt{-\lambda}x} + C_2 \mathrm{e}^{-\sqrt{-\lambda}x}$.

根据本征值问题的边界条件得

$$\begin{cases} C_1 + C_2 = 0, \\ C_1 \mathrm{e}^{\sqrt{-\lambda}l} + C_2 \mathrm{e}^{-\sqrt{-\lambda}l} = 0. \end{cases}$$

因为系数行列式

$$\begin{vmatrix} 1 & 1 \\ \mathrm{e}^{\sqrt{-\lambda}l} & \mathrm{e}^{-\sqrt{-\lambda}l} \end{vmatrix} = \mathrm{e}^{-\sqrt{-\lambda}l} - \mathrm{e}^{\sqrt{-\lambda}l} \neq 0.$$

所以方程组只有零解,即 $C_1 = 0, C_2 = 0$.

这样使 $X(x) \equiv 0$,将找不到既满足常微分方程又满足边界条件的非零解.

(ii) $\lambda = 0$,则通解为 $X(x) = C_1 x + C_2$.

代入边界条件后得到 $C_1 = 0, C_2 = 0$. 仍然找不到既满足常微分方程又满足边界条件的非零解.

(iii) $\lambda > 0$,则通解为 $X(x) = C_1 \cos \sqrt{\lambda} x + C_2 \sin \sqrt{\lambda} x$.

根据本征值问题的边界条件得

$$\begin{cases} C_1 = 0, \\ C_1 \cos \sqrt{\lambda} l + C_2 \sin \sqrt{\lambda} l = 0. \end{cases}$$

由于 $C_1 = 0$,所以要得到非零解,必须 $C_2 \neq 0$,即 $\sin \sqrt{\lambda} l = 0$. 那么

$$\sqrt{\lambda} l = n\pi \ (n = 1, 2, 3, \cdots), \text{或者} \lambda_n = \left(\frac{n\pi}{l} \right)^2 \quad (n = 1, 2, 3, \cdots).$$

对应于每一个 $\lambda_n (n = 1, 2, \cdots)$ 值,都能找到一个既满足常微分方程又满足边界条件的非零解 $X_n(x) (n = 1, 2, \cdots)$,

$$X_n(x) = C_2 \sin \sqrt{\lambda_n} x = C_2 \sin \frac{n\pi x}{l} \quad (n = 1, 2, 3, \cdots).$$

由此可见,在求解本征值问题的过程中,为了得到既满足常微分方程又满足边界条件的非零解,常微分方程中待定常数 λ 的取值受到限制,它只能取一系列特定值,譬如 $\lambda_n = (n\pi/l)^2 (n = 1, 2, 3, \cdots)$,这些特定值称为**本征值**. 对应于每一个本征值,至少可以找到一个既满足常微分方程又满足边界条件的非零解,这些非零解称为**本征函数**. 比如 $X_n(x) = \sin(n\pi x/l)$ 就是对应于本征值 $\lambda_n = (n\pi/l)^2$ 的本征函数. 除了个别非常特殊的本征值问题之外,一般本征值问题的本征值和本征函数都不止一个,通常都有一系列本征值 $\lambda_n (n = 1, 2, \cdots)$ 和相对应的一系列本征函数 $X_n(x) (n = 1, 2, \cdots)$.

其次,对应于每一个本征值 $\lambda_n = (n\pi/l)^2$,偏微分方程试解中 $T(t)$ 满足

$$T_n''(t) + (n\pi a/l)^2 T_n(t) = 0 \quad (n=1,2,3,\cdots).$$

因为不同本征值 $\lambda_n = (n\pi/l)^2$ $(n=1,2,3,\cdots)$ 将对应于不同的函数 $T(t)$，所以增加 $T(t)$ 的下标 n 加以区分. 以上常微分方程的通解为

$$T_n(t) = A_n\cos\frac{n\pi at}{l} + B_n\sin\frac{n\pi at}{l} \quad (n=1,2,3,\cdots).$$

因此，对应于每一个本征值 $\lambda_n = (n\pi/l)^2$，可以找到一个既满足偏微分方程又满足边界条件的解 $u_n(x,t) = X_n(x)T_n(t)$，称为**本征解**. 显然，本征解不仅与偏微分方程有关，而且还与边界条件有关. 本例题的本征解 $u_n(x,t)$ 为

$$u_n(x,t) = \left[A_n\cos\frac{n\pi at}{l} + B_n\sin\frac{n\pi at}{l}\right]\sin\frac{n\pi x}{l} \quad (n=1,2,3,\cdots).$$

以上本征解 $u_n(x,t)$ 是简谐驻波的波函数，这说明在两端固定弦的自由振动问题中，每一个本征解代表弦的一种特定频率的简谐驻波振动，称为弦的**本征振动**. 存在一系列本征解，说明两端固定弦中可能有一系列特定频率的本征振动. 把本征解 $u_n(x,t)$ 与频率为 ν_n 的简谐驻波的波函数相比较，可知两端固定弦中的本征振动频率为

$$\nu_n = \frac{\omega_n}{2\pi} = \frac{na}{2l} \quad (n=1,2,3,\cdots),$$

波矢量 $k_n = \frac{n\pi}{l}$，波速 $V = \frac{\omega_n}{k_n} = a$，波长 $\lambda_n = \frac{2\pi}{k_n} = \frac{2l}{n}$ $(n=1,2,3,\cdots)$.

当 $n=1$ 时，$\nu_1 = \frac{\omega_1}{2\pi} = \frac{a}{2l}$，$\lambda_1 = 2l$，对应于最低的本征振动频率，称为**基频**. 当 $n>1$ 时，$\nu_n = \frac{na}{2l}$，$\lambda_n = \frac{2l}{n}$ $(n=2,3,4,\cdots)$，所对应的本征振动频率都是基频的倍数，称为 n **次谐频**.

在一般情况下，任何一个本征解都不单独满足定解问题的初始条件，因此一个本征解虽然既满足偏微分方程又满足边界条件，但并不是定解问题的解. 为了满足定解问题的初始条件，通常需要将所有本征解进行线性叠加. 由所有本征解线性叠加而成的函数，称为**通解**. 本例题的通解式为

$$u(x,t) = \sum_{n=1}^{+\infty}\left[A_n\cos\frac{n\pi at}{l} + B_n\sin\frac{n\pi at}{l}\right]\sin\frac{n\pi x}{l},$$

其中 A_n，B_n $(n=1,2,3,\cdots)$ 为待定常数，它们代表了各个本征解在叠

加式中所占权重.

每个本征解都满足定解问题中的齐次偏微分方程和齐次边界条件,可以证明,所有本征解线性叠加后,仍然满足定解问题中的齐次偏微分方程和齐次边界条件,所以只要通解满足初始条件就行了. 为此,必须通过计算,选取通解中待定常数 A_n,B_n($n=1,2,3,\cdots$)的值.

将通解 $u(x,t)$ 的表达式代入定解问题的初始条件,则

$$\begin{cases} \sum_{n=1}^{+\infty} A_n \sin \dfrac{n\pi x}{l} = \varphi(x), \\ \sum_{n=1}^{+\infty} B_n \dfrac{n\pi a}{l} \sin \dfrac{n\pi x}{l} = \psi(x) \end{cases} \quad (0 < x < l).$$

上式实际上是已知函数 $\varphi(x)$ 和 $\psi(x)$ 在有限区间 $(0,l)$ 中展开为傅里叶级数,通过计算傅里叶级数的系数,就可确定常数 A_n,B_n($n=1,2,3,\cdots$),

$$\begin{cases} A_n = \dfrac{2}{l} \displaystyle\int_0^l \varphi(\xi) \sin \dfrac{n\pi\xi}{l} \mathrm{d}\xi, \\ B_n = \dfrac{2}{n\pi a} \displaystyle\int_0^l \psi(\xi) \sin \dfrac{n\pi\xi}{l} \mathrm{d}\xi \end{cases} \quad (n = 1,2,3,\cdots).$$

综上所述,一个给定了完整边界条件的偏微分方程存在一系列本征解,但一般定解问题的最终解并不是某一个本征解,而是由很多本征解按一定权重进行线性叠加而成. 其中的物理含义是:两端固定弦中可能存在一系列特定频率的本征振动,但一般自由振动并不是一个纯的本征振动,而是由很多本征振动按一定权重叠加成的复杂振动. 这里所说的权重(通解式中待定系数 A_n,B_n)代表了一个复杂振动中所包含的各个本征振动的振幅(或强弱).

例 7.5 管乐器一般是直径均匀的细管,一端封闭,另一端开放. 管内空气柱的振动问题可归结为以下数学问题:

$$u_{tt} - a^2 u_{xx} = 0 \quad (a > 0),$$

$$\begin{cases} u \mid_{x=0} = 0, \\ u_x \mid_{x=l} = 0, \end{cases}$$

试求出管内空气柱的所有本征振动.

解 设试解 $u(x,t) = X(x)T(t)$,代入偏微分方程,则

$$\frac{X''(x)}{X(x)} = \frac{T''(t)}{a^2 T(t)} = -\lambda.$$

根据问题给定的边界条件得 $X(0)=0$，$X'(l)=0$，所以有

$$T''(t) + \lambda a^2 T(t) = 0,$$

$$\begin{cases} X''(x) + \lambda X(x) = 0, \\ X(0) = 0, X'(l) = 0. \end{cases}$$

采用类似于例 7.4 中的方法，将待定常数 λ 分三种情形（$\lambda < 0$，$\lambda = 0$，$\lambda > 0$）进行讨论. 结果当 $\lambda \leqslant 0$ 时，找不到既满足微分方程又满足边界条件的非零解 $X(x)$. 只有当 $\lambda > 0$ 时，才能找到满足要求的非零解.

当 $\lambda > 0$ 时，常微分方程通解为

$$X(x) = C_1 \cos \sqrt{\lambda} x + C_2 \sin \sqrt{\lambda} x,$$

代入问题给定的边界条件得

$$\begin{cases} C_1 = 0, \\ C_2 \sqrt{\lambda} \cos \sqrt{\lambda} l = 0. \end{cases}$$

因为 $\lambda \neq 0$（$\lambda > 0$），若要 $C_2 \neq 0$，应有 $\cos \sqrt{\lambda} l = 0$，即 $\sqrt{\lambda} l = (n + 1/2)\pi$. 所以

$$\lambda_n = [(n + 1/2)\pi/l]^2 \quad (n = 0, 1, 2, \cdots).$$

相对应的本征函数为

$$X_n(x) = \sin \frac{(n + 1/2)\pi x}{l} \quad (n = 0, 1, 2, \cdots).$$

试解中函数 $T(t)$ 相对于本征值 λ_n 的通解为

$$T_n(t) = A_n \cos \frac{(n + 1/2)\pi at}{l} + B_n \sin \frac{(n + 1/2)\pi at}{l}$$

$$(n = 0, 1, 2, \cdots),$$

因此表示本征振动的本征解为

$$u_n(x, t) = \left[A_n \cos \frac{(n + 1/2)\pi at}{l} + B_n \sin \frac{(n + 1/2)\pi at}{l} \right]$$

$$\cdot \sin \frac{(n + 1/2)\pi x}{l},$$

本征振动频率

$$\nu_n = \frac{\omega_n}{2\pi} = \frac{(n + 1/2)a}{2l} = \frac{(2n + 1)a}{4l} \quad (n = 0, 1, 2, \cdots).$$

基频 $\nu_0 = \frac{a}{4l}$，$\lambda_0 = \frac{a}{\nu_0} = 4l$. 所有高次谐频都是基频的奇数倍谐频，并

没有偶次倍谐频,这正是管乐器具有特殊音质的原因.

前面通过两个典型例子讲述了分离变量法,但不知读者是否注意到,上述两个典型例子中偏微分方程和边界条件都是齐次的.也就是说,分离变量法只有针对齐次偏微分方程和齐次边界条件才能奏效.若偏微分方程或边界条件有一项为非齐次,那么就必须采用其他解法.如何处理非齐次偏微分方程和非齐次边界条件,将分别在后续两节中讲述.

采用分离变量法求解齐次偏微分方程和齐次边界条件的定解问题的主要步骤是:首先假设变量分离的试解,把齐次偏微分方程分离为两个常微分方程;然后求解关于 $X(x)$ 的本征值问题;写出既满足偏微分方程又满足边界条件的本征解和通解;再利用初始条件确定通解式中的待定常数 $A_n, B_n (n=1,2,3,\cdots)$. 其中最关键的步骤是求解关于 $X(x)$ 的本征值问题. 实际上,对于一维有限区间中的自由波动问题而言,求解关于 $X(x)$ 的本征值问题的方法都非常类似,本征值 λ_n 和本征函数 $X_n(x)$ 完全由两个边界条件决定.下面列出了几类常见的边界条件所对应的本征值和本征函数.

(1) $\begin{cases} u|_{x=0}=0, \\ u|_{x=l}=0 \end{cases}$ 所对应的本征值和本征函数:

$$\lambda_n = \left(\frac{n\pi}{l}\right)^2,$$
$$\qquad\qquad (n=1,2,3,\cdots).$$
$$X_n(x) = \sin\frac{n\pi x}{l}$$

(2) $\begin{cases} u_x|_{x=0}=0, \\ u_x|_{x=l}=0 \end{cases}$ 所对应的本征值和本征函数:

$$\lambda_n = \left(\frac{n\pi}{l}\right)^2,$$
$$\qquad\qquad (n=0,1,2,\cdots).$$
$$X_n(x) = \cos\frac{n\pi x}{l}$$

(3) $\begin{cases} u|_{x=0}=0, \\ u_x|_{x=l}=0 \end{cases}$ 所对应的本征值和本征函数:

$$\lambda_n = [(n+1/2)\pi/l]^2,$$
$$X_n(x) = \sin\frac{(n+1/2)\pi x}{l} \qquad (n=0,1,2,\cdots).$$

(4) $\begin{cases} u_x \big|_{x=0} = 0, \\ u \big|_{x=l} = 0 \end{cases}$ 所对应的本征值和本征函数:

$$\lambda_n = [(n+1/2)\pi/l]^2,$$

$$X_n(x) = \cos \frac{(n+1/2)\pi x}{l} \quad (n = 0,1,2,\cdots).$$

§7.3　傅里叶级数展开法

在本章例 7.2 中讲述了两端固定弦的受迫振动问题,建立了非齐次波动方程和两个齐次边界条件.求解非齐次波动方程,分离变量法已不能奏效.针对由非齐次偏微分方程和齐次边界条件所组成的定解问题,通常采用的解决方案是傅里叶级数展开法.

例 7.6　求解两端固定弦的受迫振动问题:

$$\begin{cases} u_{tt} - a^2 u_{xx} = f(x,t), \\ u \big|_{x=0} = 0; u \big|_{x=l} = 0, \quad (a > 0, 0 \leqslant x \leqslant l). \\ u \big|_{t=0} = 0; u_t \big|_{t=0} = 0 \end{cases}$$

解　若仍然假设 $u(x,t) = X(x)T(t)$,则根据上节的讨论,满足边界条件 $u \big|_{x=0} = 0, u \big|_{x=l} = 0$ 的本征函数为 $X_n(x) = \sin \frac{n\pi x}{l}$ $(n=1,2,3,\cdots)$,也即满足边界条件的本征解的形式为 $X_n(x)T_n(t) = T_n(t)\sin \frac{n\pi x}{l}$ $(n=1,2,3,\cdots)$.所有本征解的线性叠加就形成了通解式,所以问题的通解应该具有如下形式:

$$u(x,t) = \sum_{n=1}^{+\infty} T_n(t)\sin \frac{n\pi x}{l} \quad (0 \leqslant x \leqslant l).$$

以上通解式实际上是把 $u(x,t)$ 展开为傅里叶级数,可以证明 $u(x,t)$ 满足两个齐次边界条件.因此,只要寻找合适的函数 $T_n(t)$ $(n=1,2,3,\cdots)$,使 $u(x,t)$ 满足非齐次波动方程和初始条件就行了.为此,必须把非齐次波动方程中的非齐次项 $f(x,t)$ 也展开为相同形式的傅里叶级数:

$$f(x,t) = \sum_{n=1}^{+\infty} f_n(t) \sin \frac{n\pi x}{l} \quad (0 \leqslant x \leqslant l),$$

其中系数 $f_n(t)$ 可根据以下式子求出,

$$f_n(t) = \frac{2}{l} \int_0^l f(\xi,t) \sin \frac{n\pi\xi}{l} \mathrm{d}\xi.$$

再将 $u(x,t)$ 和 $f(x,t)$ 的傅里叶级数代入定解问题的非齐次波动方程和初始条件,则

$$\begin{cases} \sum_{n=1}^{+\infty} T_n''(t) \sin \frac{n\pi x}{l} + \sum_{n=1}^{+\infty} \left(\frac{n\pi a}{l}\right)^2 T_n(t) \sin \frac{n\pi x}{l} = \sum_{n=1}^{+\infty} f_n(t) \sin \frac{n\pi x}{l}, \\ \sum_{n=1}^{+\infty} T_n(0) \sin \frac{n\pi x}{l} = 0, \; \sum_{n=1}^{+\infty} T_n'(0) \sin \frac{n\pi x}{l} = 0 \\ \qquad\qquad\qquad (n = 1,2,3,\cdots). \end{cases}$$

由此可得

$$\begin{cases} T_n''(t) + \left(\frac{n\pi a}{l}\right)^2 T_n(t) = f_n(t), \\ T_n(0) = 0, \; T_n'(0) = 0 \end{cases} \qquad (n = 1,2,3,\cdots).$$

以上常微分方程可采用拉普拉斯变换法求解. 方程两边同时进行拉普拉斯变换,则

$$p^2 \overline{T}_n(p) + \left(\frac{n\pi a}{l}\right)^2 \overline{T}_n(p) = \overline{f}(p) \quad (n = 1,2,3,\cdots),$$

所以

$$\overline{T}_n(p) = \frac{\overline{f}_n(p)}{p^2 + (n\pi a/l)^2}.$$

因为

$$\mathscr{L}^{-1}\left[\overline{f}_n(p)\right] = f_n(t), \quad \mathscr{L}^{-1}\left[\frac{1}{p^2 + (n\pi a/l)^2}\right] = \frac{l}{n\pi a} \sin \frac{n\pi a t}{l},$$

所以

$$T_n(t) = \int_0^t f_n(\tau) \frac{l}{n\pi a} \sin \frac{n\pi a(t-\tau)}{l} \mathrm{d}\tau \quad (n = 1,2,3,\cdots).$$

将以上结果代入 $u(x,t)$ 的通解式,就得到了定解问题的解.

$$u(x,t) = \sum_{n=1}^{+\infty} \left[\int_0^t f_n(\tau) \frac{l}{n\pi a} \sin \frac{n\pi a(t-\tau)}{l} \mathrm{d}\tau\right] \sin \frac{n\pi x}{l}$$
$$(0 \leqslant x \leqslant l).$$

例 7.6 是非常典型的含有非齐次偏微分方程和齐次边界条件的定解问题,总结以上介绍的解决方案:首先把 $u(x,t)$ 和非齐次项 $f(x,t)$ 展开为相同形式的傅里叶级数,傅里叶级数中所采用的三角函数必须是满足给定的两个齐次边界条件的本征函数 $X_n(x)$,这样才能保证通解式满足问题的边界条件;然后再把 $u(x,t)$ 和 $f(x,t)$ 的傅里叶级数代入非齐次偏微分方程和初始条件,求出函数 $T_n(t)$,从而得到定解问题的解. 这种方法称为**傅里叶级数展开法**.

例 7.7 求解如下定解问题:

$$\begin{cases} u_{tt} - a^2 u_{xx} = A\cos\dfrac{m\pi x}{l}\sin\omega t & (m \text{ 为已知正整数}), \\ u_x\big|_{x=0} = 0; u_x\big|_{x=l} = 0, \\ u\big|_{t=0} = 0; u_t\big|_{t=0} = 0. \end{cases}$$

解 满足边界条件 $u_x|_{x=0}=0, u_x|_{x=l}=0$ 的本征函数为

$$X_n(x) = \cos\frac{n\pi x}{l} \quad (n = 0,1,2,\cdots).$$

所以通解的傅里叶级数形式为

$$u(x,t) = \sum_{n=0}^{+\infty} T_n(t)\cos\frac{n\pi x}{l} \quad (0 \leqslant x \leqslant l).$$

将上式代入定解问题的偏微分方程和初始条件,则

$$\sum_{n=0}^{+\infty}\left[T_n''(t) + (n\pi a/l)^2 T_n(t)\right]\cos\frac{n\pi x}{l} = A\cos\frac{m\pi x}{l}\sin\omega t$$

$$(m \text{ 为已知正整数}),$$

$$T_n(0) = 0, \quad T_n'(0) = 0 \quad (n = 0,1,2,\cdots).$$

比较以上两边傅里叶级数的系数得

$$\begin{cases} T_n''(t) + (n\pi a/l)^2 T_n(t) = 0 & (n \neq m), \\ T_m''(t) + (m\pi a/l)^2 T_m(t) = A\sin\omega t. \end{cases}$$

所以

$$T_n(t) = 0 \quad (n \neq m),$$

$$\begin{cases} T_m''(t) + (m\pi a/l)^2 T_m(t) = A\sin\omega t, \\ T_m(0) = 0, T_m'(0) = 0. \end{cases}$$

关于 $T_m(t)$ 的常微分方程两边同时进行拉普拉斯变换,则

$$p^2 \overline{T}_m(p) + (m\pi a/l)^2 \overline{T}_m(p) = A \frac{\omega}{p^2 + \omega^2},$$

$$\overline{T}_m(p) = \frac{A\omega}{p^2 + \omega^2} \cdot \frac{1}{p^2 + (m\pi a/l)^2}$$

$$= \frac{A\omega}{(m\pi a/l)^2 - \omega^2} \cdot \left[\frac{1}{p^2 + \omega^2} - \frac{1}{p^2 + (m\pi a/l)^2} \right],$$

所以 $$T_m(t) = \frac{A}{(m\pi a/l)^2 - \omega^2} \left[\sin\omega t - \frac{\omega l}{m\pi a} \sin\frac{m\pi a t}{l} \right].$$

因此

$$u(x,t) = \sum_{n=0}^{+\infty} T_n(t)\cos\frac{n\pi x}{l} = T_m(t)\cos\frac{m\pi x}{l}$$

$$= \frac{A}{(m\pi a/l)^2 - \omega^2} \left[\sin\omega t - \frac{\omega l}{m\pi a}\sin\frac{m\pi a t}{l} \right] \cos\frac{m\pi x}{l}.$$

§7.4 非齐次边界条件的处理

傅里叶级数法只能解决含有齐次边界条件的定解问题,若定解问题中出现了非齐次边界条件,那么首先必须把边界条件齐次化,然后才能采用傅里叶级数展开法或者分离变量法.本节主要讲述针对非齐次边界条件的处理方法.

例 7.8 一端固定($x=0$),另一端($x=l$)受周期性应力 $P_0\sin\omega t$ 作用的均匀细杆的纵振动问题可归结为如下定解问题:

$$\begin{cases} u_{tt} - a^2 u_{xx} = 0 & (a>0), \\ u\,|_{x=0} = 0, u_x\,|_{x=l} = A\sin\omega t & \left(A = \dfrac{P_0}{Y} \right), \\ u\,|_{t=0} = 0, u_t\,|_{t=0} = 0. \end{cases}$$

解 假设解为 $u(x,t) = v(x,t) + Ax\sin\omega t$,那么只要 $v(x,t)$ 满足齐次边界条件 $v|_{x=0} = 0, v_x|_{x=l} = 0, u(x,t)$ 就能满足定解问题的边界条件.求解 $u(x,t)$ 可以转化为求解 $v(x,t)$ 的定解问题.

函数 $u(x,t)$ 除了要满足边界条件,还必须满足定解问题的偏微分方程和初始条件.将 $u(x,t) = v(x,t) + Ax\sin\omega t$ 代入偏微分方程

和初始条件,得到

$$v_{tt} - A\omega^2 x\sin\omega t - a^2 v_{xx} = 0,$$

$$(v + Ax\sin\omega t)\mid_{t=0} = 0, \quad (v_t + A\omega x\cos\omega t)\mid_{t=0} = 0.$$

所以关于 $v(x,t)$ 的定解问题为

$$\begin{cases} v_{tt} - a^2 v_{xx} = A\omega^2 x\sin\omega t & (a > 0), \\ v\mid_{x=0} = 0, v_x\mid_{x=l} = 0, \\ v\mid_{t=0} = 0, v_t\mid_{t=0} = -A\omega x & (0 \leqslant x \leqslant l). \end{cases}$$

关于 $v(x,t)$ 的定解问题可以采用傅里叶级数展开法求解. 两个齐次边界条件所对应的本征函数为

$$X_n(x) = \sin\frac{(n+1/2)\pi x}{l} \quad (n = 0,1,2,\cdots).$$

所以

$$v(x,t) = \sum_{n=0}^{+\infty} T_n(t)\sin\frac{(n+1/2)\pi x}{l} \quad (0 \leqslant x \leqslant l).$$

把关于 $v(x,t)$ 的偏微分方程的非齐次项中的 x 展开为傅里叶级数,则

$$x = \sum_{n=1}^{+\infty} a_n \sin\frac{(n+1/2)\pi x}{l} \quad (0 \leqslant x \leqslant l).$$

其中

$$a_n = \frac{2}{l}\int_0^l \xi\sin[(n+1/2)\pi\xi/l]\mathrm{d}\xi = (-1)^n\frac{2l}{[(n+1/2)\pi]^2}.$$

将 $v(x,t)$ 和 x 的傅里叶级数代入偏微分方程和初始条件,则

$$\begin{cases} \sum_{n=1}^{+\infty}[T_n''(t) + [(n+1/2)\pi a/l]^2 T_n(t)]\sin[(n+1/2)\pi x/l] \\ \qquad = A\omega^2\sin\omega t\sum_{n=1}^{+\infty}(-1)^n\frac{2l}{[(n+1/2)\pi]^2}\sin[(n+1/2)\pi x/l], \\ \sum_{n=1}^{+\infty}T_n(0)\sin[(n+1/2)\pi x/l] = 0, \\ \sum_{n=1}^{+\infty}T_n'(0)\sin[(n+1/2)\pi x/l] \\ \qquad = A\omega\sum_{n=1}^{+\infty}(-1)^{n+1}\frac{2l}{[(n+1/2)\pi]^2}\sin[(n+1/2)\pi x/l]. \end{cases}$$

比较以上各式两边的系数可得

$$\begin{cases} T_n''(t) + [(n+1/2)\pi a/l]^2 T_n(t) = (-1)^n \dfrac{2lA\omega^2}{[(n+1/2)\pi]^2}\sin\omega t, \\ T(0) = 0, T'(0) = (-1)^{n+1} \dfrac{2lA\omega}{[(n+1/2)\pi]^2} \end{cases}$$

$$(n = 0,1,2,\cdots).$$

采用拉普拉斯变换法求解以上常微分方程. 两边同时进行拉普拉斯变换, 则

$$p^2 T_n(p) + (-1)^n \frac{2lA\omega}{[(n+1/2)\pi]^2} + [(n+1/2)\pi a/l]^2 T_n(p)$$

$$= (-1)^n \frac{2lA\omega^2}{[(n+1/2)\pi]^2} \frac{\omega}{p^2+\omega^2}.$$

所以　$\overline{T}_n(p) = (-1)^{n+1} \dfrac{2lA\omega}{[(n+1/2)\pi]^2}$

$$\cdot \frac{p^2}{(p^2+\omega^2) \cdot \{p^2 + [(n+1/2)\pi a/l]^2\}}$$

$$= (-1)^{n+1} \frac{2lA\omega}{[(n+1/2)\pi]^2} \cdot \frac{1}{\omega^2 - [(n+1/2)\pi a/l]^2}$$

$$\cdot \left\{ \frac{\omega^2}{p^2+\omega^2} - \frac{[(n+1/2)\pi a/l]^2}{p^2 + [(n+1/2)\pi a/l]^2} \right\}.$$

所以　$T_n(t) = (-1)^{n+1} \dfrac{2lA\omega}{[(n+1/2)\pi]^2}$

$$\cdot \frac{\omega\sin\omega t - [(n+1/2)\pi a/l]\sin[(n+1/2)\pi at/l]}{\omega^2 - [(n+1/2)\pi a/l]^2}.$$

将 $T_n(t)$ 代入 $v(x,t)$ 的傅里叶级数, 再代入 $u(x,t) = v(x,t) + Ax\sin\omega t$, 就得到了定解问题的解:

$$u(x,t) = \sum_{n=0}^{+\infty} (-1)^{n+1} \frac{2lA\omega}{[(n+1/2)\pi]^2}$$

$$\cdot \frac{\omega\sin\omega t - [(n+1/2)\pi a/l]\sin[(n+1/2)\pi at/l]}{\omega^2 - [(n+1/2)\pi a/l]^2}$$

$$\cdot \sin \frac{(n+1/2)\pi x}{l} + Ax\sin\omega t$$

$$= \sum_{n=0}^{+\infty} (-1)^n \frac{2aA}{(n+1/2)\pi}$$

$$\cdot \frac{\omega \sin\left[(n+1/2)\pi at/l\right] - \left[(n+1/2)\pi a/l\right]\sin\omega t}{\omega^2 - \left[(n+1/2)\pi a/l\right]^2}$$

$$\cdot \sin\frac{(n+1/2)\pi x}{l}.$$

例 7.9 求解以下定解问题.

$$\begin{cases} u_{tt} - a^2 u_{xx} = A \quad (a > 0), \\ u\big|_{x=0} = 0, \quad u\big|_{x=l} = B, \\ u\big|_{t=0} = \frac{xB}{l}, \quad u_t\big|_{t=0} = 0 \end{cases} \quad (A,B \text{ 均为常数}).$$

解 假设 $u(x,t) = v(x,t) + w(x)$. 不难证明：只要 $v(x,t)$，$w(x,t)$ 分别满足下列定解问题，则 $u(x,t)$ 就能满足以上定解问题.

$$\begin{cases} v_{tt} - a^2 v_{xx} = 0 \quad (0 \leqslant x \leqslant l), \\ v\big|_{x=0} = 0, \quad v\big|_{x=l} = 0, \\ v\big|_{t=0} = -w(x) + \frac{xB}{l}, \quad v_t\big|_{t=0} = 0, \end{cases}$$

$$\begin{cases} -a^2 w''(x) = A, \\ w(0) = 0, \quad w(l) = B. \end{cases}$$

求解关于 $w(x,t)$ 的常微分方程得到

$$w(x) = -\frac{A}{2a^2}x^2 + \left(\frac{B}{l} + \frac{Al}{2a^2}\right)x.$$

运用分离变量法求解关于 $v(x,t)$ 的定解问题，得到通解式为

$$v(x,t) = \sum_{n=1}^{+\infty}\left[C_n\cos\frac{n\pi at}{l} + D_n\sin\frac{n\pi at}{l}\right]\sin\frac{n\pi x}{l},$$

将上式和 $w(x,t)$ 的表达式代入 $v(x,t)$ 的初始条件得到

$$\sum_{n=1}^{+\infty}C_n\sin\frac{n\pi x}{l} = -w(x) + \frac{xB}{l} = \frac{A}{2a^2}x^2 - \left(\frac{B}{l} + \frac{Al}{2a^2}\right)x + \frac{xB}{l}$$

$$= \frac{A}{2a^2}x^2 - \frac{Al}{2a^2}x,$$

所以

$$C_n = \frac{2}{l}\int_0^l\left(\frac{A}{2a^2}\xi^2 - \frac{Al}{2a^2}\xi\right)\sin\frac{n\pi\xi}{l}\mathrm{d}\xi$$

$$= -\frac{2Al^2}{n^3\pi^3a^2}\left[1 - (-1)^n\right] \quad (n = 1,2,3,\cdots),$$

$$\sum_{n=1}^{+\infty} D_n \cdot \frac{n\pi a}{l} \sin \frac{n\pi x}{l} = 0,$$

所以 $\qquad D_n = 0 \quad (n = 1,2,3,\cdots).$

$$u(x,t) = \sum_{n=1}^{+\infty} \left(-\frac{2Al^2}{n^3\pi^3 a^2}\right)[1-(-1)^n]$$

$$\cdot \cos \frac{n\pi at}{l} \sin \frac{n\pi x}{l} - \frac{A}{2a^2}x^2 + \left(\frac{B}{l} + \frac{Al}{2a^2}\right)x$$

$$= -\frac{A}{2a^2}x^2 + \left(\frac{B}{l} + \frac{Al}{2a^2}\right)x$$

$$-\sum_{m=0}^{+\infty} \frac{2Al^2}{(2m+1)^3\pi^3 a^2} \cos \frac{(2m+1)\pi at}{l} \sin \frac{(2m+1)\pi x}{l}.$$

本例题也可设 $u(x,t) = v(x,t) + Bx/l$,然后求解关于 $v(x,t)$ 的定解问题.

$$\begin{cases} v_{tt} - a^2 v_{xx} = A \quad (0 \leqslant x \leqslant l, a > 0), \\ v\big|_{x=0} = 0, \quad v\big|_{x=l} = 0, \\ v\big|_{t=0} = 0, \quad v_t\big|_{t=0} = 0. \end{cases}$$

以上定解问题为齐次边界条件定解问题,但其偏微分方程是非齐次的,可以参照 §7.3 节中所讲述的处理方法,采用傅里叶级数展开法进行求解,最终所得到的结果将与本例题的结果完全相同.

§7.5 有阻尼的波动问题

前面所列举的例子都是忽略阻尼力的振动问题,但实际上微小阻尼力总是存在.本节将通过两个典型例子,讲述小阻尼振动定解问题的建立和求解方法.

例7.10 两端固定弦的小阻尼振动问题.

若考虑到两端固定弦在自由振动过程中存在微小阻尼力,那么在写出一小段弦的动力学方程时必须增加一项阻尼力 f. 在速度较低时,阻尼力正比于速率,方向与速度方向相反.设每单位长度弦在振动过程中所受阻尼力为 f,那么

$$f = -ku_t \quad (k > 0, k \text{ 为常数}). \tag{7.12}$$

考虑了阻尼力之后,坐标在 $x \sim x + \mathrm{d}x$ 之间的一小段弦的动力学方程为

$$\rho \frac{\partial^2 u}{\partial t^2} = T \frac{\partial^2 u}{\partial x^2} + f = T \frac{\partial^2 u}{\partial x^2} - ku_t, \tag{7.13}$$

即

$$\frac{\partial^2 u}{\partial t^2} + 2\gamma \frac{\partial u}{\partial t} - a^2 \frac{\partial^2 u}{\partial x^2} = 0 \quad \left(\gamma = \frac{k}{2\rho}, \text{称为阻尼因子}; a = \sqrt{\frac{T}{\rho}} \right). \tag{7.14}$$

以上偏微分方程(7.14)式称为**有阻尼自由波动方程**,简称为**阻尼波动方程**.

综上所述,两端固定弦的小阻尼振动可归结为以下定解问题.

$$\begin{cases} \dfrac{\partial^2 u}{\partial t^2} + 2\gamma \dfrac{\partial u}{\partial t} - a^2 \dfrac{\partial^2 u}{\partial x^2} = 0 \quad \left(\gamma = \dfrac{k}{2\rho}, \text{为阻尼因子} \right), \\ u \mid_{x=0} = 0, \ u \mid_{x=l} = 0, \\ u \mid_{t=0} = \varphi(x), \ u_t \mid_{t=0} = \psi(x). \end{cases}$$

由于此定解问题中的偏微分方程和两个边界条件都是齐次的,所以可以采用分离变量法进行求解. 设 $u(x,t) = X(x)T(t)$,代入偏微分方程后进行分离变量,则

$$T''(t) + 2\gamma T'(t) + a^2 \lambda T(t) = 0,$$

$$\begin{cases} X''(x) + \lambda X(x) = 0, \\ X(0) = 0, \ X(l) = 0. \end{cases}$$

这个本征值问题的本征值 $\lambda_n = (n\pi/l)^2$,本征函数 $X_n(x) = \sin(n\pi x/l) \ (n = 1, 2, 3, \cdots)$. 对应于本征值 $\lambda_n = (n\pi/l)^2$ 的函数 $T(t)$ 满足以下常微分方程,

$$T_n''(t) + 2\gamma T_n'(t) + \left(\frac{n\pi a}{l} \right)^2 T_n(t) = 0.$$

这里只讨论小阻尼问题,即 $\gamma < \pi a/l$. 在这种情况下,$T_n(t)$ 的通解为

$$T_n(t) = \mathrm{e}^{-\gamma t} (A_n \cos \omega_n t + B_n \sin \omega_n t),$$

其中 $\omega_n = \sqrt{(n\pi a/l)^2 - \gamma^2}$,代表**有阻尼本征振动的角频率**,它比无阻尼本征振动的角频率稍微小一点. 阻尼因子越大,有阻尼本征振动的

频率就越小.

本征函数 $X_n(x)$ 与函数 $T_n(t)$ 相乘得到本征解,再把全部本征解线性叠加就得到问题的通解式

$$u(x,t) = \sum_{n=1}^{+\infty} e^{-\gamma t}(A_n\cos\omega_n t + B_n\sin\omega_n t)\sin\frac{n\pi x}{l}.$$

把 $u(x,t)$ 的通解式代入定解问题的初始条件,则

$$\begin{cases} \sum_{n=1}^{+\infty} A_n\sin\dfrac{n\pi x}{l} = \varphi(x), \\ \sum_{n=1}^{+\infty}(-\gamma A_n + B_n\omega_n)\sin\dfrac{n\pi x}{l} = \psi(x). \end{cases}$$

所以

$$A_n = \frac{2}{l}\int_0^l \varphi(\xi)\sin\frac{n\pi\xi}{l}\mathrm{d}\xi,$$

$$B_n = \frac{2}{\omega_n l}\int_0^l \psi(\xi)\sin\frac{n\pi\xi}{l}\mathrm{d}\xi + \frac{\gamma A_n}{\omega_n}$$

$$= \frac{2}{\omega_n l}\int_0^l [\psi(\xi) + \gamma\varphi(\xi)]\sin\frac{n\pi\xi}{l}\mathrm{d}\xi.$$

最后把 A_n 和 $B_n(n=1,2,\cdots)$ 代入 $u(x,t)$ 的通解式即得到定解问题的解.

例 7.11 一段均匀的高频传输线中的电压波动方程.

假设一段均匀的高频传输线中每单位长度的电阻、电感和电容分别为 R,L 和 C,初始时刻($t=0$)传输线中电压和电流处处为 0. 若传输线一端($x=0$)绝缘,另一端($x=l$)施加稳恒电压 E,试问施加电压后传输线中各处瞬时电压变化情况如何?(忽略电漏)

如图 7.4 所示,在传输线中任意取出一小段($x \sim x+\Delta x$,$\Delta x \to 0$)进行讨论.假设 t 时刻这一小段传输线两端的电压分别为 $u(x,t)$ 和 $u(x+\Delta x,t)$,根据电磁学知识得到

$$u(x,t) - u(x+\Delta x,t) = \Delta x \cdot L \cdot \frac{\partial I}{\partial t} + \Delta x \cdot R \cdot I,$$

当 $\Delta x \to 0$ 时,

$$-\frac{\partial u(x,t)}{\partial x} = L \cdot \frac{\partial I}{\partial t} + IR. \tag{7.15}$$

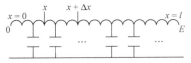

图 7.4　均匀的高频传输线的等效电路图

　　另外，假设这一小段传输线两端的电流强度分别为 $I(x,t)$ 和 $I(x+\Delta x,t)$，那么在 $t\sim t+\Delta t$ 这段时间间隔 Δt 内，流入这一小段的净电荷量为 $[I(x,t)\Delta t - I(x+\Delta x,t)\Delta t]$．电荷量增加将使这一小段传输线的平均电压提高，根据电容、电压、电荷三者的关系得到

$$I(x,t)\Delta t - I(x+\Delta x,t)\Delta t$$
$$= \Delta Q = \Delta x \cdot C[\bar{u}(x,t+\Delta t) - \bar{u}(x,t)],$$

当 $\Delta t \to 0, \Delta x \to 0$ 时，

$$-\frac{\partial I(x,t)}{\partial x} = C\frac{\partial u(x,t)}{\partial t}. \tag{7.16}$$

综合 (7.15) 式和 (7.16) 式得到

$$\frac{\partial^2 u}{\partial x^2} = -L\frac{\partial}{\partial t}\frac{\partial I}{\partial x} - R\frac{\partial I}{\partial x} = LC\frac{\partial^2 u}{\partial t^2} + RC\frac{\partial u}{\partial t},$$

即

$$\frac{\partial^2 u}{\partial t^2} + 2\gamma\frac{\partial u}{\partial t} - a^2\frac{\partial^2 u}{\partial x^2} = 0 \quad \left(\gamma = \frac{R}{2L}, a = \frac{1}{\sqrt{LC}}\right). \tag{7.17}$$

偏微分方程 (7.17) 式是标准形式的有阻尼波动方程．由此可见，传输线中电压波的传播速度为 $a = 1/\sqrt{LC}$，电阻则起到阻尼的作用．

　　例题中给定的边界条件：一端 $(x=0)$ 绝缘对应于任意时刻 t 的电流强度 $I|_{x=0} = 0$，根据 (7.15) 式可知 $u_x|_{x=0} = 0$；另一端 $(x=l)$ 施加稳恒电压 E 对应于 $u|_{x=l} = E$．

　　初始时刻 $(t=0)$ 传输线中电压和电流处处为 0，则初始条件为 $u|_{t=0} = 0, u_t|_{t=0} = 0$．

　　综上所述，本例题可以归纳为定解问题：

$$\begin{cases} \dfrac{\partial^2 u}{\partial t^2} + 2\gamma\dfrac{\partial u}{\partial t} - a^2\dfrac{\partial^2 u}{\partial x^2} = 0 \quad \left(\gamma = \dfrac{R}{2L}, a = \dfrac{1}{\sqrt{LC}}\right), \\[2mm] \dfrac{\partial u}{\partial x}\bigg|_{x=0} = 0, \ u|_{x=l} = E, \\[2mm] u|_{t=0} = 0, \ u_t|_{t=0} = 0. \end{cases}$$

这个定解问题含有非齐次边界条件,假设 $u(x,t)=w(x,t)+E$,可将边界条件齐次化,转化为关于 $w(x,t)$ 的定解问题.

$$\begin{cases} \dfrac{\partial^2 w}{\partial t^2}+2\gamma\dfrac{\partial w}{\partial t}-a^2\dfrac{\partial^2 w}{\partial x^2}=0, \\ w_x\,|_{x=0}=0,\ w\,|_{x=l}=0, \\ w\,|_{t=0}=-E,\ w_t\,|_{t=0}=0. \end{cases}$$

边界条件 $w_x|_{x=0}=0,w|_{x=l}=0$ 所对应的本征值

$$\lambda_n=[(n+1/2)\pi/l]^2,$$

本征函数 $X_n(x)=\cos[(n+1/2)\pi x/l]$. 所以 $w(x,t)$ 的通解式为

$$w(x,t)=\sum_{n=0}^{+\infty}T_n(t)\cos\frac{(n+1/2)\pi x}{l}.$$

将此通解式代入 $w(x,t)$ 的常微分方程,则

$$T_n''(t)+2\gamma T_n'(t)+[(n+1/2)\pi a/l]^2 T_n(t)=0.$$

仍然只讨论小阻尼情形,即 $\gamma<[(n+1/2)\pi a/l]\ (n=1,2,3,\cdots)$,有

$$T_n(t)=\mathrm{e}^{-\gamma t}(A_n\cos\omega_n t+B_n\sin\omega_n t)$$

$$\left(\omega_n=\sqrt{\left[\left(n+\frac{1}{2}\right)\pi a/l\right]^2-\gamma^2}\right).$$

将上式代入 $w(x,t)$ 的通解式得到

$$w(x,t)=\sum_{n=0}^{+\infty}\mathrm{e}^{-\gamma t}(A_n\cos\omega_n t+B_n\sin\omega_n t)\cos\frac{(n+1/2)\pi x}{l}.$$

利用 $w(x,t)$ 定解问题中的初始条件,则

$$\begin{cases} \sum_{n=0}^{+\infty}A_n\cos\dfrac{(n+1/2)\pi x}{l}=-E, \\ \sum_{n=0}^{+\infty}(-\gamma A_n+B_n\omega_n)\cos\dfrac{(n+1/2)\pi x}{l}=0, \end{cases}$$

$$\begin{cases} A_n=-\dfrac{2}{l}\int_0^l E\cos\dfrac{(n+1/2)\pi\xi}{l}\mathrm{d}\xi=(-1)^{n+1}\dfrac{2E}{(n+1/2)\pi}, \\ B_n=\gamma\dfrac{A_n}{\omega_n}=(-1)^{n+1}\dfrac{2\gamma E}{\omega_n(n+1/2)\pi}. \end{cases}$$

因此,施加电压 E 后传输线中瞬时电压波动函数为

$$u(x,t)=E-\mathrm{e}^{-\gamma t}\sum_{n=0}^{+\infty}(-1)^n\frac{2E}{(n+1/2)\pi}$$

$$\cdot \left(\cos\omega_n t + \frac{\gamma}{\omega_n}\sin\omega_n t \right)\cos\frac{(n+1/2)\pi x}{l}.$$

当 $t \to +\infty$ 时,得到稳定解 $u(x,t)=E$,传输线中的电压波动终止.

习　题　七

7-1　求解下列本征值问题.

(1) $\begin{cases} X''(x)+\lambda X(x)=0, \\ X'(0)=0 ; \ X(l)=0. \end{cases}$

(2) $\begin{cases} X''(x)+2aX'(x)+\lambda X(x)=0 \\ \quad (a \ \text{为已知常数},0<a<\sqrt{\lambda}), \\ X(0)=0 ; \ X(l)=0. \end{cases}$

7-2　长为 l 的两端固定弦由于受到风力作用,在初始时刻 $(t=0)$ 形成了如下图所示的抛物线形状(h 已知),并且处于瞬时静止状态,试求解风力撤销后弦的自由振动问题.

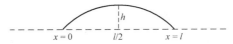

7-3　设均匀细杆一端固定($x=0$),另一端($x=l$)自由.已知初始条件 $u|_{t=0}=kx, u_t|_{t=0}=0$,试求解杆的纵向自由振动问题.

7-4　长为 l 的弦两端固定,弦中张力为 T,有一外力作用于距一端为 x_0 的点上,已知垂直于弦的分力为 F_0.若外力突然撤销,试求解弦的自由振动问题(设单位长度弦质量为 ρ,忽略由于外力作用所引起的弦中张力的变化).

7-5　长为 l 的均匀细杆,一端固定,另一端受纵向力 F_0 作用而伸长,试求解外力 F_0 撤销后杆的自由振动问题(杆的横面积为 S,杆的杨氏模量为 Y,材料密度为 ρ,忽略阻尼).

7-6　求解以下定解问题.

$$\begin{cases} u_{tt}-a^2 u_{xx}=A\phi(x)\sin\omega t \quad (0 \leqslant x \leqslant l, a>0, t\geqslant 0, A \ \text{为常数}), \\ u_x|_{x=0}=0, \ u_x|_{x=l}=0, \\ u|_{t=0}=\phi(x), \ u_t|_{t=0}=\psi(x) \quad (\phi(x),\psi(x) \ \text{已知}). \end{cases}$$

7-7　设杆的一端($x=0$)被弹性固结,弹性系数为 k,另一端($x=l$)受纵向力 F_0 作用而达到静态平衡.若纵向力 F_0 突然消失,试求解杆的自由纵振动问题(杆的横面积为 S,杆的杨氏模量为 Y,材料密度为 ρ,忽略阻尼).

7-8　长为 l 的均匀纵杆,一端自由,另一端受纵向力 $F(t)=F_0\sin\omega t$ 作用.假设杆开始时刻($t=0$)处于静止状态,试求解杆的受迫振动问题(杆的横截面积为 S,杨氏模量为 Y,材料密度为 ρ,忽略阻尼).

7-9　长为 l 的理想传输线一端连接电动势为 $V_0\sin\omega t$ 的交流电源,另一端短路,此时传输线中的稳恒振荡问题可归结为如下问题:

$$\begin{cases} u_{tt}-a^2u_{xx}=0 & \left(a^2=\dfrac{1}{L_0C_0},0\leqslant x\leqslant l,t\geqslant0\right), \\ u\mid_{x=0}=V_0\sin\omega t, \ u\mid_{x=l}=0. \end{cases}$$

试求出问题的通解.

7-10　均匀细杆一端固定($x=0$),另一端($x=l$)受纵向力 F_0 作用而达到静态平衡.若考虑微小阻尼作用,试求解纵向力 F_0 撤消后杆的小阻尼纵向振动问题(杆的横截面积为 S,杨氏模量为 Y,阻尼因子为 γ,材料密度为 ρ).

7-11　设两端固定弦从 $t=0$ 时刻开始受到线密度为 $F_0(x)\sin\omega t$ 的横向作用力,试求解弦的受迫振动问题.若考虑微小阻尼力的作用,并且已知阻尼因子为 γ,试求解弦的小阻尼受迫振动问题,并讨论当 $t\to+\infty$ 时,弦振动的稳定解.

7-12　一段长度为 l 的均匀传输线每单位长度的电阻、电感和电容分别为 R_0,L_0 和 C_0,初始时刻电压和电流处处为 0,若从 $t=0$ 时刻开始,一端($x=0$)施加高频电压 $E_0\sin\omega t$,另一端($x=l$)绝缘,试求传输线中的电压波动函数,并讨论 $t\to+\infty$ 时的稳定解(忽略电漏).

第八章 一维输运问题

输运过程是指热传导过程和扩散过程,本章将以举例方式分别讲述如何建立一维热传导过程和一维扩散过程的定解问题,再介绍一维输运定解问题的常用求解方法.

§8.1 一维输运定解问题的建立

例 8.1 均匀细杆的热传导问题.

设有一根长为 l 的均匀细杆,初始时刻($t=0$)细杆中温度处处为 u_0. 若细杆一端($x=0$)仍保持温度为 u_0,另一端($x=l$)有热流密度为 q_0 的热流流进,细杆侧面散热忽略不计. 试问经过一段时间后(t 时刻)细杆中温度分布如何?

首先必须推导出任意时刻 t 细杆中坐标 x 处的温度分布函数 $u(x,t)$ 所满足的微分方程.

根据热传导定律,当细杆中出现温度差时,热量将从温度较高处流向温度较低处. 在单位时间内流过单位横截面积的热量称为**热流密度**,它代表了热传导过程的快慢和方向,通常以矢量 **q** 表示,**q** 的方向表示热量的流动方向. 由于这里只讨论一维热传导问题,所以热流密度方向可以用正负值表示,**正值代表 q 方向为 x 轴正向,负值代表 q 方向为 x 轴负向**.

热传导定律 在热传导过程中,热流密度的大小与温度梯度成正比,方向与温度梯度的方向相反.

在一维热传导过程中,假设以 $q(x,t)$ 代表 t 时刻 x 处的热流密度,那么表达热传导定律的代数式为

$$q(x,t) = -k \frac{\partial u(x,t)}{\partial x} \quad (k \text{ 称为热传导系数}). \tag{8.1}$$

如图 8.1 所示,在均匀细杆上取一小段($x \sim x + \Delta x$)进行讨论,设 t 时刻这一小段中平均温度为 $\bar{u}(x,t)$. 由于流进和流出的热量不平衡,所以经过一段时间 Δt 后,这一小段的平均温度将要改变,假设增加了 $\Delta \bar{u}(x,t)$,那么根据比热的定义和能量守恒定律可以得到如下等式:

$$q(x,t) \cdot S \cdot \Delta t - q(x+\Delta x,t) \cdot S \cdot \Delta t = \rho S \Delta x \cdot c \cdot \Delta \bar{u}, \tag{8.2}$$

上式中 S 代表细杆的横截面积,ρ 代表细杆的密度,c 代表细杆的比热.

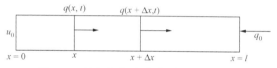

图 8.1　均匀细杆中热传导过程示意图

假设所取的小段细杆无限短,即 $\Delta x \to 0$,则 $\Delta \bar{u}(x,t) \to u(x,t)$,再让 $\Delta t \to 0$,那么

$$\frac{\Delta \bar{u}(x,t)}{\Delta t} \to \frac{\partial u(x,t)}{\partial t}; \quad \frac{q(x+\Delta x,t) - q(x,t)}{\Delta x} \to \frac{\partial q(x,t)}{\partial x}.$$

这样,(8.2)式将变成了如下偏微分方程

$$-\frac{\partial q(x,t)}{\partial x} = \rho c \cdot \frac{\partial u(x,t)}{\partial t}. \tag{8.3}$$

再将热传导定律(8.1)式代入上式可得

$$k \frac{\partial^2 u(x,t)}{\partial x^2} = \rho c \cdot \frac{\partial u(x,t)}{\partial t}, \tag{8.4}$$

表示成标准形式为

$$\frac{\partial u}{\partial t} - K \frac{\partial^2 u}{\partial x^2} = 0. \tag{8.5}$$

上式称为**一维齐次热传导方程**,其中 $K = \dfrac{k}{\rho c}$,称为热导率.

另外,问题给定的已知条件有

$$u\mid_{t=0} = u_0, \quad u\mid_{x=0} = u_0, \quad \left[-k\frac{\partial u}{\partial x}\right]_{x=l} = -q_0.$$

则边界条件

$$u\mid_{x=0} = u_0, \quad \left(\frac{\partial u}{\partial x}\right)\Big|_{x=l} = \frac{q_0}{k};$$

初始条件

$$u\mid_{t=0} = u_0.$$

因此,均匀细杆的热传导问题可归结为以下定解问题.

$$\begin{cases} \dfrac{\partial u}{\partial t} - K\dfrac{\partial^2 u}{\partial x^2} = 0 \quad \left(K = \dfrac{k}{\rho c}, 0 \leqslant x \leqslant l\right), \\[2mm] u\mid_{x=0} = u_0, \quad \left(\dfrac{\partial u}{\partial x}\right)\Big|_{x=l} = \dfrac{q_0}{k} \quad (q_0 > 0), \\[2mm] u\mid_{t=0} = u_0. \end{cases}$$

例 8.2 一维扩散问题.

如图 8.2 所示,在纯净材料表面涂上一层杂质后,杂质将向纯净材料内部扩散.不妨取扩散方向为 x 轴向,并规定杂质层处坐标为 $x=0$.由于杂质扩散过程极其缓慢,所以可以认为杂质将一直扩散到无穷远处($x \to +\infty$).

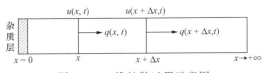

图 8.2　一维扩散过程示意图

在扩散过程中,杂质总是从浓度高处向浓度低处扩散.类似于热传导过程,扩散速度的快慢以扩散流强度 q 表示,它代表单位时间内流过单位横截面积的杂质质量,方向为杂质的流动方向.若以 $u(x,t)$ 代表 t 时刻坐标为 x 处的杂质浓度,以 $q(x,t)$ 代表 t 时刻坐标为 x 处的扩散流强度.那么在一维扩散过程中,扩散定律可以表示为

$$q(x,t) = -D\frac{\partial u(x,t)}{\partial x} \quad (D \text{ 称为扩散系数}), \qquad (8.6)$$

上式中负号代表扩散方向与浓度梯度方向相反.

只取一薄层材料($x \sim x+\Delta x$)进行讨论,设薄层中平均杂质浓度为 $\bar{u}(x,t)$.由于从左边流进薄层的杂质与从右边流出薄层的杂质不平衡,所以平均杂质浓度将随时间变化. 假设在 Δt 时间内平均杂质浓度增加了 $\Delta u(x,t)$,那么根据扩散流强度、浓度的定义和物质守恒定律得到

$$q(x,t) \cdot S \cdot \Delta t - q(x+\Delta x,t) \cdot S \cdot \Delta t = \Delta u \cdot S \cdot \Delta x, \quad (8.7)$$

上式中 S 代表材料的横截面积.

若 $\Delta x \to 0, \Delta t \to 0$,则

$$\frac{\Delta u(x,t)}{\Delta t} \to \frac{\partial u(x,t)}{\partial t},$$

$$\frac{q(x+\Delta x,t) - q(x,t)}{\Delta x} \to \frac{\partial q(x,t)}{\partial x}.$$

因此(8.7)式将变为

$$-\frac{\partial q(x,t)}{\partial x} = \frac{\partial u(x,t)}{\partial t}. \quad (8.8)$$

再将扩散定律(8.6)式代入上式,则

$$\frac{\partial u(x,t)}{\partial t} - D\frac{\partial^2 u(x,t)}{\partial x^2} = 0 \quad (D>0,D \text{ 为扩散系数}). \quad (8.9)$$

上式称为**一维齐次扩散方程**,与前面热传导方程(8.5)式形式完全相同,统称为**一维齐次输运方程**.

由于扩散过程非常缓慢,所以一般的扩散过程中杂质的扩散范围可以认为是 $0 \leqslant x < +\infty$,或者 $-\infty < x < +\infty$. 因此,杂质扩散问题通常只有一个边界条件($x=0$ 处),或者根本没有边界条件(扩散范围 $-\infty < x < +\infty$),这类定解问题称为**非完全边界条件的定解问题**. 但是,杂质扩散问题总是要求无穷远处($x \to \pm\infty$)杂质浓度等于有限值,这种约束条件是物理过程的必然结果,称为**自然边界条件**.

本例题中杂质扩散范围为 $0 \leqslant x < +\infty$,在 $x=0$ 处的边界条件可以是第一类或第二类边界条件,即 $u|_{x=0}=N_0$ 或 $u_x|_{x=0}=\dfrac{q_0}{D}$.

杂质扩散问题的初始条件则一般为 $u|_{t=0}=\varphi(x)$(边限为 $0<x<l$ 或 $-\infty<x<+\infty$).

综上所述,本例题属于半无限区间($0 \leqslant x < +\infty$)中一维扩散问题,完整的定解问题为

$$\begin{cases} u_t - Du_{xx} = 0 \quad (D > 0, 0 < x < +\infty), \\ u \mid_{x=0} = N_0 \quad \text{或} \quad u_x \mid_{x=0} = \dfrac{q_0}{D}, \\ u \mid_{t=0} = \varphi(x). \end{cases}$$

无限区间$(-\infty < x < +\infty)$中的一维扩散问题,一般定解问题为

$$\begin{cases} u_t - Du_{xx} = 0 \quad (D > 0, -\infty < x < +\infty), \\ u \mid_{t=0} = \varphi(x). \end{cases}$$

§8.2　一维有限区间中输运问题的解法

例 8.3　求解以下热传导定解问题:

$$\begin{cases} u_t - Ku_{xx} = 0 \quad \left(K = \dfrac{k}{\rho c}, \ 0 \leqslant x \leqslant l\right), \\ u \mid_{x=0} = u_0, \\ u_x \mid_{x=l} = \dfrac{q_0}{k} \quad (q_0 > 0), \\ u \mid_{t=0} = u_0. \end{cases}$$

解　首先将边界条件齐次化,设$u(x,t) = u_0 + \dfrac{q_0}{k}x + w(x,t)$. 则$w(x,t)$满足以下定解问题:

$$\begin{cases} w_t - Ku_{xx} = 0 \quad \left(K = \dfrac{k}{\rho c}, \ 0 \leqslant x \leqslant l\right), \\ w \mid_{x=0} = 0, \ w_x \mid_{x=l} = 0, \\ w \mid_{t=0} = -\dfrac{q_0}{k}x \quad (q_0 > 0). \end{cases}$$

这个定解问题的偏微分方程和边界条件都是齐次的,可以采用分离变量法求解. 设$w(x,t) = X(x)T(t)$,代入$w(x,t)$的偏微分方程,则

$$\frac{X''(x)}{X(x)} = \frac{T'(t)}{KT(t)} = -\lambda,$$

所以

$$T'(t) + \lambda K T(t) = 0, \quad X''(x) + \lambda X(x) = 0.$$

把 $w(x,t) = X(x)T(t)$ 代入定解问题的边界条件得到 $X(0) = 0, X'(l) = 0$.

求解 $X(x)$ 的本征值问题,得到本征值和本征函数如下:

$$\lambda_n = \left[\frac{\left(n + \frac{1}{2}\right)\pi}{l} \right]^2,$$

$$X_n(x) = \sin \frac{\left(n + \frac{1}{2}\right)\pi x}{l} \quad (n = 0,1,2,\cdots).$$

将以上本征值 λ_n 代入关于 $T_n(t)$ 的常微分方程,则

$$T_n'(t) + K\left[\frac{(n+1/2)\pi}{l}\right]^2 T_n(t) = 0 \quad (n = 0,1,2,\cdots).$$

所以 $\quad T_n(t) = C_n e^{-K[(n+1/2)\pi/l]^2 t} \quad (t \geqslant 0, n = 0,1,2,\cdots).$

因此,$w(x,t)$ 的通解为

$$w(x,t) = \sum_{n=0}^{+\infty} C_n e^{-K[(n+1/2)\pi/l]^2 t} \sin \frac{(n+1/2)\pi x}{l}.$$

再把以上通解式代入初始条件,则

$$w\mid_{t=0} = \sum_{n=0}^{+\infty} C_n \sin \frac{\left(n + \frac{1}{2}\right)\pi x}{l} = -\frac{q_0}{k}x.$$

所以
$$C_n = \frac{2}{l} \int_0^l \left(-\frac{q_0}{k}\right)\xi \sin \frac{(n+1/2)\pi\xi}{l} d\xi$$

$$= (-1)^{n+1} \cdot \frac{2q_0 l}{k\left(n + \frac{1}{2}\right)^2 \pi^2}.$$

再将以上结果代入 $u(x,t) = u_0 + \frac{q_0}{k}x + w(x,t)$,即可得到最终解

$$u(x,t) = u_0 + \frac{q_0}{k}x + \frac{2q_0 l}{k\pi^2} \sum_{n=0}^{+\infty} \frac{(-1)^{n+1}}{(n+1/2)^2}$$

$$\cdot e^{-K[(n+1/2)\pi/l]^2 t} \sin \frac{(n+1/2)\pi x}{l}.$$

例 8.4　求解以下定解问题.

$$
\begin{cases}
u_t - K u_{xx} = 0 \quad \left(K = \dfrac{k}{\rho c},\ 0 \leqslant x \leqslant l \right), \\
u \mid_{x=0} = At,\ u \mid_{x=l} = 0, \\
u \mid_{t=0} = 0.
\end{cases}
$$

解　设 $u(x,t) = At(1 - x/l) + w(x,t)$，那么 $w(x,t)$ 应满足如下定解问题：

$$
\begin{cases}
w_t - K w_{xx} = A\left(\dfrac{x}{l} - 1 \right) \quad (0 \leqslant x \leqslant l), \\
w \mid_{x=0} = 0,\ w \mid_{x=l} = 0, \\
w \mid_{t=0} = 0.
\end{cases}
$$

根据齐次边界条件 $w\mid_{x=0} = 0, w\mid_{x=l} = 0$，应假设 $w(x,t)$ 的通解式为

$$
w(x,t) = \sum_{n=1}^{+\infty} T_n(t) \sin \frac{n\pi x}{l},
$$

再将 $f(x) = A\left(\dfrac{x}{l} - 1 \right)$ 展开为傅里叶级数：

$$
f(x) = A\left(\frac{x}{l} - 1 \right) = \sum_{n=1}^{+\infty} a_n \sin \frac{n\pi x}{l},
$$

其中系数

$$
a_n = \frac{2}{l} \int_0^l A\left(\frac{\xi}{l} - 1 \right) \sin \frac{n\pi \xi}{l} \mathrm{d}\xi = -\frac{2A}{n\pi} \quad (n = 1,2,3,\cdots).
$$

把 $w(x,t)$ 和 $f(x)$ 的傅里叶展开式代入关于 $w(x,t)$ 的偏微分方程，则

$$
\sum_{n=1}^{+\infty} \left[T_n'(t) + K\left(\frac{n\pi}{l} \right)^2 T_n(t) \right] \sin \frac{n\pi x}{l} = -\sum_{n=1}^{+\infty} \frac{2A}{n\pi} \sin \frac{n\pi x}{l}.
$$

比较上式两边系数得

$$
T_n'(t) + K\left(\frac{n\pi}{l} \right)^2 T_n(t) = -\frac{2A}{n\pi} \quad (n = 1,2,3,\cdots).
$$

由初始条件 $w\mid_{t=0} = 0$ 得到 $T_n(0) = 0$. 对以上常微分方程进行拉普拉斯变换法，则有

$$
p\overline{T}_n(p) + K\left(\frac{n\pi}{l} \right)^2 \overline{T}_n(p) = -\frac{2A}{n\pi} \cdot \frac{1}{p}.
$$

所以
$$T_n(p) = -\frac{2A}{n\pi} \cdot \frac{1}{p} \cdot \frac{1}{p + K(n\pi/l)^2}$$

$$= -\frac{2Al^2}{(n\pi)^3 K}\left[\frac{1}{p} - \frac{1}{p + K(n\pi/l)^2}\right].$$

再经过拉普拉斯反演得到

$$T_n(t) = -\frac{2Al^2}{(n\pi)^3 K}[1 - e^{-(n\pi/l)^2 Kt}].$$

因此

$$u(x,t) = At\left(1 - \frac{x}{l}\right) - \sum_{n=1}^{+\infty} \frac{2Al^2}{(n\pi)^3 K}[1 - e^{-(n\pi/l)^2 Kt}]\sin\frac{n\pi x}{l}.$$

§8.3　一维无限区间中输运问题的解法

　　一维无限区间中的定解问题没有边界条件或只有一个边界条件,因此不存在分立本征值和本征函数. 定解问题的解 $u(x,t)$ 不再具有傅里叶级数形式,只能写成傅里叶积分形式,因此必须采用傅里叶积分变换法求解这类定解问题.

　　例 8.5　求解一维无界区间中的杂质扩散问题.

$$\begin{cases} u_t - Du_{xx} = 0 & (D > 0), \\ u\,|_{t=0} = \varphi(x) & (-\infty < x < +\infty). \end{cases}$$

　　解　设 $u(x,t) = \dfrac{1}{\sqrt{2\pi}}\displaystyle\int_{-\infty}^{+\infty} T(\omega,t)e^{i\omega x}\,d\omega$, 代入偏微分方程,则

$$\frac{1}{\sqrt{2\pi}}\int_{-\infty}^{+\infty}\left[T_t(\omega,t) + D\omega^2 T(\omega,t)\right]e^{i\omega x}\,d\omega = 0.$$

所以
$$T_t(\omega,t) + D\omega^2 T(\omega,t) = 0.$$

以上常微分方程的解为

$$T(\omega,t) = A(\omega)e^{-\omega^2 Dt} \quad (-\infty < \omega < +\infty).$$

所以
$$u(x,t) = \frac{1}{\sqrt{2\pi}}\int_{-\infty}^{+\infty} A(\omega)e^{-\omega^2 Dt} \cdot e^{i\omega x}\,d\omega.$$

将上式代入初始条件得

$$u\mid_{t=0} = \frac{1}{\sqrt{2\pi}} \int_{-\infty}^{+\infty} A(\omega) e^{i\omega x} d\omega = \varphi(x) \quad (-\infty < \omega < +\infty).$$

所以
$$A(\omega) = \frac{1}{\sqrt{2\pi}} \int_{-\infty}^{+\infty} \varphi(\xi) e^{-i\omega\xi} d\xi.$$

再将上式代入解 $u(x,t)$ 的傅里叶积分,则

$$u(x,t) = \frac{1}{\sqrt{2\pi}} \int_{-\infty}^{+\infty} \left[\frac{1}{\sqrt{2\pi}} \int_{-\infty}^{+\infty} \varphi(\xi) e^{-i\omega\xi} d\xi \right] \cdot e^{-\omega^2 Dt} \cdot e^{i\omega x} d\omega$$

$$= \int_{-\infty}^{+\infty} \varphi(\xi) \left[\frac{1}{2\pi} \int_{-\infty}^{+\infty} e^{-\omega^2 Dt} \cdot e^{i\omega(x-\xi)} d\omega \right] d\xi$$

$$= \int_{-\infty}^{+\infty} \varphi(\xi) \left[\frac{1}{2\sqrt{\pi Dt}} e^{-(x-\xi)^2/4Dt} \right] d\xi \quad (t > 0). \quad (8.10)$$

以上最后一步运算中运用了如下积分公式

$$\int_{-\infty}^{+\infty} e^{-\omega^2 \alpha^2} \cdot e^{\beta\omega} d\omega = \frac{\sqrt{\pi}}{\alpha} \cdot e^{(\beta/2\alpha)^2}. \quad (8.11)$$

例 8.6 求解半无界区间中 $(x\geq0)$ 的杂质扩散问题:
$$\begin{cases} u_t - Du_{xx} = 0 \quad (D > 0, 0 < x < +\infty), \\ u\mid_{x=0} = N_0, \\ u\mid_{t=0} = 0 \quad (x > 0). \end{cases}$$

解 解决这类定解问题首先要将 $x=0$ 处的边界条件齐次化,然后根据边界条件的类型把解 $u(x,t)$ 延拓至全区间 $(-\infty,+\infty)$,再采用傅里叶积分变换法求解全区间 $(-\infty,+\infty)$ 中的定解问题.

设 $u(x,t)=N_0+w(x,t)$,那么 $w(x,t)$ 应满足如下定解问题.
$$\begin{cases} w_t - Dw_{xx} = 0 \quad (D > 0, 0 < x < +\infty), \\ w\mid_{x=0} = 0, \\ w\mid_{t=0} = -N_0 \quad (x > 0). \end{cases}$$

齐次边界条件 $w\mid_{x=0}=0$ 适合进行奇延拓,因为奇函数经过原点或者间断处的中点为原点,保证了满足齐次边界条件 $w\mid_{x=0}=0$.

假设 $v(x,t)=\begin{cases} w(x,t) & (x>0), \\ -w(-x,t) & (x<0), \end{cases}$ 则根据 $w(x,t)$ 的定解问题得到

$$\begin{cases} v_t - Dv_{xx} = 0 \quad (-\infty < x < +\infty), \\ v\big|_{t=0} = \begin{cases} N_0 & (x < 0), \\ -N_0 & (x > 0). \end{cases} \end{cases}$$

采用傅里叶积分变换法求解以上定解问题. 可以直接利用前面例 8.5 的结果, 所以

$$\begin{aligned} v(x,t) &= \int_{-\infty}^{0} N_0 \left[\frac{1}{2\sqrt{\pi Dt}} e^{-(x-\xi)^2/4Dt} \right] d\xi \\ &\quad + \int_{0}^{+\infty} (-N_0) \left[\frac{1}{2\sqrt{\pi Dt}} e^{-(x-\xi)^2/4Dt} \right] d\xi \\ &= -\frac{N_0}{\sqrt{\pi}} \int_{+\infty}^{x/(2\sqrt{Dt})} e^{-z^2} dz - \frac{N_0}{\sqrt{\pi}} \int_{-x/(2\sqrt{Dt})}^{+\infty} e^{-z^2} dz \\ &= -\frac{2N_0}{\sqrt{\pi}} \int_{0}^{x/(2\sqrt{Dt})} e^{-z^2} dz \\ &= -N_0 \operatorname{erf}\left(\frac{x}{2\sqrt{Dt}}\right) \quad (x \geqslant 0). \end{aligned}$$

其中 $\operatorname{erf}(x)$ 称为误差函数, 定义如下:

$$\operatorname{erf}(x) = \frac{2}{\sqrt{\pi}} \int_{0}^{x} e^{-z^2} dz \quad (x \geqslant 0). \tag{8.12}$$

$v(x,t)$ 只不过是在原来函数 $w(x,t)$ 的基础上拓宽了定义域. 当 $x > 0$ 时, $v(x,t)$ 与 $w(x,t)$ 完全等价. 所以

$$\begin{aligned} w(x,t) &= v(x,t) \quad (x \geqslant 0) \\ &= -N_0 \operatorname{erf}\left(\frac{x}{2\sqrt{Dt}}\right) \quad (x \geqslant 0, t > 0). \end{aligned}$$

因此定解问题的解为

$$u(x,t) = N_0 - N_0 \operatorname{erf}\left(\frac{x}{2\sqrt{Dt}}\right) = N_0 \left[1 - \operatorname{erf}\left(\frac{x}{2\sqrt{Dt}}\right) \right]$$
$$(x \geqslant 0, t > 0).$$

例 8.7 求解限定源扩散问题:

$$\begin{cases} u_t - Du_{xx} = 0 \quad (D > 0, x > 0), \\ u_x\big|_{x=0} = 0, \\ u\big|_{t=0} = \phi_0 \delta(x-0) \quad (x > 0). \end{cases}$$

解　定义 $v(x,t)=\begin{cases}u(x,t) & (x\geqslant0),\\ u(-x,t) & (x\leqslant0).\end{cases}$

由于 $v(x,t)$ 是偶函数,只要它在 $x=0$ 处可导,那么必有 $v_x\big|_{x=0}=0$,可以保证满足第二类齐次边界条件. 根据 $u(x,t)$ 的定解问题得到 $v(x,t)$ 的定解问题如下:

$$\begin{cases}v_t-Dv_{xx}=0 & (D>0;-\infty<x<+\infty),\\ v\big|_{t=0}=\begin{cases}\phi_0\delta(x-0) & (x>0),\\ \phi_0\delta(x+0) & (x<0).\end{cases}\end{cases}$$

利用例 8.5 的结果得到

$$\begin{aligned}v(x,t)&=\int_{-\infty}^{0}\phi_0\delta(\xi+0)\left[\frac{1}{2\sqrt{\pi Dt}}e^{-(x-\xi)^2/4Dt}\right]\mathrm{d}\xi\\ &\quad+\int_{0}^{+\infty}\phi_0\delta(\xi-0)\left[\frac{1}{2\sqrt{\pi Dt}}e^{-(x-\xi)^2/4Dt}\right]\mathrm{d}\xi\\ &=2\phi_0\cdot\frac{1}{2\sqrt{\pi Dt}}e^{-x^2/4Dt}\\ &=\frac{\phi_0}{\sqrt{\pi Dt}}e^{-x^2/4Dt}.\end{aligned}$$

由于当 $x>0$ 时 $v(x,t)$ 与 $u(x,t)$ 完全等价,所以

$$u(x,t)=\frac{\phi_0}{\sqrt{\pi Dt}}e^{-x^2/4Dt}.$$

在一般情况下,求解半无界区间中的杂质扩散问题都需要进行周期性延拓,根据齐次边界条件类型分别进行奇延拓或偶延拓. 当 $u\big|_{x=0}=0$ 时,需要进行奇延拓;当 $u_x\big|_{x=0}=0$ 时,需要进行偶延拓. 这样延拓后的函数 $v(x,t)$ 将自动满足 $x=0$ 处的齐次边界条件,从而把半无界区间中的定解问题转化为全区间 $(-\infty,+\infty)$ 中的定解问题,然后采用傅里叶积分变换法求解,也可直接运用例 8.5 的结果 (8.10) 式.

若 $x=0$ 处的边界条件为非齐次时,一般必须先将边界条件齐次化. 但在很多情况下,边界条件化为齐次的同时,齐次偏微分方程却变成了非齐次偏微分方程,这又给解题带来了一定的困难. 因此,

下面再讲述如何采用傅里叶积分变换法求解含有非齐次输运方程的定解问题.

例 8.8 求解以下定解问题.

$$\begin{cases} u_t - a^2 u_{xx} = f(x,t) \quad (0 < x < +\infty), \\ u\mid_{x=0} = 0, \\ u\mid_{t=0} = 0. \end{cases}$$

解 定解问题中给出了 $x=0$ 处的第一类齐次边值条件,所以必须进行奇延拓.设

$$\begin{cases} u_t - a^2 u_{xx} = F(x,t) = \begin{cases} f(x,t) & (x>0), \\ -f(-x,t) & (x<0), \end{cases} \\ u\mid_{t=0} = 0. \end{cases}$$

将以上偏微分方程两边同时进行傅里叶积分变换,并假设

$$u(x,t) = \frac{1}{\sqrt{2\pi}} \int_{-\infty}^{+\infty} T(\omega,t) e^{i\omega x} d\omega,$$

$$F(x,t) = \frac{1}{\sqrt{2\pi}} \int_{-\infty}^{+\infty} \bar{F}(\omega,t) e^{i\omega x} d\omega,$$

那么

$$\bar{F}(\omega,t) = \frac{1}{\sqrt{2\pi}} \int_{-\infty}^{+\infty} F(\xi,t) e^{-i\omega\xi} d\xi.$$

将以上各式代入偏微分方程和初始条件,则

$$\begin{cases} T_t(\omega,t) + a^2\omega^2 T(\omega,t) = \bar{F}(\omega,t), \\ T(\omega,0) = 0. \end{cases}$$

采用拉普拉斯变换求解以上常微分方程得

$$T(\omega,t) = \int_0^t \bar{F}(\omega,\tau) e^{-a^2\omega^2(t-\tau)} d\tau.$$

所以

$$u(x,t) = \frac{1}{\sqrt{2\pi}} \int_{-\infty}^{+\infty} \left[\int_0^t \bar{F}(\omega,\tau) e^{-a^2\omega^2(t-\tau)} d\tau \right] e^{i\omega x} d\omega$$

$$= \frac{1}{\sqrt{2\pi}} \int_0^t \left[\int_{-\infty}^{+\infty} \bar{F}(\omega,\tau) e^{-a^2\omega^2(t-\tau)+i\omega x} d\omega \right] d\tau$$

$$= \int_0^t d\tau \int_{-\infty}^{+\infty} \left[\frac{1}{2\pi} \int_{-\infty}^{+\infty} F(\xi,\tau) e^{-i\omega\xi} d\xi \right] e^{-a^2\omega^2(t-\tau)+i\omega x} d\omega$$

$$= \int_0^t \mathrm{d}\tau \int_{-\infty}^{+\infty} \frac{F(\xi,\tau)}{2a\ \sqrt{\pi(t-\tau)}} \mathrm{e}^{-(x-\xi)^2/[4a^2(t-\tau)]} \mathrm{d}\xi.$$

习　题　八

8-1　长为 l 的均匀细杆两端保持为零温,初始时刻温度分布为 $u|_{t=0}=bx(l-x)l^2$,试求出 t 时刻均匀细杆中的温度分布(均匀细杆的热导率 K 已知).

8-2　长度为 l 的均匀细杆初始温度处处为 u_0,若两端分别与温度 u_1 和 u_2 的恒温源接触,试求 t 时刻杆中的温度分布(均匀细杆的热导率 K 已知).

8-3　长度为 l 的均匀细杆,两端及侧面皆绝热,初始温度分布为

$$\varphi(x) = 4\cos\frac{3\pi x}{l} - 3\cos\frac{5\pi x}{l},$$

试求出 t 时刻杆中的温度分布(均匀细杆的热导率 K 已知).

8-4　长为 l 的柱形管,一端($x=0$)封闭,另一端($x=l$)开放.若管外空气中含有某种特殊气体,其浓度为 u_0,从 $t=0$ 时刻开始向管内扩散.试问:经过一段时间 t 以后,管内特殊气体的浓度分布如何?(管内气体扩散系数 D 已知.)

8-5　一根无限长均匀细杆的热导率为 K,杆中初始温度分布为

$$u|_{t=0} = A(1-\mathrm{e}^{-\lambda x})$$

($\lambda > 0$,λ,A 均为已知常数).

若均匀细杆一端($x=0$)保持为零温,试求出 t 时刻均匀细杆中的温度分布.

8-6　无限长的均匀细杆一端($x=0$)有谐变热流 $B\sin\omega_0 t$ 进入,试求出 t 时刻均匀细杆中的温度分布(初始温度处处为 0)(均匀细杆的热导率 K 已知).

8-7　求解以下半无界限定源的一维扩散问题.

$$\begin{cases} u_t - Du_{xx} = 0 \quad (D > 0), \\ u_x \big|_{x=0} = 0, \\ u \big|_{t=0} = \mathrm{e}^{-x} \quad (x \geqslant 0). \end{cases}$$

8-8　求解以下半无界区间中的一维扩散问题.

$$\begin{cases} u_t - a^2 u_{xx} = 0 \quad (0 < x < +\infty, a\ 已知), \\ u\big|_{x=0} = At \quad (A\ 已知), \\ u\big|_{t=0} = 0. \end{cases}$$

第九章 二阶线性常微分方程的级数解法

二阶线性常微分方程的标准形式为

$$\frac{\mathrm{d}^2 w(z)}{\mathrm{d}z^2} + p(z)\frac{\mathrm{d}w(z)}{\mathrm{d}z} + q(z)w(z) = 0. \tag{9.1}$$

其中 $p(z)$ 和 $q(z)$ 为已知复变函数,称为**微分方程的系数**,它们的解析性质直接决定了常微分方程的解 $w(z)$ 的性质.

常微分方程常点和奇点的定义 若常微分方程(9.1)式的系数 $p(z)$ 和 $q(z)$ 在点 z_0 的一个邻域内解析,那么 z_0 称为**常微分方程的常点**,否则称为**常微分方程的奇点**.

常微分方程正则奇点的定义 若 z_0 是常微分方程(9.1)式的奇点,但 z_0 是 $p(z)$ 不高于一阶的极点,是 $q(z)$ 不高于二阶的极点,那么 z_0 称为**常微分方程的正则奇点**. 也即如果 z_0 是常微分方程(9.1)的正则奇点,那么 $(z-z_0)p(z)$ 和 $(z-z_0)^2 q(z)$ 在 z_0 的一个邻域内解析.

§9.1 常微分方程在常点邻域中的级数解法

定理 9.1 若 z_0 是常微分方程(9.1)式的常点,并且具有初值条件

$$w(z_0) = c_0, \quad w'(z_0) = c_1 \quad (c_0, c_1 \text{ 为已知复数}), \tag{9.2}$$

那么常微分方程(9.1)式在 z_0 的邻域中存在唯一的解析解.

根据常微分方程常点的定义和定理 9.1,常微分方程(9.1)式的解 $w(z)$ 及其系数 $p(z)$ 和 $q(z)$ 在常点 z_0 的邻域中均为解析函数,可将它们展开为以 z_0 为中心的泰勒级数.

$$p(z) = \sum_{k=0}^{+\infty} a_k (z - z_0)^k, \tag{9.3}$$

$$q(z) = \sum_{k=0}^{+\infty} b_k (z - z_0)^k, \tag{9.4}$$

$$w(z) = \sum_{n=0}^{+\infty} c_n (z - z_0)^n, \tag{9.5}$$

其中 a_k 和 b_k 是已知常数，$a_k = \dfrac{p^{(k)}(z_0)}{k!}$，$b_k = \dfrac{q^{(k)}(z_0)}{k!}$. c_n 为待定系数，c_0 和 c_1 由常微分方程初值条件(9.2)式给定.

将(9.3),(9.4)和(9.5)式代入常微分方程(9.1)式,则

$$\sum_{n=2}^{+\infty} c_n n(n-1)(z-z_0)^{n-2}$$
$$+ \sum_{k=0}^{+\infty} a_k (z-z_0)^k \cdot \sum_{n=1}^{+\infty} c_n n (z-z_0)^{n-1}$$
$$+ \sum_{k=0}^{+\infty} b_k (z-z_0)^k \cdot \sum_{n=0}^{+\infty} c_n (z-z_0)^n = 0.$$

利用级数公式

$$\sum_{k=0}^{+\infty} a_k x^k \cdot \sum_{n=0}^{+\infty} b_n x^n = \sum_{n=0}^{+\infty} \left(\sum_{k=0}^{n} a_{n-k} b_k \right) x^n,$$

进行合并,然后比较上式两边同幂次项的系数,可以得到以下系数递推关系.

$$(n+2)(n+1)c_{n+2} + \sum_{k=0}^{n} (k+1)a_{n-k}c_{k+1}$$
$$+ \sum_{k=0}^{n} b_{n-k}c_k = 0 \quad (n=0,1,2,\cdots).$$

所以

$$c_{n+2} = -\frac{\displaystyle\sum_{k=0}^{n} \left[(k+1)a_{n-k}c_{k+1} + b_{n-k}c_k \right]}{(n+1)(n+2)} \quad (n=0,1,2,\cdots).$$

$$\tag{9.6}$$

利用以上递推关系可以由常微分方程初值条件(9.2)式给定的 c_0, c_1 推得 c_2,然后再推得 c_3,依次类推,可以求出级数解 $w(z)$ 中的

所有系数 c_n $(n>1)$. 这说明满足常微分方程(9.1)式和初值条件 (9.2)式的级数解 $w(z)$ 是唯一的.

例 9.1　采用级数解法求解勒让德(Legendre)方程

$$(1-x^2)\frac{\mathrm{d}^2 y}{\mathrm{d}x^2} - 2x\frac{\mathrm{d}y}{\mathrm{d}x} + \mu y = 0 \quad (\mu \text{ 为（常）参数}). \quad (9.7)$$

解　勒让德方程的系数为 $p(x)=-\dfrac{2x}{1-x^2}$, $q(x)=\dfrac{\mu}{1-x^2}$. 显然 $x=0$ 是常微分方程的常点. 在常点邻域中可设常微分方程的解为 $y(x)=\sum\limits_{n=0}^{+\infty} c_n x^n$, 并代入勒让德方程, 则

$$(1-x^2)\sum_{n=2}^{+\infty} c_n n(n-1)x^{n-2} - 2x\sum_{n=1}^{+\infty} c_n n x^{n-1} + \mu\sum_{n=0}^{+\infty} c_n x^n = 0.$$

合并同幂次项, 并比较系数得

$$c_{n+2}(n+2)(n+1) - [n(n+1)-\mu]c_n = 0.$$

所以　　　　$c_{n+2} = \dfrac{n(n+1)-\mu}{(n+2)(n+1)}c_n \quad (n=0,1,2,\cdots). \quad (9.8)$

利用以上递推关系可由 c_0 推得 c_2, 再推得 c_4, 依次类推, 得到所有 $c_{2k}(k=1,2,3,\cdots)$, 这样便得到勒让德方程的一个特解为

$$y_0 = \sum_{k=0}^{+\infty} c_{2k} x^{2k}. \quad (9.9)$$

同理, 由 c_1 可推得 c_3, 再推得 c_5, 依次类推, 便得到勒让德方程的另一特解为

$$y_1 = \sum_{k=0}^{+\infty} c_{2k+1} x^{2k+1}. \quad (9.10)$$

特解 y_0 和 y_1 中分别有一个待定常数 (c_0 和 c_1), 这两个待定常数由初值条件确定. 显然 y_0 和 y_1 彼此线性无关, 因此勒让德方程的通解可表示为

$$y(x) = y_0(x) + y_1(x) = \sum_{k=0}^{+\infty} c_{2k} x^{2k} + \sum_{k=0}^{+\infty} c_{2k+1} x^{2k+1}. \quad (9.11)$$

利用幂级数收敛的比值判别法以及勒让德方程级数解的系数递推关系, 可以求出勒让德方程的特解 y_0 和 y_1 的收敛半径.

$$R = \left[\lim_{n\to+\infty}\left|\frac{c_n}{c_{n+2}}\right|\right]^{\frac{1}{2}} = \left[\lim_{n\to+\infty}\frac{(n+2)(n+1)}{n(n+1)-\mu}\right]^{\frac{1}{2}} = 1.$$

$$(9.12)$$

因此只有当 $|x| < 1$ 时，y_0 和 y_1 才收敛，勒让德方程的解才能以 (9.8)，(9.9)，(9.10) 和 (9.11) 等式表示.

§9.2 常微分方程在正则奇点邻域中的级数解法

如果 z_0 是常微分方程 (9.1) 式的奇点，那么常微分方程 (9.1) 式的解在 z_0 的邻域中展开为级数形式时，该级数可能存在无穷多个负幂次项，这将会给级数解法带来困难. 幸运的是，常微分方程 (9.1) 式在正则奇点的邻域中的级数解只包含有限个负幂次项，这类解称为**常微分方程的正则解**.

定理 9.2 若 z_0 是常微分方程 (9.1) 式的正则奇点，那么常微分方程 (9.1) 式在 z_0 的邻域中存在两个线性无关的正则解. 其中一个正则解具有如下形式：

$$w_1(z) = (z - z_0)^{\rho_1} \sum_{k=0}^{+\infty} c_k (z - z_0)^k \quad (c_0 \neq 0, \rho_1, c_k \text{ 为待定常数}).$$

$$\tag{9.13}$$

另一个线性无关的特解为以下两种形式的一种：

$$w_2(z) = (z - z_0)^{\rho_2} \sum_{k=0}^{+\infty} d_k (z - z_0)^k \quad (d_0 \neq 0, \rho_2, d_k \text{ 为待定常数}),$$

$$\tag{9.14}$$

或者

$$w_2(z) = A w_1(z) \ln (z - z_0) + (z - z_0)^{\rho_2} \sum_{k=0}^{+\infty} d_k (z - z_0)^k$$

$$(d_0 \neq 0, A, d_k, \rho_2 \text{ 为待定常数}). \tag{9.15}$$

根据定理 9.2，可设常微分方程 (9.1) 式在正则奇点邻域中的正则解为

$$w(z) = (z - z_0)^{\rho} \sum_{n=0}^{+\infty} c_n (z - z_0)^n \quad (c_0 \neq 0). \tag{9.16}$$

根据正则奇点的定义，$(z - z_0) p(z)$ 和 $(z - z_0)^2 q(z)$ 在正则奇点 z_0 的邻域中解析，可以展开为泰勒级数：

$$(z - z_0) p(z) = \sum_{k=0}^{+\infty} a_k (z - z_0)^k, \qquad (9.17)$$

$$(z - z_0)^2 q(z) = \sum_{k=0}^{+\infty} b_k (z - z_0)^k. \qquad (9.18)$$

常微分方程(9.1)式两边乘以$(z - z_0)^2$,然后将 (9.16),(9.17),(9.18)各式代入,则

$$\sum_{n=0}^{+\infty} c_n (\rho + n)(\rho + n - 1)(z - z_0)^{\rho+n}$$

$$+ \sum_{k=0}^{+\infty} a_k (z - z_0)^k \cdot \sum_{n=0}^{+\infty} c_n (\rho + n)(z - z_0)^{\rho+n}$$

$$+ \sum_{k=0}^{+\infty} b_k (z - z_0)^k \cdot \sum_{n=0}^{+\infty} c_n (z - z_0)^{\rho+n} = 0 \quad (c_0 \neq 0).$$

上式合并同幂次项后得到

$$\sum_{n=0}^{+\infty} \Big[c_n (\rho + n)(\rho + n - 1) + \sum_{k=0}^{n} a_k c_{n-k} (\rho + n - k)$$

$$+ \sum_{k=0}^{n} b_k c_{n-k} \Big] (z - z_0)^n = 0. \qquad (9.19)$$

比较上式两边的系数得到 c_n 的递推关系:

$$c_n (\rho + n)(\rho + n - 1) + \sum_{k=0}^{n} c_{n-k} [a_k (\rho + n - k) + b_k] = 0$$

$$(n = 0, 1, 2, 3, \cdots). \qquad (9.20)$$

在以上递推关系中取 $n = 0$(对应于(9.19)式中最低幂次项的系数),则

$$c_0 \rho (\rho - 1) + c_0 (a_0 \rho + b_0) = 0 \quad (c_0 \neq 0). \qquad (9.21)$$

把 c_0 约去,上式简化为

$$\rho^2 + (a_0 - 1) \rho + b_0 = 0 \quad (a_0, b_0 \text{ 为已知常数}). \qquad (9.22)$$

方程(9.22)式称为常微分方程(9.1)式的**指标方程**,或称为**判定方程**.利用指标方程可求出常微分方程的级数解(9.16)式中的待定指数 ρ,它有两个解,分别为

$$\rho_1 = \frac{1 - a_0}{2} + \sqrt{\left(\frac{1 - a_0}{2} \right)^2 - b_0};$$

$$\rho_2 = \frac{1-a_0}{2} - \sqrt{\left(\frac{1-a_0}{2}\right)^2 - b_0}. \qquad (9.23)$$

把 ρ_1 和 ρ_2 的值分别代入常微分方程的级数解(9.16)式和系数递推关系(9.20)式,将可能得到两个特解,但并不是总能得到两个线性无关的特解.问题就在于可能这两个特解线性相关,即只差一个常数因子;也可能在第二个根 ρ_2 代入递推关系式(9.20)式后,递推过程无法进行,根本得不到另一个特解.

定理 9.3 假设指标方程(9.22)式的两个根为 ρ_1 和 ρ_2,并且 $\mathrm{Re}\rho_1 \geqslant \mathrm{Re}\rho_2$.当 $(\rho_1 - \rho_2)$ 不为整数时,常微分方程(9.1)式的第二个特解具有(9.14)式的形式;当 $(\rho_1 - \rho_2)$ 为整数时,常微分方程(9.1)式的第二个特解具有(9.15)式的形式.

例 9.2 利用级数解法求解 ν 阶贝塞尔(Bessel)方程.

$$\frac{\mathrm{d}^2 y(x)}{\mathrm{d}x^2} + \frac{1}{x}\frac{\mathrm{d}y(x)}{\mathrm{d}x} + \left(1 - \frac{\nu^2}{x^2}\right)y(x) = 0 \quad (\nu \text{ 为非负实数}).$$

$$(9.24)$$

解 ν 阶贝塞尔方程的系数 $p(x) = \frac{1}{x}$,$q(x) = 1 - \frac{\nu^2}{x^2}$.$x = 0$ 是贝塞尔方程的正则奇点.将 $xp(x)$ 和 $x^2 q(x)$ 在 $x = 0$ 点附近展开为泰勒级数,得到 $a_0 = 1, b_0 = -\nu^2$,所以 ν 阶贝塞尔方程的指标方程为 $\rho^2 - \nu^2 = 0$,两根分别为 $\rho_1 = \nu, \rho_2 = -\nu$.根据定理 9.2,$\nu$ 阶贝塞尔方程至少有一特解为

$$y_1(x) = x^\nu \sum_{n=0}^{+\infty} c_n x^n \quad (c_0 \neq 0). \qquad (9.25)$$

将上式代入 ν 阶贝塞尔方程(9.24)式,并化简后得到

$$\sum_{n=0}^{+\infty} c_n (n+\nu)(n+\nu-1)x^n$$

$$+ \sum_{n=0}^{+\infty} c_n (n+\nu)x^n + (x^2 - \nu^2)\sum_{n=0}^{+\infty} c_n x^n = 0.$$

合并同幂次项后得

$$(2\nu + 1)c_1 x + \sum_{n=2}^{+\infty} [c_n (n+\nu)(n+\nu-1) + c_n (n+\nu)$$

$$-c_n \nu^2 + c_{n-2}]x^n = 0. \qquad (9.26)$$

以上方程左边级数中各项系数都必须等于 0，所以

$$(2\nu + 1)c_1 = 0, \qquad (9.27)$$

$$c_n\left[(n+\nu)^2 - \nu^2\right] + c_{n-2} = 0 \quad (n \geqslant 2). \qquad (9.28)$$

因为 $\nu \geqslant 0$，所以

$$c_1 = 0,$$

$$c_n = -\frac{c_{n-2}}{(n+\nu)^2 - \nu^2} = -\frac{c_{n-2}}{n(n+2\nu)} \quad (n \geqslant 2). \qquad (9.29)$$

因为 $c_1 = 0$，所以

$$c_3 = 0, \quad c_5 = 0, \quad \cdots, \quad c_{2k+1} = 0 \quad (k = 0,1,2,\cdots),$$

$$c_{2k} = -\frac{c_{2(k-1)}}{2^2 k(k+\nu)}$$

$$= (-1)^2 \cdot \frac{c_{2(k-2)}}{2^4 k(k-1)(k+\nu)(k+\nu-1)}$$

$$= \cdots = (-1)^k \cdot \frac{c_0}{2^{2k} k!(k+\nu)(k+\nu-1)\cdots(\nu+1)}$$

$$(k = 1,2,3,\cdots). \qquad (9.30)$$

由此可得，ν 阶贝塞尔方程(9.24)的一个特解如下：

$$y_1(x) = \sum_{k=0}^{+\infty}(-1)^k \cdot \frac{c_0}{2^{2k} k!(k+\nu)(k+\nu-1)\cdots(\nu+1)}x^{2k+\nu}.$$

$$\qquad (9.31)$$

为了化简以上(9.31)式，引进一个特殊函数，称为 Γ 函数，其定义式如下：

$$\Gamma(z) = \int_0^{+\infty} e^{-t} t^{z-1} dt \quad (\text{Re}z > 0). \qquad (9.32)$$

Γ 函数有如下重要性质：

$$\Gamma(z+1) = z\Gamma(z); \qquad (9.33)$$

$$\Gamma(k+\nu+1) = (k+\nu)\Gamma(k+\nu)$$

$$= (k+\nu)(k+\nu-1)\Gamma(k+\nu-1)$$

$$= \cdots$$

$$= (k+\nu)(k+\nu-1)\cdots(\nu+1)\Gamma(\nu+1). \qquad (9.34)$$

Γ 函数的重要性质(9.33)式的证明：

根据定义式(9.32)，

$$\Gamma(z+1) = \int_0^{+\infty} e^{-t} t^z dt \quad (\text{Re}z > 0)$$

$$= -\int_0^{+\infty} t^z de^{-t} = -\left[t^z e^{-t}\right]_0^{+\infty} + \int_0^{+\infty} e^{-t} dt^z$$

$$= \int_0^{+\infty} z e^{-t} t^{z-1} dz = z\Gamma(z).$$

利用 Γ 函数的重要性质所得到(9.34)式，可以将 c_{2k} 表示成如下的形式：

$$c_{2k} = (-1)^k \cdot \frac{c_0 \Gamma(\nu+1)}{2^{2k} k! \Gamma(k+\nu+1)} \quad (k = 0,1,2,3,\cdots).$$

将 c_{2k} 的表示式($c_{2k+1} = 0$)代入(9.25)式可将 ν 阶贝塞尔方程的特解(9.31)式简写为：

$$y_1(x) = \sum_{k=0}^{+\infty} (-1)^k \cdot \frac{c_0 \Gamma(\nu+1)}{2^{2k} k! \Gamma(k+\nu+1)} \cdot x^{2k+\nu}$$

$$= c_0 2^\nu \Gamma(\nu+1) \sum_{k=0}^{+\infty} \cdot \frac{(-1)^k}{k! \Gamma(k+\nu+1)} \left(\frac{x}{2}\right)^{2k+\nu}. \quad (9.35)$$

根据定理 9.3，ν 阶贝塞尔方程的指标方程两个根的差值($\rho_1 - \rho_2 = 2\nu$)不同，第二个线性无关特解的形式可能不同，所以下面分三种情况进行讨论.

(1) 若 $\rho_1 - \rho_2 = 2\nu$ 不等于整数，则另一个特解的形式为

$$y_2(x) = x^{-\nu} \sum_{n=0}^{+\infty} d_n x^n \quad (d_0 \neq 0).$$

将 $y_2(x)$ 代入 ν 阶贝塞尔方程(9.24)式，化简后比较系数，类似于 $y_1(x)$ 的推导可得

$$d_{2k+1} = 0,$$

$$d_{2k} = -\frac{d_{2(k-1)}}{2^2 k(k-\nu)} = (-1)^k \frac{d_0 \Gamma(1-\nu)}{2^{2k} k! \Gamma(k-\nu+1)} \quad (k = 0,1,2,\cdots).$$

若 $1-\nu < 0$，上式中 $\Gamma(1-\nu)$ 理解为

$$\Gamma(1-\nu) = \frac{1}{1-\nu} \Gamma(2-\nu) = \frac{1}{1-\nu} \cdot \frac{1}{2-\nu} \cdot \Gamma(3-\nu) = \cdots,$$

$$(9.36)$$

式(9.36)是 $\Gamma(z)$ 函数的自变量 z 的实部小于 0 时的定义推广.

因此,当 $\rho_1-\rho_2=2\nu$ 不等于整数时,ν 阶贝塞尔方程(9.24)式的第二个特解为

$$y_2(x)=\sum_{k=0}^{+\infty}(-1)^k\cdot\frac{d_0\,\Gamma(1-\nu)}{2^{2k}k!\,\Gamma(k-\nu+1)}\cdot x^{2k-\nu}$$

$$=d_0\,2^{-\nu}\Gamma(1-\nu)\sum_{k=0}^{+\infty}\cdot\frac{(-1)^k}{k!\,\Gamma(k-\nu+1)}\left(\frac{x}{2}\right)^{2k-\nu}.\ (9.37)$$

$\pm\nu$ 阶贝塞尔函数的定义:

$$\mathrm{J}_\nu(x)=\sum_{k=0}^{+\infty}\cdot\frac{(-1)^k}{k!\,\Gamma(k+\nu+1)}\left(\frac{x}{2}\right)^{2k+\nu}\quad(\nu\text{ 为非负实数}),$$

$$(9.38)$$

$$\mathrm{J}_{-\nu}(x)=\sum_{k=0}^{+\infty}\cdot\frac{(-1)^k}{k!\,\Gamma(k-\nu+1)}\left(\frac{x}{2}\right)^{2k-\nu}.\quad(9.39)$$

则得在 $2\nu\neq$ 整数情况下,ν 阶贝塞尔方程的通解为

$$y(x)=y_1(x)+y_2(x)=C\mathrm{J}_\nu(x)+D\mathrm{J}_{-\nu}(x),\quad(9.40)$$

上式中 C,D 为待定常数,将由初值条件决定.

$\pm\nu$ 阶贝塞尔函数为一类常用的特殊函数,其函数曲线如图 9.1 所示.

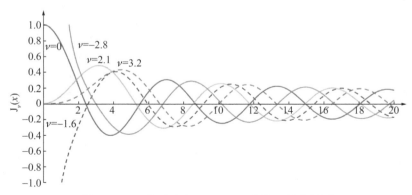

图 9.1 $\pm\nu$ 阶贝塞尔(Bessel)函数的函数曲线图

(2) $\rho_1-\rho_2=2\nu=2m+1\ (m=0,1,2,\cdots)$(即 ν 为半奇数,称为

半奇数阶贝塞尔方程).

此时第一特解仍为 $y_1(x) = \mathrm{C}J_{m+\frac{1}{2}}(x)$，根据定理 9.3，第二特解 $y_2(x)$ 形式为

$$y_2(x) = \mathrm{A}J_{m+\frac{1}{2}}(x)\ln x + x^{-(m+1/2)}\sum_{n=0}^{+\infty} d_n x^n \quad (d \neq 0).$$

$$(9.41)$$

将这个特解代入 ν 阶贝塞尔方程(9.24)式，经过化简合并，然后再比较两边系数，结果发现 $A = 0$。所以第二个特解仍具有与第(1)种情形 ($2\nu \neq$ 整数) 完全相同的形式，只要(9.32)式中令 $\nu = m + 1/2$，即可得到半奇数阶贝塞尔方程的第二个特解：

$$y_2(x) = d_0 2^{-(m+1/2)}\Gamma\left(\frac{1}{2} - m\right)\sum_{k=0}^{+\infty}\frac{(-1)^k}{k!\,\Gamma(k-m+1/2)}\left(\frac{x}{2}\right)^{2k-m-1/2}$$

$$= \mathrm{D}J_{-m-\frac{1}{2}}(x). \qquad (9.42)$$

因此，当 ν 为半奇数时，半奇数阶贝塞尔方程的通解也可以采用 $\pm\nu$ 阶 ($\nu = m + 1/2$) 贝塞尔函数表示. 在这种情况下，ν 阶贝塞尔方程(9.24)式的通解形式与 $\rho_1 - \rho_2 = 2\nu$ 不等于整数时的通解式(9.40)类似，其通解式如下：

$$y(x) = y_1(x) + y_2(x)$$

$$= \mathrm{C}J_{m+\frac{1}{2}}(x) + \mathrm{D}J_{-m-\frac{1}{2}}(x) \quad (m = 0,1,2,\cdots). \quad (9.43)$$

上式中 C, D 为待定常数，将由初值条件决定.

(3) $\rho_1 - \rho_2 = 2\nu = 2m \ (m = 0,1,2,\cdots)$（整数阶贝塞尔方程）.

根据定理 9.3，在这种情况下 ν 阶贝塞尔方程(9.24)的第二特解的形式如下：

$$y_2(x) = \mathrm{A}J_m(x)\ln x + x^{-m}\sum_{n=0}^{+\infty} d_n x^n \quad (d_0 \neq 0). \quad (9.44)$$

把上式代入 ν 阶贝塞尔方程(9.24)式，经过极冗长的运算得到第二个特解为

$$y_2(x) = \frac{d_0}{(m-1)!\,2^m}\left\{-2\ln x \cdot J_m(x) + \sum_{n=0}^{m-1}\frac{(m-n-1)}{n!}\left(\frac{x}{2}\right)^{-m+2n}\right.$$

$$+ \sum_{n=m+1}^{+\infty} \frac{(-1)^{n-m}}{n\,!\,(n-m)!} \Big[\Big(1 + \frac{1}{2} + \frac{1}{3} + \cdots + \frac{1}{n-m} \Big)$$

$$+ \Big(\frac{1}{m+1} + \frac{1}{m+2} + \cdots + \frac{1}{n} \Big) \Big] \cdot \Big(\frac{x}{2} \Big)^{-m+2n} \Big\}. \tag{9.45}$$

m 阶诺依曼(Neumann)函数 $N_m(x)$ 的定义

$$N_m(x) = \Big[\frac{2}{\pi} (\gamma - \ln 2) - \frac{1}{\pi} \Big(1 + \frac{1}{2} + \frac{1}{3} + \cdots + \frac{1}{m} \Big) \Big] J_m(x)$$

$$- \frac{(m-1)!\,2^m}{\pi d_0} y_2(x)$$

$$= \frac{2}{\pi} \Big(\gamma + \ln \frac{x}{2} \Big) J_m(x) - \frac{1}{\pi} \sum_{n=0}^{m-1} \frac{(m-n-1)!}{n!} \Big(\frac{x}{2} \Big)^{-m+2n}$$

$$- \frac{1}{\pi} \sum_{n=m}^{+\infty} \frac{(-1)^{n-m}}{n\,!\,(n-m)!} \Big[\Big(1 + \frac{1}{2} + \frac{1}{3} + \cdots + \frac{1}{n-m} \Big)$$

$$+ \Big(1 + \frac{1}{2} + \cdots + \frac{1}{n} \Big) \Big] \cdot \Big(\frac{x}{2} \Big)^{-m+2n}. \tag{9.46}$$

上式求和中规定：当 $m=0$ 时，$\sum_{n=0}^{m-1} \frac{(m-n-1)!}{n!} \Big(\frac{x}{2} \Big)^{-m+2n} = 0$；当

$m=n$ 时，$1 + \frac{1}{2} + \frac{1}{3} + \cdots + \frac{1}{n-m} = 0$. γ 代表以下极限值，称为欧拉常数：

$$\gamma = \lim_{k \to \infty} \Big(1 + \frac{1}{2} + \frac{1}{3} + \cdots + \frac{1}{k} - \ln k \Big) \approx 0.577\,216. \tag{9.47}$$

从 m 阶诺依曼函数 $N_m(x)$ 的定义式可以看出，$N_m(x)$ 也是 m 阶贝塞尔方程的解，并且与第一个特解线性无关，因此，当 ν 为正整数时，m 阶贝塞尔方程的通解式表示为

$$y(x) = CJ_m(x) + DN_m(x) \quad (m = 0, 1, 2, \cdots). \tag{9.48}$$

上式 C, D 为待定常数，将由初值条件决定.

(9.46)式所定义的诺依曼函数是另一类常用的特殊函数，前几个整数阶诺依曼函数 $N_m(x)$ 的函数曲线图如图 9.2 所示.

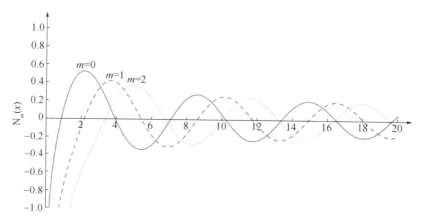

图 9.2 整数阶诺依曼函数 $N_m(x)$ 的函数曲线图

习 题 九

9-1 采用级数解法求出简谐振动方程在 $x=0$ 邻域中的通解.

$$\frac{\mathrm{d}^2 y}{\mathrm{d}x^2} + \omega^2 y = 0 \quad (\omega > 0).$$

9-2 在 $x=0$ 的邻域中求解艾里（Airy）方程

$$y'' + xy = 0,$$

并求出级数解的收敛半径.

9-3 在 $x=0$ 邻域中求解厄米（Hermite）方程

$$y'' - 2xy' + \lambda y = 0 \quad (\lambda \text{ 为待定参数}).$$

试问 λ 取什么值时，可以使某一个级数形式的特解退化为多项式？

9-4 采用级数解法，在 $x=0$ 邻域中求解下列常微分方程（其中 m 和 l 均为整数）.

（1）$x^2 y'' + xy' - m^2 y = 0 \ (m \geqslant 0)$;

（2）$x^2 y'' + 2xy' - l(l+1)y = 0 \ (l \geqslant 0)$.

9-5 在 $x=0$ 的邻域中求出 1/2 阶贝塞尔方程

$$x^2 y'' + xy' + \left[x^2 - \left(\frac{1}{2} \right)^2 \right] y = 0$$

的两个特解.

9-6　在 $x=0$ 邻域中求出拉盖尔(Laguerre)方程

$$xy'' + (1-x)y' + \gamma y = 0 \quad (\gamma \text{ 为待定参数})$$

的一个特解.

9-7　在 $x=0$ 邻域中求解超几何级数常微分方程:

$$x(x-1)y'' + [(1+\alpha+\beta)x - \gamma]y' + \alpha\beta y = 0$$
$$(\alpha,\beta,\gamma \text{ 为常数}).$$

9-8　在 $x=0$ 的邻域中求解汇合型超几何级数常微分方程:

$$xy'' + (\gamma - x)y' + \alpha y = 0 \quad (\alpha,\gamma \text{ 为常数}).$$

第十章 勒让德多项式

§10.1 勒让德多项式的定义

勒让德方程的本征值问题

在前面 §9.1 中已讨论了勒让德方程的级数解法并得到了系数递推关系,由递推关系可以得到两个线性无关特解 $y_0(x)$ 和 $y_1(x)$. 在实际问题中,一般要求勒让德方程的解在闭区间 $[-1,1]$ 中取有限值,这类约束条件称为**自然边界条件**. 因此,所要解决的实际问题可归结为以下本征值问题

$$\begin{cases} (1-x^2)y''(x) - 2xy'(x) + \mu y(x) = 0 & (\mu \text{ 为待定参数}), \\ x \in [-1,1] \text{ 时,方程的解取有限值} & (\text{自然边界条件}). \end{cases}$$

$$(10.1)$$

然而,勒让德方程的级数解 $y_0(x)$ 和 $y_1(x)$ 的收敛半径都是 1,即级数解只在 $(-1,1)$ 中收敛,不能保证级数解在 $x=\pm 1$ 处也收敛. 为了获得在闭区间 $[-1,1]$ 中取有限值的解(本征解),勒让德方程中待定参数 μ 必须取某些特定值(本征值),使级数解 $y_0(x)$ 或 $y_1(x)$ 退化为多项式,才能满足自然边界条件.

利用第九章例 9.1 的结果,勒让德方程级数解的系数递推关系为

$$c_{n+2} = \frac{n(n+1) - \mu}{(n+2)(n+1)} c_n \quad (n = 0,1,2,\cdots). \quad (10.2)$$

如果取待定参数 μ 的值为

$$\mu_l = l(l+1) \quad (l = 0,1,2,\cdots), \quad (10.3)$$

那么根据递推关系(10.2)式可知 $c_{l+2}=0, c_{l+4}=0, c_{l+6}=0, \cdots$,也即级数解中 $c_l x^l$ 以后的项都等于 0,无穷级数将于 $n=l$ 处中断,退化为一个最高幂次为 l 次的多项式. 退化为 l 次多项式的级数解可能

是 $y_0(x)$，也可能是 $y_1(x)$．若 l 为偶数，则 $y_0(x)$ 退化为 l 次多项式；若 l 为奇数，则 $y_1(x)$ 退化为 l 次多项式．但不管是 $y_0(x)$ 还是 $y_1(x)$，退化为 l 次多项式后都可以统一表示为

$$y_l(x) = \sum_{r=0}^{[l/2]} c_{l-2r} x^{l-2r} \quad (l = 0,1,2,\cdots). \tag{10.4}$$

上式中 $\left[\dfrac{l}{2}\right]$ 表示不大于 $\dfrac{l}{2}$ 的最大整数；系数 c_{l-2r} 满足如下递推关系：

$$c_n = -\frac{(n+2)(n+1)}{(l-n)(l+n+1)} c_{n+2}$$

$$(n = l-2, l-4, l-6, \cdots, 1 \text{ 或 } 0). \tag{10.5}$$

由此可见，勒让德方程和自然边界条件组成的本征值问题 (10.1) 的本征值为 $\mu_l = l(l+1)\ (l=0,1,2,\cdots)$，所对应的本征解为 (10.4) 表示的多项式 $y_l(x)\ (l=0,1,2,\cdots)$．

每一个本征解中都存在一个待定常数，可以由定解问题的初值条件确定．若 (10.4) 式中任意一个系数给定，那么根据系数递推关系将可以确定 (10.4) 式中其他所有系数，从而得到一个完全确定的多项式 (本征函数)，也即待定的常数只有一个．

l 阶勒让德多项式的定义为

$$P_l(x) = \sum_{r=0}^{[l/2]} c_{l-2r} \cdot x^{l-2r},$$

$$c_l = \frac{(2l)!}{2^l (l!)^2} \quad (l = 0,1,2,\cdots), \tag{10.6}$$

其中系数 c_{l-2r} 满足递推关系 (10.5) 式，

$$c_{l-2} = -\frac{l(l-1)}{2(2l-1)} \cdot c_l = (-1)\frac{(2l-2)!}{2^l(l-1)!(l-2)!},$$

$$c_{l-4} = -\frac{(l-2)(l-3)}{4(2l-3)} \cdot c_{l-2} = (-1)^2 \frac{(2l-4)!}{2^l \cdot 2(l-2)!(l-4)!},$$

$$c_{l-6} = -\frac{(l-4)(l-5)}{6(2l-5)} \cdot c_{l-4} = (-1)^3 \frac{(2l-6)!}{2^l \cdot 3!(l-3)!(l-6)!},$$

$$\cdots$$

$$c_{l-2r} = (-1)^r \frac{(2l-2r)!}{2^l \cdot r!(l-r)!(l-2r)!} \quad \left(r = 0,1,2,\cdots,\left[\frac{l}{2}\right]\right),$$

$$\cdots$$

因此，l 阶勒让德多项式 $P_l(x)$ 为

$$P_l(x) = \sum_{r=0}^{[l/2]} (-1)^r \frac{(2l-2r)!}{2^l r!(l-r)!(l-2r)!} \cdot x^{l-2r}. \quad (10.7)$$

(10.7)式是 l 阶勒让德多项式的原始定义式，根据(10.7)式可以写出各阶勒让德多项式的具体代数式．下面列出了前五阶勒让德多项式的具体代数式并附相应的函数曲线图，见图 10.1.

$$P_0(x) = 1,$$

$$P_1(x) = x,$$

$$P_2(x) = \frac{1}{2}(3x^2 - 1),$$

$$P_3(x) = \frac{1}{2}(5x^3 - 3x),$$

$$P_4(x) = \frac{1}{8}(35x^4 - 30x^2 + 3).$$

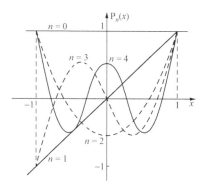

图 10.1　$P_n(x)(n=0,1,2,3,4)$的函数曲线图

l 阶勒让德多项式的其他表示式

(1) $P_l(x)$ 的微分表示式

$$P_l(x) = \frac{1}{2^l l!} \cdot \frac{d^l}{dx^l}(x^2-1)^l, \quad x \in [-1,1]. \quad (10.8)$$

$P_l(x)$ 的微分表示式也称为罗德里格斯(Rodrigues)公式.

证明　根据二项式定理

$$(x^2-1)^l = \sum_{r=0}^{l} \frac{(-1)^r l!}{r!(l-r)!} \cdot x^{2l-2r},$$

所以

$$\frac{1}{2^l l!} \cdot \frac{\mathrm{d}^l}{\mathrm{d}x^l}(x^2-1)^l = \frac{1}{2^l l!} \sum_{r=0}^{l} \frac{(-1)^r l!}{r!\,(l-r)!} \cdot \frac{\mathrm{d}^l}{\mathrm{d}x^l}(x^{2l-2r})$$

$$= \frac{1}{2^l l!} \sum_{r=0}^{[l/2]} \frac{(-1)^r l!}{r!\,(l-r)!}(2l-2r)(2l-2r-1)\cdots(l-2r+1)x^{l-2r}$$

$$= \sum_{r=0}^{[l/2]} \frac{(-1)^r(2l-2r)!}{2^l r!\,(l-r)!\,(l-2r)!}x^{l-2r}$$

$$= \mathrm{P}_l(x).$$

（2）$\mathrm{P}_l(x)$ 的施拉夫利积分表示式

根据柯西积分公式，$\mathrm{P}_l(x)$ 的微分表示式右边可以表示为如下闭合曲线积分：

$$\mathrm{P}_l(x) = \frac{1}{2^l l!} \frac{\mathrm{d}^l}{\mathrm{d}x^l}(x^2-1)^l$$

$$= \frac{1}{2\pi\mathrm{i}} \cdot \frac{1}{2^l} \oint_C \frac{(z^2-1)^l}{(z-x)^{l+1}}\mathrm{d}z, \qquad (10.9)$$

积分路径 C 为包围 $z_0 = x$ 点的闭合曲线，方向逆时针.

（10.9）式最右边的闭合曲线积分，称为施拉夫利（Schläfli）积分，所以（10.9）式称为 l 阶勒让德多项式的施拉夫利积分表示式.

（3）$\mathrm{P}_l(\cos\theta)$ 的拉普拉斯积分表示式

若（10.9）式中最右边的积分路径 C 取为：以 $z_0 = x$ 为圆心，半径等于 $\sqrt{|x^2-1|}$ 的圆周. 那么 $z-x = \sqrt{x^2-1}\,\mathrm{e}^{\mathrm{i}\varphi}$，采用参数法计算（10.9）式最右边的闭合曲线积分，则

$$\mathrm{P}_l(x) = \frac{1}{2\pi\mathrm{i}} \int_{-\pi}^{\pi} \frac{[(x+\sqrt{x^2-1}\cdot\mathrm{e}^{\mathrm{i}\varphi})^2-1]^l}{2^l(\sqrt{x^2-1}\cdot\mathrm{e}^{\mathrm{i}\varphi})^{l+1}} \cdot \mathrm{i}\sqrt{x^2-1}\cdot\mathrm{e}^{\mathrm{i}\varphi}\mathrm{d}\varphi$$

$$= \frac{1}{2\pi} \int_{-\pi}^{\pi} \left[\frac{x^2+2x\sqrt{x^2-1}\cdot\mathrm{e}^{\mathrm{i}\varphi}+(x^2-1)\mathrm{e}^{2\mathrm{i}\varphi}-1}{2\sqrt{x^2-1}\cdot\mathrm{e}^{\mathrm{i}\varphi}}\right]^l \mathrm{d}\varphi$$

$$= \frac{1}{2\pi} \int_{-\pi}^{\pi} \left[x+\sqrt{x^2-1}\cdot\frac{1}{2}(\mathrm{e}^{\mathrm{i}\varphi}+\mathrm{e}^{-\mathrm{i}\varphi})\right]^l \mathrm{d}\varphi$$

$$= \frac{1}{2\pi} \int_{-\pi}^{\pi} [x+\sqrt{x^2-1}\cdot\cos\varphi]^l \mathrm{d}\varphi.$$

令 $x=\cos\theta, \theta\in[0,\pi]$，那么

$$P_l(\cos\theta) = \frac{1}{2\pi}\int_{-\pi}^{\pi}(\cos\theta + \mathrm{i}\sin\theta\cos\varphi)^l \,\mathrm{d}\varphi$$

$$= \frac{1}{\pi}\int_0^{\pi}(\cos\theta + \mathrm{i}\sin\theta\cos\varphi)^l \,\mathrm{d}\varphi. \qquad (10.10)$$

（10.10）式等式最右端中的积分称为拉普拉斯积分，所以（10.10）式称为 l 阶勒让德多项式 $P_l(\cos\theta)$ 的拉普拉斯积分表示式.

在 $P_l(\cos\theta)$ 的拉普拉斯积分表示式中令 $\theta = 0$ 和 π，即 $x = \cos\theta = \pm 1$，则

$$P_l(1) = 1, \quad P_l(-1) = (-1)^l. \qquad (10.11)$$

另外，因为

$$|\cos\theta + \mathrm{i}\sin\theta\cos\varphi| \leqslant 1 \quad (\theta \in [0,\pi], \varphi \in [-\pi,\pi]),$$

所以

$$|P_l(x)| \leqslant \frac{1}{\pi}\int_0^{\pi}|\cos\theta + \mathrm{i}\sin\theta\cos\varphi|^l \,\mathrm{d}\varphi \leqslant 1 \quad (l = 0,1,2,\cdots).$$

$$(10.12)$$

§10.2　勒让德多项式的重要性质

1. 勒让德多项式 $P_l(x)$ 的母函数

定义 $G(x,z) = \dfrac{1}{\sqrt{1-2xz+z^2}}$，那么 $G(x,z)$ 在 $z=0$ 处展开的泰勒级数中 z^l 项的系数刚好是 $P_l(x)$，即

$$G(x,z) = \frac{1}{\sqrt{1-2xz+z^2}} = \sum_{l=0}^{+\infty}P_l(x)z^l. \qquad (10.13)$$

即 $G(x,z)$ 的级数表示式的系数正好是勒让德多项式 $P_l(x)$（$l=0,1,2,\cdots$）. 具有这种特性的函数 $G(x,z)$，称为勒让德多项式 $P_l(x)$ 的**母函数**.

证明　设 $\dfrac{1}{\sqrt{1-2xz+z^2}} = \sum_{l=0}^{+\infty}a_l(x)z^l$，则

$$a_l = \frac{1}{2\pi\mathrm{i}}\oint_C \frac{(1-2xz+z^2)^{-1/2}}{z^{l+1}}\,\mathrm{d}z \quad （C\text{ 包围原点}）.$$

令$(1-2xz+z^2)^{\frac{1}{2}}=1-uz$,进行变量代换,则

$$z=\frac{2(u-x)}{u^2-1}, \quad dz=-2\cdot\frac{1-2xu+u^2}{(u^2-1)^2}du.$$

假设变量代换后积分路径 C 变为 C'. 由于 $z=0$ 对应于 $u=x$, 所以 C 包围点 $z=0$ 对应于 C' 包围点 $u=x$. 因此 a_l 的闭合曲线积分表示式变为

$$a_l(x)=\frac{1}{2\pi i}\oint_{C'}\frac{[1-2u(u-x)/(u^2-1)]^{-1}}{[2(u-x)/(u^2-1)]^{l+1}}$$

$$\cdot\frac{-2(1-2xu+u^2)}{(u^2-1)^2}du \quad (C' \text{ 包围点 } u=x)$$

$$=\frac{1}{2\pi i}\oint_{C'}\frac{(u^2-1)^l}{2^l(u-x)^{l+1}}du=\frac{1}{2^l l!}\left[\frac{d^l(u^2-1)^l}{du^l}\right]_{u=x}$$

$$=\frac{1}{2^l l!}\frac{d^l(x^2-1)^l}{dx^l}=P_l(x).$$

2. 勒让德多项式的递推公式

母函数的泰勒级数(10.13)式两边对 z 求导,然后两边同时乘以 $(1-2xz+z^2)$,则

$$(x-z)\sum_{l=0}^{+\infty}P_l(x)z^l=(1-2xz+z^2)\sum_{l=1}^{+\infty}lP_l(x)z^{l-1}.$$

$$(10.14)$$

将上式两边同幂次项合并,然后比较 z^l 项的系数得到

$$(l+1)P_{l+1}(x)-(2l+1)xP_l(x)+lP_{l-1}(x)=0 \quad (l\geqslant 1).$$

$$(10.15)$$

若在母函数的泰勒级数(10.13)式两边对 x 求导,然后两边乘以 $(1-2xz+z^2)$,则

$$z\sum_{l=0}^{+\infty}P_l(x)z^l=(1-2xz+z^2)\sum_{l=0}^{+\infty}P_l'(x)z^l. \quad (10.16)$$

上式两边同幂次项合并,再比较式子两边 z^{l+1} 项的系数得到

$$P_l(x)=P_{l+1}'(x)-2xP_l'(x)+P_{l-1}'(x) \quad (l\geqslant 1). \quad (10.17)$$

(10.15)式两边对 x 求导,然后与(10.17)式联立,消去 $xP_l'(x)$ 项,则得到

$$(2l+1)P_l(x)=P_{l+1}'(x)-P_{l-1}'(x) \quad (l\geqslant 1). \quad (10.18)$$

(10.15)式,(10.17)和(10.18)式有一个共同特征,就是都表示了相邻阶的勒让德多项式之间的关系,尤其是 $P_{l-1}(x)$, $P_l(x)$, $P_{l+1}(x)$ 三者之间的关系,这类关系式称为勒让德多项式的**递推关系**,或递推公式. 上述(10.15)式,(10.17)和(10.18)式只是最常用的递推公式,除此之外,还有其他一些递推关系,譬如本章习题 10-2 的两个递推关系,这里不一一列举.

3. 勒让德多项式的正交完备性

定理 10.1　全部勒让德多项式 $P_l(x)$ $(l=0,1,2,\cdots)$ 构成了正交完备系.(证明略)

正交性:任意两个不同阶的勒让德多项式彼此正交.即

$$\int_{-1}^1 P_k(x) P_l(x) \mathrm{d}x = 0 \quad (k \neq l). \tag{10.19}$$

完备性:在区间 $[-1,1]$ 中连续或只有有限个第一类间断点的任意实函数 $f(x)$ 都可表示为由勒让德多项式 $P_l(x)$ $(l=0,1,2,\cdots)$ 线性叠加而成的无穷级数.即

$$f(x) = \sum_{l=0}^{+\infty} c_l P_l(x) \quad (c_l \text{ 为待定常数}). \tag{10.20}$$

(10.20)式是一类广义傅里叶级数,称为傅里叶-勒让德级数. 根据勒让德多项式 $P_l(x)$ $(l=0,1,2,\cdots)$ 的正交性,可以求出傅里叶-勒让德级数的系数 c_l,

$$c_l = \frac{1}{N_l^2} \int_{-1}^1 f(x) P_l(x) \mathrm{d}x \quad (l = 0,1,2,\cdots). \tag{10.21}$$

上式中 $N_l = \sqrt{\int_{-1}^1 |P_l(x)|^2 \mathrm{d}x}$,称为勒让德多项式 $P_l(x)$ 的模.

$$\begin{aligned}
N_l^2 &= \int_{-1}^1 |P_l(x)|^2 \mathrm{d}x \\
&= \frac{1}{2^{2l}(l!)^2} \int_{-1}^1 \frac{\mathrm{d}^l (x^2-1)^l}{\mathrm{d}x^l} \cdot \frac{\mathrm{d}}{\mathrm{d}x}\left[\frac{\mathrm{d}^{l-1}(x^2-1)^l}{\mathrm{d}x^{l-1}}\right] \mathrm{d}x \\
&= \frac{1}{2^{2l}(l!)^2}\left[\frac{\mathrm{d}^l(x^2-1)^l}{\mathrm{d}x^l} \cdot \frac{\mathrm{d}^{l-1}(x^2-1)^l}{\mathrm{d}x^{l-1}}\right]_{-1}^{+1} \\
&\quad - \frac{1}{2^{2l}(l!)^2} \int_{-1}^1 \frac{\mathrm{d}^{l-1}(x^2-1)^l}{\mathrm{d}x^{l-1}} \cdot \frac{\mathrm{d}^{l+1}(x^2-1)^l}{\mathrm{d}x^{l+1}} \mathrm{d}x \\
&= (-1) \frac{1}{2^{2l}(l!)^2} \int_{-1}^1 \frac{\mathrm{d}^{l+1}(x^2-1)^l}{\mathrm{d}x^{l+1}} \cdot \frac{\mathrm{d}}{\mathrm{d}x}\left[\frac{\mathrm{d}^{l-2}(x^2-1)^l}{\mathrm{d}x^{l-2}}\right] \mathrm{d}x
\end{aligned}$$

$$= (-1)^2 \frac{1}{2^{2l}(l!)^2} \int_{-1}^1 \frac{\mathrm{d}^{l-2}(x^2-1)^l}{\mathrm{d}x^{l-2}} \cdot \frac{\mathrm{d}^{l+2}(x^2-1)^l}{\mathrm{d}x^{l+2}} \mathrm{d}x$$

$$\cdots$$

$$= (-1)^l \frac{1}{2^{2l}(l!)^2} \int_{-1}^1 (x^2-1)^l \frac{\mathrm{d}^{2l}(x^2-1)^l}{\mathrm{d}x^{2l}} \mathrm{d}x$$

$$= (-1)^l \frac{(2l)!}{2^{2l}(l!)^2} \int_{-1}^1 (x^2-1)^l \mathrm{d}x$$

$$= (-1)^l \frac{(2l)!}{2^{2l}(l!)^2} \cdot (-1)^l \frac{2^{2l+1}(l!)^2}{(2l+1)!}$$

$$\left(注意 \int_0^{\frac{\pi}{2}} \sin^{2l+1}\theta \mathrm{d}\theta = \frac{(2l)!!}{(2l+1)!!} = \frac{2^{2l}(l!)^2}{(2l+1)!}\right)$$

$$= \frac{2}{2l+1}.$$

所以

$$\begin{cases} N_l = \sqrt{2/(2l+1)} & (l=0,1,2,\cdots), \\ c_l = \frac{2l+1}{2} \int_{-1}^1 f(x) P_l(x) \mathrm{d}x & (l=0,1,2,\cdots). \end{cases} \tag{10.22}$$

例 10.1　将 $f(x)=x^2-x$ 在区间 $[-1,1]$ 内展开为傅里叶-勒让德级数.

解　根据勒让德多项式定义式 (10.7) 所得出的前几阶勒让德多项式的表达式,

$$P_0(x) = 1,$$

$$P_1(x) = x,$$

$$P_2(x) = \frac{1}{2}(3x^2-1),$$

$$x^2 = \frac{2}{3}P_2(x) + \frac{1}{3} = \frac{2}{3}P_2(x) + \frac{1}{3}P_0(x),$$

$$x = P_1(x),$$

所以　　　$f(x) = x^2 - x = \frac{1}{3}P_0(x) - P_1(x) + \frac{2}{3}P_2(x),$

这就是所要求的傅里叶-勒让德级数.

此例题也可以设 $f(x) = \sum_{l=0}^{+\infty} c_l P_l(x)$,然后利用 (10.22) 式求出系数 $c_l(l=0,1,2,\cdots)$.

§ 10.3 缔合勒让德函数

常微分方程

$$(1 - x^2) \frac{\mathrm{d}^2 w}{\mathrm{d} x^2} - 2x \frac{\mathrm{d} w}{\mathrm{d} x} + \left[\mu - \frac{m^2}{1 - x^2} \right] w = 0$$

$$(m \text{ 为自然数}, \mu \text{ 为待定参数}) \tag{10.23}$$

称为**缔合勒让德方程**. 缔合勒让德方程比勒让德方程多了一项, 若 $m = 0$, 就成为勒让德方程.

在实际问题中, 通常也要求缔合勒让德方程的解在闭区间 $[-1, 1]$ 中取有限值, 即缔合勒让德方程也伴随有自然边界条件. 因此, 需求解以下本征值问题.

$$\begin{cases} (1 - x^2) \dfrac{\mathrm{d}^2 w}{\mathrm{d} x^2} - 2x \dfrac{\mathrm{d} w}{\mathrm{d} x} + \left[\mu - \dfrac{m^2}{1 - x^2} \right] w = 0 \quad (\mu \text{ 为待定参数}), \\ \text{常微分方程的解在闭区间} [-1, 1] \text{ 中取有限值 (自然边界条件)}. \end{cases}$$

$$\tag{10.24}$$

解决本征值问题一般首先需要求出常微分方程的通解, 然后根据边界条件求出本征值和本征函数. 但是采用级数解法求出缔合勒让德方程的通解很麻烦, 因此必须寻找其他方法解决以上本征值问题 (10.24). 实际上, 由于缔合勒让德方程与勒让德方程 ($m = 0$) 非常类似, 所以这两个常微分方程的解之间也存在一定关系.

勒让德方程两边对 x 求导得到

$$(1 - x^2) \frac{\mathrm{d}^3 y}{\mathrm{d} x^3} - 4x \frac{\mathrm{d}^2 y}{\mathrm{d} x^2} + (\mu - 2) \frac{\mathrm{d} y}{\mathrm{d} x} = 0.$$

上式再对 x 求导得到

$$(1 - x^2) \frac{\mathrm{d}^4 y}{\mathrm{d} x^4} - 6x \frac{\mathrm{d}^3 y}{\mathrm{d} x^3} + (\mu - 6) \frac{\mathrm{d}^2 y}{\mathrm{d} x^2} = 0.$$

这样的步骤继续下去, 经 m 次求导后, 则

$$(1 - x^2) \frac{\mathrm{d}^{m+2} y}{\mathrm{d} x^{m+2}} - 2(m+1)x \frac{\mathrm{d}^{m+1} y}{\mathrm{d} x^{m+1}} + [\mu - m(m+1)] \frac{\mathrm{d}^m y}{\mathrm{d} x^m} = 0.$$

设 $w(x) = (1-x^2)^{m/2} \cdot \dfrac{\mathrm{d}^m y}{\mathrm{d}x^m}$，即

$$\frac{\mathrm{d}^m y}{\mathrm{d}x^m} = (1-x^2)^{-m/2} w(x),$$

代入上式得到

$$(1-x^2)\frac{\mathrm{d}^2 w}{\mathrm{d}x^2} - 2x\frac{\mathrm{d}w}{\mathrm{d}x} + \left(\mu - \frac{m^2}{1-x^2}\right)w = 0. \quad (10.25)$$

(10.25)式正好是缔合勒让德方程. 也就是说, 如果 $y(x)$ 是勒让德方程的解, 那么

$$w(x) = (1-x^2)^{m/2} \cdot \frac{\mathrm{d}^m y}{\mathrm{d}x^m}$$

就是缔合勒让德方程的解. 前面第九章中已经采用级数解法求出了勒让德方程的特解为 $y_0(x)$ 和 $y_1(x)$, 所以缔合勒让德方程的两个特解为

$$w_0(x) = (1-x^2)^{m/2} \cdot \frac{\mathrm{d}^m y_0(x)}{\mathrm{d}x^m}$$

和

$$w_1(x) = (1-x^2)^{m/2} \cdot \frac{\mathrm{d}^m y_1(x)}{\mathrm{d}x^m}. \quad (10.26)$$

根据 §10.1 的讨论, 只有当 $\mu = l(l+1)$ $(l=0,1,2,\cdots)$ 时, $y_0(x)$ 或 $y_1(x)$ 退化为多项式 $P_l(x)$, 勒让德方程才有满足自然边界条件的非零解. 若 $\mu \neq l(l+1)$ $(l=0,1,2,\cdots)$, 那么 $y_0(x)$ 和 $y_1(x)$ 都在 $x=\pm 1$ 处发散, 导致 $w_0(x)$ 和 $w_1(x)$ 也都发散, 从而找不到既满足缔合勒让德方程, 又满足自然边界条件的非零解. 由此可见, 由缔合勒让德方程和自然边界条件所组成的本征值问题(10.24)的本征值和本征函数为

本征值　　$\mu_l = l(l+1)$ $(l=0,1,2,\cdots)$; $\quad\quad$ (10.27)

本征函数　$P_l^m(x) = (1-x^2)^{m/2}\dfrac{\mathrm{d}^m}{\mathrm{d}x^m}[P_l(x)]$

$$(m \leqslant l)\ (l=0,1,2,\cdots). \quad (10.28)$$

$P_l^m(x)$ 称为**缔合勒让德函数**. 若 m 为偶数, $P_l^m(x)$ 为多项式; 若 m 为奇数, $P_l^m(x)$ 则不是多项式. 下面给出前几阶缔合勒让德函数的具体代数式:

$$P_1^1(x) = (1 - x^2)^{1/2}, \quad P_1^0(x) = P_1(x) = x,$$
$$P_2^2(x) = 3(1 - x^2), \quad P_2^1(x) = 3x(1 - x^2)^{1/2},$$
$$P_2^0(x) = P_2(x) = \frac{1}{2}(3x^2 - 1),$$
$$P_3^3(x) = 15x(1 - x^2)^{3/2}, \quad P_3^2(x) = 15x(1 - x^2),$$
$$P_3^1(x) = \frac{3}{2}(5x^2 - 1)(1 - x^2)^{1/2},$$
$$P_3^0(x) = P_3(x) = \frac{1}{2}(5x^3 - 3x).$$

函数曲线图如图 10.2、图 10.3 所示.

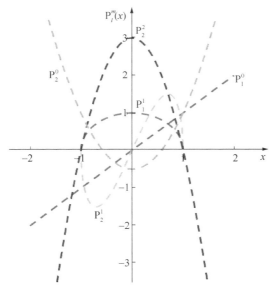

图 10.2 前两阶缔合勒让德函数曲线图

关于缔合勒让德函数 $P_l^m(x)$ 的几个性质(证明略)

(1) $P_l^m(x)$ 的微分表示式:

$$P_l^m(x) = \frac{(1 - x^2)^{m/2}}{2^l \cdot l!} \frac{\mathrm{d}^{l+m}}{\mathrm{d}x^{l+m}}(x^2 - 1)^l. \tag{10.29}$$

(2) 递推关系:

$$(2l+1)xP_l^m(x) = (l+m)P_{l-1}^m(x) + (l-m+1)P_{l+1}^m(x). \tag{10.30}$$

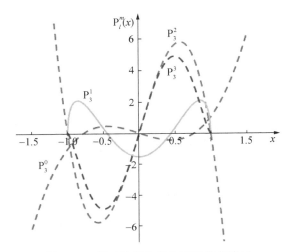

图 10.3 第三阶缔合勒让德函数曲线图

（3）**正交性**：

$$\int_{-1}^{1} P_l^m(x) P_k^m(x) \mathrm{d}x = 0 \quad (l \neq k).\tag{10.31}$$

（4）$P_l^m(x)$**的模** N_{lm}：

$$N_{lm} = \left[\int_{-1}^{1} |P_l^m(x)|^2 \mathrm{d}x\right]^{1/2} = \left[\frac{2}{2l+1} \cdot \frac{(l+m)!}{(l-m)!}\right]^{1/2}.\tag{10.32}$$

缔合勒让德函数定义的推广

在定义缔合勒让德函数 $P_l^m(x)$ 时，规定了 m 为非负整数. 但可以把缔合勒让德函数的定义进一步推广，按照 $P_l^m(x)$ 的微分表示式定义 m 为负值的缔合勒让德函数.

$-m$ **阶缔合勒让德函数** $P_l^{-m}(x)$ **的定义**：

$$P_l^{-m}(x) = \frac{(1-x^2)^{-m/2}}{2^l \cdot l!} \cdot \frac{\mathrm{d}^{l-m}}{\mathrm{d}x^{l-m}}(x^2-1)^l.\tag{10.33}$$

实际上，新定义的 $P_l^{-m}(x)$ 与 $P_l^m(x)$ 仅相差一个常数因子，引入 $P_l^{-m}(x)$ 只是为了使一些代数式更加简洁，同时也消除了对 m 为非负整数的限制. 可以证明 $P_l^{-m}(x)$ 和 $P_l^m(x)$ 存在以下关系，

$$P_l^{-m}(x) = (-1)^m \frac{(l-m)!}{(l+m)!} P_l^m(x). \qquad (10.34)$$

习 题 十

10-1 验证 $P_l(x) = \dfrac{1}{2^l l!} \dfrac{d^l}{dx^l} (x^2-1)^l$ 满足以下 l 阶勒让德方程:

$$(1-x^2) \frac{d^2 y}{dx^2} - 2x \frac{dy}{dx} + l(l+1)y = 0.$$

10-2 试推导下列递推公式:

(1) $l P_l(x) = x P_l'(x) - P_{l-1}'(x)$ $(l \geqslant 1)$;

(2) $l P_{l-1}(x) - P_l'(x) + x P_{l-1}'(x) = 0$ $(l \geqslant 1)$.

10-3 求证

$$\sum_{k=0}^l (2k+1) P_k(x) = P_l'(x) + P_{l+1}'(x) \quad (l=1,2,3,\cdots).$$

10-4 计算下列各式的值.

(1) $\displaystyle\int_{-1}^1 P_l'(x) P_l(x) dx$;

(2) $\displaystyle\int_{-1}^1 x^n P_l(x) dx$ (n, l 都为非负整数);

(3) $\displaystyle\int_{-1}^1 x P_m(x) P_n(x) dx$;

(4) $\displaystyle\int_{-1}^1 (1-x^2) [P_n'(x)]^2 dx$;

(5) $\displaystyle\int_{-1}^1 [P_n'(x)]^2 dx$.

10-5 在区间 $(-1,1)$ 内把下列函数展开为傅里叶-勒让德级数.

(1) $f(x) = x^3$;   (2) $f(x) = x^4$;

(3) $f(x) = |x|$;   (4) $f(x) = \begin{cases} x & (0 < x < 1), \\ 0 & (-1 < x < 0). \end{cases}$

10-6 求证 $\displaystyle\sum_{l=0}^{+\infty} P_l(\cos\theta) = \frac{1}{2} \csc \frac{\theta}{2}$ $(0 < \theta < \pi)$.

第十一章 柱 函 数

§11.1 柱函数的定义

柱函数是在柱坐标系中求解偏微分方程时经常遇到的一类特殊函数,其中包括贝塞尔函数、诺依曼函数和汉开尔(Hankel)函数,分别称为第一、第二和第三类柱函数.

贝塞尔函数

前面已经采用级数解法求解了贝塞尔方程,并引进了±ν阶贝塞尔函数的定义:

$$J_\nu(x) = \sum_{k=0}^{+\infty} \frac{(-1)^k}{k\,!\,\Gamma(k+\nu+1)} \left(\frac{x}{2}\right)^{2k+\nu} \quad (\nu \geqslant 0), \quad (11.1)$$

$$J_{-\nu}(x) = \sum_{k=0}^{+\infty} \frac{(-1)^k}{k\,!\,\Gamma(k-\nu+1)} \left(\frac{x}{2}\right)^{2k-\nu} \quad (\nu \geqslant 0). \quad (11.2)$$

当ν不为整数时,$J_\nu(x)$和$J_{-\nu}(x)$线性无关,可作为贝塞尔方程两个线性无关的特解. 当ν=整数时,±ν阶贝塞尔函数线性相关,可以证明它们存在如下关系式.

$$J_{-m}(x) = (-1)^m J_m(x). \quad (11.3)$$

证明 若定义式(11.1)和(11.2)中ν=m (m=0,1,2,⋯),那么

$$J_m(x) = \sum_{k=0}^{+\infty} \frac{(-1)^k}{k\,!\,(k+m)\,!} \left(\frac{x}{2}\right)^{2k+m} \quad (m = 0,1,2,\cdots),$$

$$(11.4)$$

$$J_{-m}(x) = \sum_{k=0}^{+\infty} \frac{(-1)^k}{k\,!\,\Gamma(k-m+1)} \left(\frac{x}{2}\right)^{2k-m}$$

$$= \sum_{k=m}^{+\infty} \frac{(-1)^k}{k\,!\,(k-m)\,!} \left(\frac{x}{2}\right)^{2k-m}$$

$$(因\ \Gamma(-n) = \infty\ (n = 0,1,2,\cdots)).$$

上式中令 $k-m=n$ $(n=0,1,2,\cdots)$,则

$$J_{-m}(x) = \sum_{n=0}^{+\infty} \frac{(-1)^{n+m}}{(n+m)!\Gamma(n+1)}\left(\frac{x}{2}\right)^{2n+m}$$

$$= (-1)^m \sum_{n=0}^{+\infty} \frac{(-1)^m}{n!(m+n)!}\left(\frac{x}{2}\right)^{2n+m}$$

$$= (-1)^m J_m(x).$$

因此证明了(11.3)式.

根据 $\pm\nu$ 阶贝塞尔函数的定义式(11.1)和(11.2),不难证明如下递推关系:

$$\frac{\mathrm{d}}{\mathrm{d}x}[x^\nu J_\nu(x)] = x^\nu J_{\nu-1}(x), \tag{11.5}$$

$$\frac{\mathrm{d}}{\mathrm{d}x}[x^{-\nu} J_\nu(x)] = -x^{-\nu} J_{\nu+1}(x), \tag{11.6}$$

或者写成

$$\nu J_\nu(x) + x J_\nu'(x) = x J_{\nu-1}(x), \tag{11.7}$$

$$-\nu J_\nu(x) + x J_\nu'(x) = -x J_{\nu+1}(x). \tag{11.8}$$

(11.7)和(11.8)两式相减和相加后可得

$$J_{\nu-1}(x) + J_{\nu+1}(x) = \frac{2\nu}{x} J_\nu(x), \tag{11.9}$$

$$J_{\nu-1}(x) - J_{\nu+1}(x) = 2J_\nu'(x). \tag{11.10}$$

尤其最常用的是(11.6)式中 $\nu=0$ 和(11.5)式中 $\nu=1$ 所得到的下列关系式.

$$J_0'(x) = -J_1(x), \tag{11.11}$$

$$[xJ_1(x)]' = xJ_0(x). \tag{11.12}$$

以上这些递推关系(11.5)—(11.10)各式中若把 ν 代换成 $-\nu$ 仍然成立,其中最基本的递推关系是(11.5)和(11.6)两式.

诺依曼函数

定义

$$N_\nu(x) = \frac{\cos\nu\pi J_\nu(x) - J_{-\nu}(x)}{\sin\nu\pi}, \tag{11.13}$$

$N_\nu(x)$ 称为 ν **阶诺依曼函数**,其中 ν 可以为任意实数,当定义式中 ν 为整数时,分子分母都为 0,此时应理解为以下极限值:

$$N_m(x) = \lim_{\nu \to m} \frac{\cos\nu\pi J_\nu(x) - J_{-\nu}(x)}{\sin\nu\pi} \quad (m \text{ 为整数})$$

$$= \frac{1}{\pi}\left[\frac{\partial J_\nu(x)}{\partial \nu} - \frac{1}{\cos\nu\pi}\frac{\partial J_{-\nu}(x)}{\partial \nu}\right]_{\nu=m}. \tag{11.14}$$

利用 $\pm\nu$ 阶贝塞尔函数 $J_{\pm\nu}(x)$ 的定义式(11.1)和(11.2),可以证明(11.14)式所定义的 m 阶诺依曼函数与 §9.2 中(9.46)式定义的 m 阶诺依曼函数完全相同.

根据定义式(11.13)可以证明 $N_\nu(x)$ 也具有与(11.5)式和(11.6)式完全相同的递推关系.

$$\frac{d}{dx}[x^\nu N_\nu(x)] = x^\nu N_{\nu-1}(x), \tag{11.15}$$

$$\frac{d}{dx}[x^{-\nu} N_\nu(x)] = -x^{-\nu} N_{\nu+1}(x). \tag{11.16}$$

汉开尔函数

定义

$$H_\nu^{(1)}(x) = J_\nu(x) + iN_\nu(x), \tag{11.17}$$

$$H_\nu^{(2)}(x) = J_\nu(x) - iN_\nu(x), \tag{11.18}$$

$H_\nu^{(1)}(x)$ 和 $H_\nu^{(2)}(x)$ 分别称为**第一类和第二类 ν 阶汉开尔函数**. 由于两类汉开尔函数是贝塞尔函数和诺依曼函数线性叠加而成,所以很容易证明它们也满足与(11.5)式和(11.6)式相同的递推关系,

$$\left.\begin{array}{l}\dfrac{d}{dx}[x^\nu H_\nu^{(1)}(x)] = x^\nu H_{\nu-1}^{(1)}(x), \\[2mm] \dfrac{d}{dx}[x^\nu H_\nu^{(2)}(x)] = x^\nu H_{\nu-1}^{(2)}(x);\end{array}\right\} \tag{11.19}$$

$$\left.\begin{array}{l}\dfrac{d}{dx}[x^{-\nu} H_\nu^{(1)}(x)] = -x^{-\nu} H_{\nu+1}^{(1)}(x), \\[2mm] \dfrac{d}{dx}[x^{-\nu} H_\nu^{(2)}(x)] = -x^{-\nu} H_{\nu+1}^{(2)}(x).\end{array}\right\} \tag{11.20}$$

柱函数的定义 以上所介绍的三种特殊函数(贝塞尔函数,诺依

曼函数和汉开尔函数)有一个共同特征,就是都满足两个相同形式的递推关系,分别是(11.5)式和(11.6)式,(11.15)式和(11.16)式,(11.19)式和(11.20)式.定义具有这个共同特征的特殊函数为柱函数,也就是说,**满足以下两个递推关系的特殊函数,称为柱函数**,记为$z_\nu(x)$.

$$\frac{\mathrm{d}}{\mathrm{d}x}[x^\nu z_\nu(x)] = x^\nu z_{\nu-1}(x), \tag{11.21}$$

$$\frac{\mathrm{d}}{\mathrm{d}x}[x^{-\nu} z_\nu(x)] = - x^{-\nu} z_{\nu+1}(x). \tag{11.22}$$

其中贝塞尔函数$J_{\pm\nu}(x)$称为第一类柱函数,诺依曼函数$N_\nu(x)$称为第二类柱函数,汉开尔函数$H_\nu^{(1)}(x)$,$H_\nu^{(2)}(x)$称为第三类柱函数.

贝塞尔函数、诺依曼函数和汉开尔函数只是最常用的柱函数,而根据(11.21)式和(11.22)式所定义的柱函数不仅仅是这些函数,还可以是其他类型的特殊函数,只要能满足(11.21)式和(11.22)式两个递推关系就行.

定理 11.1 任何ν阶柱函数都是ν阶贝塞尔方程的解.

证明 由柱函数定义,任何ν阶柱函数z_ν都满足以下递推关系:

$$\frac{\mathrm{d}}{\mathrm{d}x}[x^\nu z_\nu(x)] = x^\nu z_{\nu-1}(x), \qquad \frac{\mathrm{d}}{\mathrm{d}x}[x^{-\nu} z_\nu(x)] = - x^{-\nu} z_{\nu+1}(x).$$

利用求导公式把以上两式左边写为两项,则得

$$\nu z_\nu(x) + x z_\nu'(x) = x z_{\nu-1}(x), \tag{11.23}$$

$$-\nu z_\nu(x) + x z_\nu'(x) = - x z_{\nu+1}(x). \tag{11.24}$$

对(11.23)式进行指标代换,$\nu-1 \rightarrow \nu$,则得

$$z_\nu(x) = \frac{\nu+1}{x} z_{\nu+1}(x) + z_{\nu+1}'(x),$$

写出(11.24)式中$z_{\nu+1}(x)$的表示式,再代入上式将得到

$$z_\nu(x) = \frac{\nu+1}{x}\left[\frac{\nu}{x} z_\nu(x) - z_\nu'(x)\right] + \left[\frac{\nu}{x} z_\nu(x) - z_\nu'(x)\right]'.$$

化简上式得到

$$z_\nu''(x) + \frac{1}{x} z_\nu'(x) + \left(1 - \frac{\nu^2}{x^2}\right) z_\nu(x) = 0.$$

这说明,任何 ν 阶柱函数 z_ν 都满足 ν 阶贝塞尔方程,因此上述定理 11.1 正确.

任何柱函数 z_ν 都是贝塞尔方程的解,但贝塞尔方程的解却不一定就是柱函数.例如 $\nu J_\nu(x)$ 或 $\nu J_\nu(x) + \nu N_\nu(x)$ 都是 ν 阶贝塞尔方程的解,但不满足关系(11.21)式和(11.22)式,所以它们都不是柱函数.

不难证明,贝塞尔函数 $J_\nu(x)$,诺依曼函数 $N_\nu(x)$,汉开尔函数 $H_\nu^{(1)}(x)$ 和 $H_\nu^{(2)}(x)$,这些柱函数彼此线性无关.因此,不管 ν 是否为整数,任选其中两个不同类型的柱函数作为贝塞尔方程的两个特解,就可以写出 ν 阶贝塞尔方程的通解式.最常见的通解式为

$$y(x) = CJ_\nu(x) + DJ_{-\nu}(x) \quad (\nu \neq \text{整数}), \tag{11.25}$$

$$y(x) = CJ_\nu(x) + DN_\nu(x) \quad (\nu \text{ 为任意实数}), \tag{11.26}$$

$$y(x) = CH_\nu^{(1)}(x) + DH_\nu^{(2)}(x) \quad (\nu \text{ 为任意实数}). \tag{11.27}$$

§11.2 柱函数的重要性质

1. 柱函数的奇异性

$J_{-\nu}(x)\ (\nu > 0), N_\nu(x), H_\nu^{(1)}(x)$ 和 $H_\nu^{(2)}(x)$ 都在原点 $x = 0$ 处发散,只有 $J_\nu(x)$ 在全实变区间 $(-\infty, +\infty)$ 内收敛,实际上 $J_\nu(x)$ 在原点处的值为

$$J_0(0) = 1, \quad J_\nu(0) = 0 \ (\nu > 0). \tag{11.28}$$

2. 柱函数的零点特性

当 $x > 0$ 时,$J_{\pm\nu}(x)$ 和 $N_\nu(x)$ 均为实变函数,且为衰减振荡型的函数,函数曲线与 x 轴有无穷多交点,因此 $J_{\pm\nu}(x)$ 和 $N_\nu(x)$ 都有无穷多个正实数零点,但 $H_\nu^{(1)}(x)$ 和 $H_\nu^{(2)}(x)$ 却没有实数零点.图 11.1 和图 11.2 分别是 $J_0(x), J_1(x)$ 和 $N_0(x), N_1(x)$ 的函数曲线图 $(x > 0)$,这基本上体现了 $J_\nu(x)$ 和 $N_\nu(x)$ 的奇异性和振荡特性.

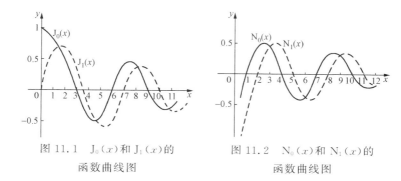

图 11.1　$J_0(x)$ 和 $J_1(x)$ 的
函数曲线图

图 11.2　$N_0(x)$ 和 $N_1(x)$ 的
函数曲线图

3. 柱函数的渐近行为

从 $J_\nu(x)$ 和 $N_\nu(x)$ 的函数曲线图可以看出：当 $x \to +\infty$ 时，$J_\nu(x)$ 和 $N_\nu(x)$ 很像简谐函数. 可以证明：当 $|x| \to \infty$ 时，上述几种柱函数的渐近行为如下

$$J_\nu(x) \to \sqrt{\frac{2}{\pi x}} \cos\left(x - \frac{\nu\pi}{2} - \frac{\pi}{4}\right) + O(x^{-3/2}), \quad (11.29)$$

$$N_\nu(x) \to \sqrt{\frac{2}{\pi x}} \sin\left(x - \frac{\nu\pi}{2} - \frac{\pi}{4}\right) + O(x^{-3/2}), \quad (11.30)$$

$$H_\nu^{(1)}(x) \to \sqrt{\frac{2}{\pi x}} e^{i(x - \nu\pi/2 - \pi/4)} + O(x^{-3/2}), \quad (11.31)$$

$$H_\nu^{(2)}(x) \to \sqrt{\frac{2}{\pi x}} e^{-i(x - \nu\pi/2 - \pi/4)} + O(x^{-3/2}). \quad (11.32)$$

4. $J_n(x)$ 的母函数（n 为整数）

在实际问题中用得最多的是整数阶贝塞尔函数，可以证明，整数阶的贝塞尔函数的母函数为 $G(x, z) = e^{\frac{x}{2}(z - 1/z)}$，即

$$e^{\frac{x}{2}(z - 1/z)} = \sum_{n=-\infty}^{+\infty} J_n(x) \cdot z^n. \quad (11.33)$$

证明　把 $e^{xz/2}$ 和 $e^{-x/2z}$ 分别在 $z = 0$ 处展开为泰勒级数和洛朗级数，则

$$e^{xz/2} = \sum_{l=0}^{+\infty} \frac{1}{l!} \left(\frac{x}{2}\right)^l \cdot z^l,$$

$$\mathrm{e}^{-x/2z} = \sum_{k=0}^{+\infty} \frac{1}{k!}\left(\frac{-x}{2z}\right)^k = \sum_{k=0}^{+\infty} \frac{(-1)^k}{k!}\left(\frac{x}{2}\right)^k \cdot z^{-k}.$$

所以　　　$$\mathrm{e}^{(x/2)(z-1/z)} = \sum_{l=0}^{+\infty}\sum_{k=0}^{+\infty} \frac{(-1)^k}{k!\,l!}\left(\frac{x}{2}\right)^{l+k} \cdot z^{l-k}.$$

上式中令 $l-k=n$，即 $l=k+n$，可以得到

$$\mathrm{e}^{(x/2)\cdot(z-1/z)} = \sum_{n=-\infty}^{+\infty}\sum_{k=0}^{+\infty} \frac{(-1)^k}{k!\,(k+n)!}\left(\frac{x}{2}\right)^{2k+n} \cdot z^n = \sum_{n=-\infty}^{+\infty} \mathrm{J}_n(x)z^n.$$

证毕.

5. 贝塞尔函数的正交完备性

在柱坐标系中求解偏微分方程时，经常遇到如下本征值问题.

$$\begin{cases} -\dfrac{\mathrm{d}}{\mathrm{d}\rho}\left[\rho\,\dfrac{\mathrm{d}y(\rho)}{\mathrm{d}\rho}\right] + \dfrac{\nu^2}{\rho}y(\rho) = \mu\rho y(\rho), \\[2mm] y(\rho) \text{ 在 } (0,\rho) \text{ 中取有限值　（自然边界条件），} \\[2mm] \left(\alpha\,\dfrac{\mathrm{d}y}{\mathrm{d}\rho} + \beta y\right)_{\rho=\rho_0} = 0 \quad (\alpha^2 + \beta^2 \ne 0). \end{cases}$$

由变量代换，令 $\sqrt{\mu}\rho = x$，以上偏微分方程可化为标准形式的 ν 阶贝塞尔方程

$$\frac{\mathrm{d}^2 y(x)}{\mathrm{d}x^2} + \frac{1}{x}\cdot\frac{\mathrm{d}y(x)}{\mathrm{d}x} + \left(1 - \frac{\nu^2}{x^2}\right)y(x) = 0$$

$$(x = \sqrt{\mu}\rho, \nu \geqslant 0).$$

因此，满足以上偏微分方程和自然边界条件的解为

$$y(x) = \mathrm{J}_\nu(\sqrt{\mu}\rho).$$

再将上式代入本征值问题的边界条件，则

$$\alpha\sqrt{\mu}\mathrm{J}_\nu'(\sqrt{\mu}\rho_0) + \beta\mathrm{J}_\nu(\sqrt{\mu}\rho_0) = 0.$$

满足以上方程的实正根 $\mu_i(i=1,2,3,\cdots)$ 就是本征值，对应的本征函数为 $\mathrm{J}_\nu(\sqrt{\mu_i}\rho)$.

正交关系： 对应于不同本征值 $\mu_i(i=1,2,3,\cdots)$ 的贝塞尔函数 $\mathrm{J}_\nu(\sqrt{\mu_i}\rho)$ 满足正交关系

$$\int_0^{\rho_0} \mathrm{J}_\nu(\sqrt{\mu_i}\rho)\mathrm{J}_\nu(\sqrt{\mu_j}\rho)\rho\mathrm{d}\rho = 0 \quad (i \ne j). \tag{11.34}$$

完备性：贝塞尔函数系列 $J_\nu(\sqrt{\mu_i}\rho)$ $(i=1,2,\cdots)$ 具有完备性. 定义于区间 $[0,\rho_0]$ 中并满足狄利克雷条件的任何函数 $f(\rho)$ 都可展开为傅里叶-贝塞尔级数.

$$f(\rho) = \sum_{i=1}^{+\infty} c_i J_\nu(\sqrt{\mu_i}\rho), \tag{11.35}$$

$$c_i = \frac{1}{N_i^2}\int_0^{\rho_0} f(\rho) J_\nu(\sqrt{\mu_i}\rho)\rho d\rho, \tag{11.36}$$

其中 $N_i = \left[\int_0^{\rho_0} J_\nu^2(\sqrt{\mu_i}\rho)\rho d\rho\right]^{\frac{1}{2}}$，称为 $J_\nu(\sqrt{\mu_i}\rho)$ 的模.

习 题 十 一

11-1 利用贝塞尔函数的递推关系证明下列等式：

(1) $J_2(x) - J_0(x) = 2J_0''(x)$;

(2) $J_3(x) + 3J_0'(x) + 4J_0^{(3)}(x) = 0$;

(3) $x^2 J_n''(x) = (n^2 - n - x^2)J_n(x) + xJ_{n+1}(x)$（$n$ 为整数）.

11-2 计算下列不定积分：

(1) $\displaystyle\int x^3 J_0(x) dx$;   (2) $\displaystyle\int x^4 J_1(x) dx$;   (3) $\displaystyle\int J_3(x) dx$.

11-3 设 $\mu_k(k=1,2,3,\cdots)$ 是 $J_0(x)=0$ 的正根,试证明:

$$\frac{1-x^2}{8} = \sum_{k=1}^{+\infty} \frac{J_0(\mu_k x)}{\mu_k^3 J_1(\mu_k)} \quad (0 < x < 1).$$

11-4 设 $\mu_k(k=1,2,3,\cdots)$ 是 $J_0(x)=0$ 的正根,若

$$f(x) = \sum_{k=1}^{+\infty} A_k J_0(\mu_k x),$$

试证:

$$\int_0^1 x f^2(x) dx = \frac{1}{2}\sum_{k=1}^{+\infty} A_k^2 J_1^2(\mu_k).$$

11-5 证明: $N_{l+1/2}(x) = (-1)^{l+1} J_{-l-1/2}(x)$（$l$ 为非负整数）.

11-6 根据贝塞尔函数的定义证明

$$J_{1/2}(x) = \sqrt{\frac{2}{\pi x}}\sin x, \quad J_{-1/2}(x) = \sqrt{\frac{2}{\pi x}}\cos x.$$

11-7 证明：

$$\int x J_n^2(x)\,\mathrm{d}x = \frac{1}{2}x^2\left[J_n^2(x) + J_{n+1}^2(x)\right] - nx J_n(x)J_{n+1}(x) + C$$

（C 为常数）.

第十二章　变形贝塞尔方程

§12.1　虚宗量贝塞尔方程

常微分方程

$$\frac{\mathrm{d}^2 y}{\mathrm{d}x^2} + \frac{1}{x}\frac{\mathrm{d}y}{\mathrm{d}x} - \left(1 + \frac{\nu^2}{x^2}\right)y = 0 \quad (\nu \geqslant 0) \tag{12.1}$$

称为**虚宗量贝塞尔方程**. 它经变量代换后可化为贝塞尔方程,因此,属于变形贝塞尔方程.

在(12.1)式中令 $x = -\mathrm{i}t$,或 $t = \mathrm{i}x$,则该常微分方程将变为贝塞尔方程:

$$\frac{\mathrm{d}^2 y}{\mathrm{d}t^2} + \frac{1}{t}\frac{\mathrm{d}y}{\mathrm{d}t} + \left(1 - \frac{\nu^2}{t^2}\right)y = 0 \quad (\nu \geqslant 0). \tag{12.2}$$

不管 ν 是否为整数,以上贝塞尔方程至少有一个特解可以表示为 $\mathrm{J}_\nu(t)$,所以虚宗量贝塞尔方程有一个特解可表示为 $\mathrm{J}_\nu(\mathrm{i}x)$. 根据贝塞尔函数的定义

$$\begin{aligned} \mathrm{J}_\nu(\mathrm{i}x) &= \sum_{k=0}^{+\infty} \frac{(-1)^k}{k!\,\Gamma(\nu+k+1)}\left(\frac{\mathrm{i}x}{2}\right)^{2k+\nu} \\ &= \mathrm{i}^\nu \sum_{k=0}^{+\infty} \frac{1}{k!\,\Gamma(\nu+k+1)}\left(\frac{x}{2}\right)^{2k+\nu}. \end{aligned} \tag{12.3}$$

定义　$\mathrm{I}_\nu(x) = \sum_{k=0}^{+\infty} \frac{1}{k!\,\Gamma(\nu+k+1)}\left(\frac{x}{2}\right)^{2k+\nu} \quad (\nu \geqslant 0),$

$$\tag{12.4}$$

$\mathrm{I}_\nu(x)$ 称为**虚宗量贝塞尔函数**. 显然,由于 $\mathrm{I}_\nu(x)$ 与 $\mathrm{J}_\nu(\mathrm{i}x)$ 只相差一个常数因子 i^ν,所以 $\mathrm{I}_\nu(x)$ 是虚宗量贝塞尔方程(12.1)的解.

在定义式(12.4)式中规定了 $\nu \geqslant 0$,但实际上也可以定义 $-\nu$ 阶

虚宗量贝塞尔函数

$$I_\nu(x) = \sum_{k=0}^{+\infty} \frac{1}{k!\,\Gamma(k-\nu+1)} \left(\frac{x}{2}\right)^{2k-\nu}. \tag{12.5}$$

可以证明 $J_{-\nu}(\mathrm{i}x) = \mathrm{i}^{-\nu} I_{-\nu}(x)$，所以 $I_{-\nu}(x)$ 也是虚宗量贝塞尔方程(12.1)的解. 但只有当 ν 为非整数时，$I_\nu(x)$ 和 $I_{-\nu}(x)$ 才线性无关；若 ν 为整数，可以证明 $I_\nu(x)$ 和 $I_{-\nu}(x)$ 相等：

$$I_{-n}(x) = I_n(x) \quad (n \text{ 为整数}). \tag{12.6}$$

这里定义的虚宗量贝塞尔函数 $I_\nu(x)$ 是另一类特殊函数，虽然名为"虚宗量"，其实自变量 x 却是实数，而 $I_\nu(x)$ 通常为实变函数，其函数曲线图如图 12.1 所示.

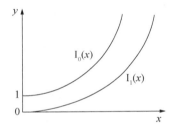

图 12.1 $I_0(x)$ 和 $I_1(x)$ 的函数曲线图

由于负整数阶虚宗量贝塞尔函数 $I_{-n}(x)$ 与正整数阶虚宗量贝塞尔函数 $I_n(x)$ 相等，不能作为虚宗量贝塞尔方程(12.1)式的第二个特解，为了寻找虚宗量贝塞尔方程(12.1)式的第二个特解，写出其通解式，下面引进了另一个特殊函数 $K_\nu(x)$.

定义

$$K_\nu(x) = \frac{\pi}{2\sin\nu\pi}[I_{-\nu}(x) - I_\nu(x)]. \tag{12.7}$$

上式中当 ν 为整数时，分子和分母同时为 0，应理解为求极限：

$$K_n(x) = \lim_{\nu \to n} \frac{\pi}{2\sin\nu\pi}[I_{-\nu}(x) - I_\nu(x)]. \tag{12.8}$$

通常 $K_\nu(x)$ 称为**虚宗量汉开尔函数**，但其实它通常是实变函数. 之所以被称为虚宗量汉开尔函数，是因为 $K_\nu(x)$ 与虚宗量的第一类汉开尔函数 $H_2^{(1)}(\mathrm{i}x)$ 只相差一个常数因子.

$$K_\nu(x) = \frac{\pi}{2\sin\nu\pi}\left[i^\nu J_{-\nu}(ix) - i^{-\nu}J_\nu(ix)\right]$$

$$= \frac{\pi}{2\sin\nu\pi}\left[i^\nu\cos\nu\pi\, J_\nu(ix) - i^\nu\sin\nu\pi\, N_\nu(ix) - i^{-\nu}J_\nu(ix)\right]$$

$$= \frac{\pi}{2\sin\nu\pi}(\cos\nu\pi - i^{-2\nu})i^\nu J_\nu(ix) - \frac{\pi}{2}i^\nu N_\nu(ix)$$

$$= \frac{\pi}{2\sin\nu\pi}(\cos\nu\pi - e^{-i\nu\pi})i^\nu J_\nu(ix) - \frac{\pi}{2}i^\nu N_\nu(ix)$$

$$= \frac{\pi}{2}i^{\nu+1}\left[J_\nu(ix) + iN_\nu(ix)\right]$$

$$= \frac{\pi}{2}i^{\nu+1}H_\nu^{(1)}(ix). \tag{12.9}$$

根据(12.9)式可知，$K_\nu(x)$ 是虚宗量贝塞尔方程(12.1)式的两个不相关特解 $J_\nu(ix)$，$N_\nu(ix)$ 的线性叠加，所以它一定也满足虚宗量贝塞尔方程(12.1)式，而且，不管 ν 是否为整数，$K_\nu(x)$ 都与 $I_\nu(x)$ 线性无关，因此，ν 阶虚宗量贝塞尔方程的通解可以表示为

$$y(x) = CI_\nu(x) + DK_\nu(x). \tag{12.10}$$

下面图 12.2 是虚宗量汉开尔函数 $K_\nu(x)$ 的函数曲线图.

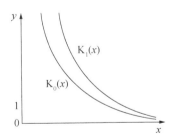

图 12.2　$K_0(x)$ 和 $K_1(x)$ 的函数曲线图

从 $I_\nu(x)$ 和 $K_\nu(x)$ 的函数曲线图图 12.1 和图 12.2 很容易看出，当 $x>0$ 时，$I_\nu(x)$ 是递增函数，而 $K_\nu(x)$ 是递减函数. 除坐标原点外，$I_\nu(x)$ 和 $K_\nu(x)$ 及其导数都没有实数零点.

§12.2 球贝塞尔方程

常微分方程

$$\frac{\mathrm{d}^2 y}{\mathrm{d}x^2} + \frac{2}{x}\frac{\mathrm{d}y}{\mathrm{d}x} + \left[1 - \frac{l(l+1)}{x^2}\right]y = 0$$

$$(l = 0,1,2,\cdots) \tag{12.11}$$

称为**球贝塞尔方程**.

令 $y(x) = x^{-1/2}\nu(x)$,球贝塞尔方程将变为以下半奇数阶贝塞尔方程

$$\frac{\mathrm{d}^2\nu(x)}{\mathrm{d}x^2} + \frac{1}{x}\frac{\mathrm{d}\nu(x)}{\mathrm{d}x} + \left[1 - \frac{(l+1/2)^2}{x^2}\right]\nu(x) = 0. \tag{12.12}$$

因此,球贝塞尔方程(12.11)式的两个特解为 $x^{-1/2}\mathrm{J}_{l+1/2}(x)$ 和 $x^{-1/2}\mathrm{N}_{l+1/2}(x)$.

定义

$$\mathrm{j}_l(x) = \sqrt{\frac{\pi}{2x}}\mathrm{J}_{l+1/2}(x);\quad \mathrm{n}_l(x) = \sqrt{\frac{\pi}{2x}}\mathrm{N}_{l+1/2}(x). \tag{12.13}$$

$\mathrm{j}_l(x)$ 和 $\mathrm{n}_l(x)$ 分别称为**球贝塞尔函数**和**球诺依曼函数**,其中 $\mathrm{n}_l(x)$ 也称为**第二类球贝塞尔函数**.

根据上面的讨论,球贝塞尔方程的通解可表示为

$$y(x) = C\mathrm{j}_l(x) + D\mathrm{n}_l(x).$$

定义

$$\mathrm{h}_l^{(1)}(x) = \mathrm{j}_l(x) + \mathrm{i}\,\mathrm{n}_l(x) = \sqrt{\frac{\pi}{2x}}\mathrm{H}_{l+1/2}^{(1)}(x);$$

$$\mathrm{h}_l^{(2)}(x) = \mathrm{j}_l(x) - \mathrm{i}\,\mathrm{n}_l(x) = \sqrt{\frac{\pi}{2x}}\mathrm{H}_{l+1/2}^{(2)}(x). \tag{12.14}$$

$\mathrm{h}_l^{(1)}(x)$ 和 $\mathrm{h}_l^{(2)}(x)$ 分别称为**第一类**和**第二类球汉开尔函数**,又统称为**第三类球贝塞尔函数**. 引入了球汉开尔函数以后,球贝塞尔方程的通解也可表示为 $y(x) = C\mathrm{h}_l^{(1)}(x) + D\mathrm{h}_l^{(2)}(x)$.

实际上,$\mathrm{j}_l(x)$,$\mathrm{n}_l(x)$,$\mathrm{h}_l^{(1)}(x)$ 和 $\mathrm{h}_l^{(2)}(x)$ 分别称为第一、二、三类

球贝塞尔函数,它们都满足相同的递推关系. 若以 $\psi_l(x)$ 代表任意球贝塞尔函数,不难证明

$$\frac{\psi_{l+1}(x)}{x^{l+1}} = -\frac{1}{x}\frac{\mathrm{d}}{\mathrm{d}x}\left[\frac{\psi_l(x)}{x^l}\right]. \tag{12.15}$$

根据第一、二、三类球贝塞尔函数与第一、二、三类柱函数的关系,以及柱函数的渐近行为,可以推导出球贝塞尔函数的渐近行为.

当 $x \to \infty$ 时,

$$\begin{aligned}
\mathrm{j}_l(x) &\to \frac{1}{x}\cos\left(x - \frac{l+1}{2}\pi\right), \\
\mathrm{n}_l(x) &\to \frac{1}{x}\sin\left(x - \frac{l+1}{2}\pi\right);
\end{aligned} \tag{12.16}$$

$$\begin{aligned}
\mathrm{h}_l^{(1)}(x) &\to \frac{1}{x}\mathrm{e}^{\mathrm{i}[x-(l+1)\pi/2]}, \\
\mathrm{h}_l^{(2)}(x) &\to \frac{1}{x}\mathrm{e}^{-\mathrm{i}[x-(l+1)\pi/2]}.
\end{aligned} \tag{12.17}$$

$\mathrm{j}_l(x)$ 和 $\mathrm{n}_l(x)$ 具有与贝塞尔函数和诺依曼函数相类似的函数曲线. 当 $x \to 0$ 时,$\mathrm{n}_l(x)$ 发散,因而 $\mathrm{h}_l^{(1)}(x)$ 和 $\mathrm{h}_l^{(2)}(x)$ 也发散. 图 12.3 是 $\mathrm{j}_0(x)$ 和 $\mathrm{j}_1(x)$ 函数曲线,图 12.4 是 $\mathrm{n}_0(x)$ 和 $\mathrm{n}_1(x)$ 的函数曲线,其他球贝塞尔函数和球诺依曼函数的函数曲线图也类似.

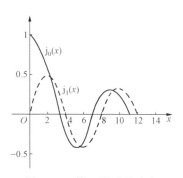

图 12.3　第一类球贝塞尔
函数曲线图

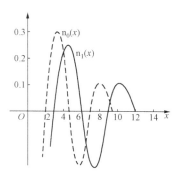

图 12.4　第二类球贝塞尔
函数曲线图

习 题 十 二

12-1　利用贝塞尔函数递推关系推导虚宗量贝塞尔函数的递推关系：

$$\frac{\mathrm{d}}{\mathrm{d}x}\big[x^{\nu}\,\mathrm{I}_{\nu}(x)\big] = x^{\nu}\mathrm{I}_{\nu-1}(x)\,;$$

$$\frac{\mathrm{d}}{\mathrm{d}x}\big[x^{-\nu}\,\mathrm{I}_{\nu}(x)\big] = x^{-\nu}\mathrm{I}_{\nu+1}(x).$$

12-2　证明第一、二、三类球贝塞尔函数都具有如下递推关系：

$$\psi_{l-1}(x) + \psi_{l+1}(x) = \frac{2l+1}{x}\psi_{l}(x)\,;$$

$$l\psi_{l-1}(x) - (l+1)\psi_{l+1}(x) = (2l+1)\psi_{l}^{'}(x).$$

12-3　利用球贝塞尔函数递推关系和第十一章习题 11-5,11-6 题的结果，求出前两阶($l=0,1$)球贝塞尔函数、球诺依曼函数和球汉开尔函数的初等函数表示式.

12-4　设 $\mu_{k}(k=1,2,3,\cdots)$ 是 $\mathrm{j}_{l}(x)=0$ 的正根，试证明球贝塞尔函数具有以下正交关系：

$$\int_{0}^{1} \mathrm{j}_{l}(\mu_{k}r)\cdot\mathrm{j}_{l}(\mu_{k'}r)r^{2}\,\mathrm{d}r = 0 \quad (k\neq k').$$

第十三章　拉普拉斯方程

在物理课程中经常遇到的三维偏微分方程有以下三种类型.

（Ⅰ）稳定场方程 $\nabla^2 u(x,y,z) = f(x,y,z)$.

（Ⅱ）波动方程

$$\frac{\partial^2 u(x,y,z,t)}{\partial t^2} - a^2 \nabla^2 u(x,y,z,t) = f(x,y,z,t) \quad （a \text{ 为波速}）.$$

（Ⅲ）输运方程

$$\frac{\partial u(x,y,z,t)}{\partial t} - D \nabla^2 u(x,y,z,t) = f(x,y,z,t) \quad （D > 0）.$$

第一种类型的偏微分方程也称为**泊松方程**. 若 $f(x,y,z) \equiv 0$, 则稳定场方程变为 $\nabla^2 u(x,y,z) = 0$, 称为**拉普拉斯方程**, 其中 ∇^2 称为**拉普拉斯算子**. 在三种常用坐标系中拉普拉斯算子的具体表示式分别为：

直角坐标系 $\qquad \nabla^2 = \dfrac{\partial^2}{\partial x^2} + \dfrac{\partial^2}{\partial y^2} + \dfrac{\partial^2}{\partial z^2}$;

球坐标系

$$\nabla^2 = \frac{1}{r^2}\frac{\partial}{\partial r}\left(r^2\frac{\partial}{\partial r}\right) + \frac{1}{r^2\sin\theta}\frac{\partial}{\partial\theta}\left(\sin\theta\frac{\partial}{\partial\theta}\right) + \frac{1}{r^2\sin^2\theta}\frac{\partial^2}{\partial\varphi^2};$$

柱坐标系 $\qquad \nabla^2 = \dfrac{1}{\rho}\dfrac{\partial}{\partial\rho}\left(\rho\dfrac{\partial}{\partial\rho}\right) + \dfrac{1}{\rho^2}\dfrac{\partial^2}{\partial\varphi^2} + \dfrac{\partial^2}{\partial z^2}.$

在实际问题中,具体要采用哪一种坐标系,这必须要根据问题所给定的三维区域的形状和边界条件类型决定.

虽然拉普拉斯方程只是上述第一种类型偏微分方程在 $f(x,y,z) \equiv 0$ 的简单情形,但它却是物理课程中最经常使用的三维偏微分方程,熟练掌握它在各种坐标系中的解法十分重要.因此,本章首先讨论拉普拉斯方程在各种坐标系中的解法,在后续章节中再讨论其他类型的三维偏微分方程的解法.

§13.1   直角坐标系中拉普拉斯方程的解法

例 13.1   图 13.1 表示一长、宽、高分别为 a,b,c 的长方体容器，假设其中装有均匀的物质，并保持其所有侧面和下底面的温度为零度，上底面温度分布为 $f(x,y)$，试问达到热平衡后容器内的温度分布.

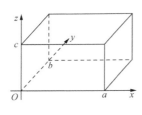

图 13.1   长方体容器
示意图

解   设 $u(x,y,z)$ 为容器内的稳定温度分布，则

$$\begin{cases} \nabla^2 u(x,y,z) = \dfrac{\partial^2 u}{\partial x^2} + \dfrac{\partial^2 u}{\partial y^2} + \dfrac{\partial^2 u}{\partial z^2} = 0, \\ u(0,y,z) = 0, u(a,y,z) = 0, \\ u(x,0,z) = 0, u(x,b,z) = 0, \\ u(x,y,0) = 0, u(x,y,c) = f(x,y). \end{cases}$$

采用分离变量法，设 $u(x,y,z) = X(x)Y(y)Z(z)$，代入拉普拉斯方程得

$$\frac{X''(x)}{X(x)} + \frac{Y''(y)}{Y(y)} + \frac{Z''(z)}{Z(z)} = 0.$$

令 $\dfrac{X''(x)}{X(x)} = -\lambda_1, \dfrac{Y''(x)}{Y(x)} = -\lambda_2$，则

$$\begin{cases} X'' + \lambda_1 X = 0, \\ Y'' + \lambda_2 Y = 0, \\ Z'' - (\lambda_1 + \lambda_2) Z = 0. \end{cases}$$

由定解问题的边界条件

$$\begin{cases} X(0) = 0, \ X(a) = 0, \\ Y(0) = 0, \ Y(b) = 0, \end{cases}$$

$$u(x,y,0) = 0, \quad u(x,y,c) = f(x,y),$$

求解 $X(x)$ 和 $Y(y)$ 的本征值问题得

$$\begin{cases} \lambda_{1m} = \left(\dfrac{m\pi}{a}\right)^2, \ X_m(x) = \sin\dfrac{m\pi}{a}x \quad (m=1,2,3,\cdots), \\ \lambda_{2n} = \left(\dfrac{n\pi}{a}\right)^2, \ Y_n(x) = \sin\dfrac{n\pi}{b}x \quad (n=1,2,3,\cdots). \end{cases}$$

再将 λ_{1m} 和 λ_{2n} 代入关于 $Z(z)$ 的常微分方程, 则

$$Z_{mn}''(z) - \left[\left(\dfrac{m\pi}{l}\right)^2 + \left(\dfrac{n\pi}{l}\right)^2\right]Z_{mn}(z) = 0,$$

所以 $\qquad Z_{mn}(z) = A_{mn}\cosh(k_{mn}z) + B_{mn}\sinh(k_{mn}z),$
其中

$$k_{mn} = \left[\left(\dfrac{m\pi}{a}\right)^2 + \left(\dfrac{n\pi}{b}\right)^2\right]^{\frac{1}{2}} \quad (m,n=1,2,3,\cdots),$$

A_{mn}, B_{mn} 为待定常数.

因此, 问题的通解式为

$$u(x,y,z) = \sum_{n=1}^{+\infty}\sum_{m=1}^{+\infty}[A_{mn}\cosh(k_{mn}z) + B_{mn}\sinh(k_{mn}z)]\sin\dfrac{m\pi x}{a}$$
$$\cdot \sin\dfrac{n\pi y}{b}.$$

最后利用 $z=0$ 和 $z=c$ 的边界条件确定 A_{mn} 和 B_{mn}.

$$\begin{cases} \sum_{n=1}^{+\infty}\sum_{m=1}^{+\infty} A_{mn}\sin\dfrac{m\pi x}{a}\sin\dfrac{n\pi y}{b} = 0, \\ \sum_{n=1}^{+\infty}\sum_{m=1}^{+\infty}[A_{mn}\cosh(k_{mn}c) + B_{mn}\sinh(k_{mn}c)]\sin\dfrac{m\pi x}{a}\sin\dfrac{n\pi y}{b} \\ \qquad = f(x,y). \end{cases}$$

所以

$$A_{mn} = 0,$$

$$B_{mn} = \dfrac{\dfrac{4}{ab}\int_0^b\int_0^a f(x,y)\sin(m\pi x/a)\sin(n\pi y/b)\,\mathrm{d}x\mathrm{d}y}{\sinh(k_{mn}c)}$$
$$(m,n=1,2,3,\cdots).$$

将 A_{mn} 和 B_{mn} 代入通解式就可得到最终结果.

§13.2 球坐标系中拉普拉斯方程的解法

在球坐标系中,拉普拉斯方程的表示式为

$$\frac{1}{r^2}\frac{\partial}{\partial r}\left(r^2\frac{\partial u}{\partial r}\right)+\frac{1}{r^2\sin\theta}\frac{\partial}{\partial\theta}\left(\sin\theta\frac{\partial u}{\partial\theta}\right)+\frac{1}{r^2\sin^2\theta}\frac{\partial^2 u}{\partial\varphi^2}=0.$$

$$(13.1)$$

虽然在球坐标系中拉普拉斯方程的表示式比较复杂,但由于它属于齐次偏微分方程,所以一般都采用分离变量法求解.针对球坐标中三个变量,可以首先把径向坐标 r 与两个角坐标(θ,φ)分离,再将两个角坐标(θ,φ)分离.假设 $u(r,\theta,\varphi)=R(r)Y(\theta,\varphi)$,代入拉普拉斯方程(13.1)式进行分离变量:

$$\frac{1}{R}\frac{\mathrm{d}}{\mathrm{d}r}\left(r^2\frac{\mathrm{d}R}{\mathrm{d}r}\right)=-\frac{1}{Y}\left[\frac{1}{\sin\theta}\frac{\partial}{\partial\theta}\left(\sin\theta\frac{\partial Y}{\partial\theta}\right)+\frac{1}{\sin^2\theta}\frac{\partial^2 Y}{\partial\varphi^2}\right]=\mu,$$

$$(13.2)$$

上式中 μ 是与三个坐标都无关的待定参数,于是得到了如下两个方程:

$$r^2 R''+2rR'-\mu R=0 \quad (\mu \text{ 为待定参数}),\qquad(13.3)$$

$$\frac{1}{\sin\theta}\frac{\partial}{\partial\theta}\left(\sin\theta\frac{\partial Y}{\partial\theta}\right)+\frac{1}{\sin^2\theta}\frac{\partial^2 Y}{\partial\varphi^2}+\mu Y=0.\qquad(13.4)$$

常微分方程(13.3)的未知函数 $R(r)$ 只与径向坐标有关,所以称该常微分方程为**径向坐标方程**.该径向坐标方程属于欧拉型常微分方程,比较容易求解.

偏微分方程(13.4)中未知函数 $Y(\theta,\varphi)$ 是两个角坐标(θ,φ)的函数,函数值与以原点为球心的球面上的点(θ,φ)构成了一一对应关系,所以 $Y(\theta,\varphi)$ 称为**球函数**,偏微分方程(13.4)称为**球函数方程**.

求解球函数方程(13.4)仍然采用分离变量法.设 $Y(\theta,\varphi)=\Theta(\theta)\Phi(\varphi)$,代入球函数方程(13.4)进行分离变量:

$$\frac{\sin\theta}{\Theta}\frac{\mathrm{d}}{\mathrm{d}\theta}\left(\sin\theta\frac{\mathrm{d}\Theta}{\mathrm{d}\theta}\right)+\mu\sin^2\theta=-\frac{1}{\Phi}\frac{\mathrm{d}^2\Phi}{\mathrm{d}\varphi^2}=\lambda.\qquad(13.5)$$

于是得到以下两个常微分方程：

$$\frac{1}{\sin\theta}\frac{\mathrm{d}}{\mathrm{d}\theta}\left(\sin\theta\frac{\mathrm{d}\Theta}{\mathrm{d}\theta}\right)+\left(\mu-\frac{\lambda}{\sin^2\theta}\right)\Theta=0, \tag{13.6}$$

$$\frac{\mathrm{d}^2\Phi}{\mathrm{d}\varphi^2}+\lambda\Phi=0 \quad (\lambda\text{ 为待定参数}). \tag{13.7}$$

在球坐标系中 (θ,φ) 和 $(\theta,\varphi+2\pi)$ 代表同一个位置，或者说，(θ,φ) 和 $(\theta,\varphi+2\pi)$ 代表球心在原点的球面上同一点，而球函数 $\mathrm{Y}(\theta,\varphi)$ 的值与这些球面点一一对应，因此

$$\mathrm{Y}(\theta,\varphi)=\mathrm{Y}(\theta,\varphi+2\pi), \tag{13.8}$$

也即

$$\Phi(\varphi)=\Phi(\varphi+2\pi). \tag{13.9}$$

（13.9）式是常微分方程（13.7）的周期性边界条件，求解常微分方程（13.7）和边界条件（13.9）式所组成的本征值问题，得到本征值和本征函数为

$$\lambda=m^2 \quad (m=0,1,2,\cdots), \tag{13.10}$$

$$\Phi_m(\varphi)=A_m\cos m\varphi+B_m\sin m\varphi. \tag{13.11}$$

将本征值 $\lambda=m^2$ 代入常微分方程（13.6）式得到

$$\frac{1}{\sin\theta}\frac{\mathrm{d}}{\mathrm{d}\theta}\left(\sin\theta\frac{\mathrm{d}\Theta}{\mathrm{d}\theta}\right)+\left(\mu-\frac{m^2}{\sin^2\theta}\right)\Theta=0 \quad (m=0,1,2,\cdots). \tag{13.12}$$

令 $x=\cos\theta$，经变量替换后，以上常微分方程（13.12）式变为

$$\frac{\mathrm{d}}{\mathrm{d}x}\left[(1-x^2)\frac{\mathrm{d}\Theta}{\mathrm{d}x}\right]+\left(\mu-\frac{m^2}{1-x^2}\right)\Theta=0 \quad (-1\leqslant x\leqslant1), \tag{13.13}$$

或者

$$(1-x^2)\frac{\mathrm{d}^2\Theta}{\mathrm{d}x^2}-2x\frac{\mathrm{d}\Theta}{\mathrm{d}x}+\left(\mu-\frac{m^2}{1-x^2}\right)\Theta=0 \quad (-1\leqslant x\leqslant1). \tag{13.14}$$

常微分方程（13.13）式或（13.14）式实际上是缔合勒让德方程. 当 $m=0$ 时将退化为勒让德方程. 根据第十章的讨论，该常微分方程与自然边界条件组成的本征值问题的本征值和本征解分别为

$$\mu_l = l(l+1) \quad (l \text{ 为非负整数且 } l \geqslant m), \qquad (13.15)$$

$$P_l^m(x) = (1-x^2)^{\frac{m}{2}} \frac{\mathrm{d}^m}{\mathrm{d}x^m}[P_l(x)] \quad (l \text{ 为非负整数且 } l \geqslant m).$$

$$(13.16)$$

因此, 球函数方程(13.4)式的通解式为

$$Y_{lm}(\theta,\varphi) = P_l^m(\cos\theta)[A_m \cos m\varphi + B_m \sin m\varphi]. \qquad (13.17)$$

若把 $\cos m\varphi$ 和 $\sin m\varphi$ 代换为指数形式 $e^{\pm im\varphi}$, 则球函数方程解也可表示为

$$Y_{lm}(\theta,\varphi) = A_{lm} P_l^m(\cos\theta) e^{im\varphi}$$

$$(l = 0,1,2,\cdots; m = -l, -l+1, \cdots, 0, 1, \cdots, l). \qquad (13.18)$$

(13.18)式中选取适当的 A_{lm}, 可以使球函数 $Y_{lm}(\theta,\varphi)$ 满足如下归一化条件:

$$\int_0^{2\pi} \int_0^{\pi} Y_{lm}^*(\theta,\varphi) Y_{lm}(\theta,\varphi) \sin\theta \mathrm{d}\theta \mathrm{d}\varphi = 1. \qquad (13.19)$$

归一化球函数 $Y_{lm}(\theta,\varphi)$ 对应的系数 A_{lm} 为

$$A_{lm} = \left[\frac{2l+1}{4\pi} \cdot \frac{(l-m)!}{(l+m)!}\right]^{\frac{1}{2}}. \qquad (13.20)$$

归一化球函数 $Y_{lm}(\theta,\varphi)$ 也称为**标准球函数**. 以后如果没有特别指明, 符号 $Y_{lm}(\theta,\varphi)$ 只代表归一化的标准球函数, 未经归一化的球函数一般采用形如(13.17)式的表示式.

下面给出了前三阶标准球函数的具体表示式.

$$Y_{00}(\theta,\varphi) = \frac{1}{\sqrt{4\pi}};$$

$$Y_{10}(\theta,\varphi) = \sqrt{\frac{3}{4\pi}} \cos\theta,$$

$$Y_{1,\pm1}(\theta,\varphi) = \pm\sqrt{\frac{3}{8\pi}} \sin\theta e^{\pm i\varphi};$$

$$Y_{20}(\theta,\varphi) = \sqrt{\frac{5}{16\pi}}(3\cos^2\theta - 1),$$

$$Y_{2,\pm1}(\theta,\varphi) = \pm\sqrt{\frac{15}{8\pi}} \sin\theta\cos\theta e^{\pm i\varphi},$$

$$Y_{2,\pm 2}(\theta,\varphi) = \sqrt{\frac{15}{32\pi}}\sin^2\theta e^{\pm 2i\varphi}.$$

标准球函数 $Y_{lm}(\theta,\varphi)$ 中两个自变量分别表示纬度角和方位角，其含义是给出球面上某一个位置的函数值，而这些函数值的模只与纬度角有关，与方位角无关。

图 13.2 是前两阶标准球函数的模随纬度角的变化曲线图，这些曲线图中的点采用极坐标 (ρ,θ) 表示，其极轴长度 ρ 表示标准球函数的模，极角 θ 表示纬度角。

径向坐标方程 (13.3) 是欧拉型常微分方程，其中待定参数 μ 对应于缔合勒让德方程 (13.13) 式或 (13.14) 式在自然边界条件下的本征值。根据前面的讨论，$\mu_l = l(l+1)$ $(l=0,1,2,\cdots)$，将它代入径向坐标方程 (13.3)，则

$$r^2 R'' + 2rR' - l(l+1)R = 0 \quad (l = 0,1,2,\cdots).$$

$$(13.21)$$

以上常微分方程的通解式为

$$R(r) = C_l r^l + \frac{D_l}{r^{l+1}} \quad (l = 0,1,2,\cdots). \tag{13.22}$$

因此，拉普拉斯方程在球坐标系中的通解式为

$$u(r,\theta,\varphi) = \sum_{l=0}^{+\infty}\sum_{m=0}^{l}\left(C_l r^l + \frac{D_l}{r^{l+1}}\right)P_l^m(\cos\theta)(A_m\cos m\varphi + B_m\sin m\varphi).$$

$$(13.23)$$

也可采用标准球函数表示为

$$u(r,\theta,\varphi) = \sum_{l=0}^{+\infty}\sum_{m=-l}^{l}\left(C_l r^l + \frac{D_l}{r^{l+1}}\right)Y_{lm}(\theta,\varphi).$$

$$(13.24)$$

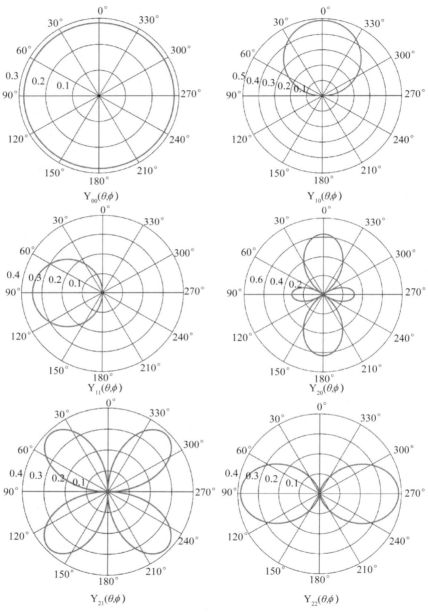

图 13.2　前两阶标准球函数的模随纬度角的变化曲线图

例 13.2   在均匀电场 E_0 中放置一接地的导体球,球半径为 a,试求出球外的电势分布.

解   球外没有电荷,那么球外电势分布 $u(r,\theta,\varphi)$ 应满足拉普拉斯方程.

如图 13.3 所示,设均匀电场 $\boldsymbol{E}_0$ 的方向为 z 轴正向,并且取原点(球心)处电势为 0,则远离导体球处 $(r\to+\infty)$ 的电势应为 $u(r,\theta,\varphi)\to -E_0z=-E_0r\cos\theta$. 导体球接地,也即球表面的电势保持为 0,对应于边界条件 $u(r,\theta,\varphi)|_{r=a}=0$. 所以定解问题为

$$\begin{cases} \dfrac{1}{r^2}\dfrac{\partial}{\partial r}\left(r^2\dfrac{\partial u}{\partial r}\right)+\dfrac{1}{r^2\sin\theta}\dfrac{\partial}{\partial\theta}\left(\sin\theta\dfrac{\partial u}{\partial\theta}\right)+\dfrac{1}{r^2\sin^2\theta}\dfrac{\partial^2 u}{\partial\varphi^2}=0, \\ u|_{r=a}=0,\ u|_{r\to+\infty}\to -E_0r\cos\theta. \end{cases}$$

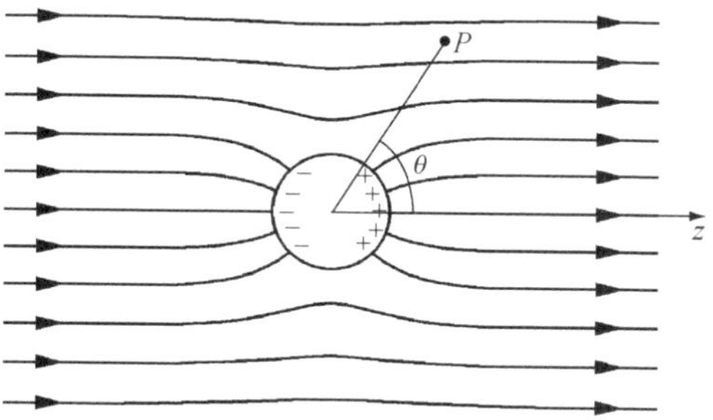

图 13.3   带电导体在均匀电场中电力线分布图

以上定解问题给定的边界条件具有轴对称性,所以电势分布 $u(r,\theta,\varphi)$ 也应具有轴对称性,也即它只与坐标 r 和 θ 有关,与 φ 无关,这样偏微分方程中最后一项为 0. 这种情形对应于前面(13.10)式和(13.11)式中本征值 $m=0$,因此,定解问题的偏微分方程的通解式为

$$u(r,\theta)=\sum_{l=0}^{+\infty}\left(C_lr^l+\dfrac{D_l}{r^{l+1}}\right)\mathrm{P}_l(\cos\theta)\quad (r\geqslant a).$$

根据定解问题的边界条件,当 $r\to+\infty$ 时,

$$u|_{r\to+\infty}\to\sum_{l=0}^{+\infty}C_lr^l\mathrm{P}_l(\cos\theta)=-E_0r\cos\theta,$$

所以 $C_1=-E_0;\quad C_l=0\quad (l\neq1).$

将以上结果代入通解式,则

$$u(r,\theta) = -E_0 r\cos\theta + \sum_{l=0}^{+\infty} \frac{D_l}{r^{l+1}} P_l(\cos\theta).$$

再将上式代入定解问题的球面边界条件 $u(r,\theta)|_{r=a} = 0$，则

$$-E_0 a\cos\theta + \sum_{l=0}^{+\infty} \frac{D_l}{a^{l+1}} P_l(\cos\theta) = 0,$$

得 $\qquad\qquad D_1 = a^3 E_0, \quad D_l = 0 \quad (l \neq 1).$

因此最终结果为：

$$u(r,\theta) = -E_0 r\cos\theta + \frac{a^3 E_0}{r^2}\cos\theta \quad (r \geqslant 0).$$

以上结果第一项为匀强电场中的电势分布，第二项为导体球感应电荷产生的电势，它相当于一个处于球心的电偶极子（$\boldsymbol{p} = 4\pi\varepsilon_0 a^3 \boldsymbol{E}_0$）产生的电势分布.

例 13.3　半径为 a 的圆形金属环上均匀带电 $4\pi\varepsilon_0 q$，试求金属环周围的电势分布.

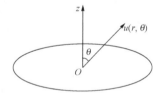

图 13.4　均匀带电金属环示意图

解　如图 13.4 所示，取经过中心且垂直于环的直线为 z 轴，环心为原点 O. 由于问题给定的条件具有 z 轴对称性，所以金属环周围的电势分布与 φ 无关，可以设为 $u(r,\theta)$.

首先求出对称轴上（$\theta = 0$）电势分布 $u|_{\theta=0} = \dfrac{q}{\sqrt{a^2+r^2}}$，这可以作为求解定解问题的辅助条件.

由于金属环上带有电荷，所以 $u(r,\theta)$ 并不是在整个空间满足拉普拉斯方程. 若以半径为 a 并经过金属环的球面为界，把空间划分为两个区域，那么不管是球内还是球外，电势分布 $u(r,\theta)$ 都满足拉氏方程. 但是球内和球外的电势分布 $u(r,\theta)$ 满足不同的自然边界条件. 在球内要求 $u_{内}|_{r\to 0} =$ 有限值；在球外则要求 $u_{外}|_{r\to +\infty} = 0$.

另外,根据电势分布的连续性,球内和球外的电势分布 $u(r,\theta)$ 在球面处应连续,所以满足衔接条件 $u_{内}|_{r\to a}=u_{外}|_{r\to a}$.

综上所述,本例题可归结为以下定解问题.

$$\begin{cases} \nabla^2 u_{内} = 0 & (r < a), \\ u|_{r\to 0} = 有限值; \end{cases}$$

$$\begin{cases} \nabla^2 u_{外} = 0 & (r > a), \\ u_{外}|_{r\to +\infty} = 0; \end{cases}$$

衔接条件　　　$u_{内}|_{r\to a} = u_{外}|_{r\to a}$　　$(0 \leqslant \theta \leqslant \pi)$;

轴线上($\theta = 0$)的电势分布

$$u(r,0) = \frac{q}{\sqrt{a^2 + r^2}} \quad (0 \leqslant r \leqslant +\infty).$$

根据前面的讨论不难写出球内和球外电势分布的通解式,分别为

$$u(r,\theta) = \sum_{l=0}^{+\infty} C_l r^l \mathrm{P}_l(\cos\theta) \quad (r < a).$$

$$u(r,\theta) = \sum_{l=0}^{+\infty} \frac{D_l}{r^{l+1}} \mathrm{P}_l(\cos\theta) \quad (r > a).$$

由衔接条件得

$$\sum_{l=0}^{+\infty} C_l a^l \mathrm{P}_l(\cos\theta) = \sum_{l=0}^{+\infty} (D_l / a^{l+1}) \mathrm{P}_l(\cos\theta).$$

所以　　　$C_l a^l = \dfrac{D_l}{a^{l+1}} = A_l$　　$(A_l$ 为待定常数),

也即 $C_l = \dfrac{A_l}{a^l}, D_l = A_l \cdot a^{l+1}$. 代入球内和球外电势分布的通解式,则

$$u(r,\theta) = \sum_{l=0}^{+\infty} A_l (r/a)^l \mathrm{P}_l(\cos\theta) \quad (r < a).$$

$$u(r,\theta) = \sum_{l=0}^{+\infty} A_l (a/r)^{l+1} \mathrm{P}_l(\cos\theta) \quad (r > a).$$

再根据轴线上($\theta = 0$)的边界条件,则

$$u(r,\theta)|_{\theta=0} = \sum_{l=0}^{+\infty} A_l (r/a)^l = \frac{q}{\sqrt{a^2 + r^2}} = \frac{q}{a}\left[1 + (r/a)^2\right]^{\frac{1}{2}}$$

$$= \frac{q}{a}\left[1 + \sum_{k=1}^{+\infty} (-1)^k \cdot \frac{(2k-1)!!}{(2k)!!} \left(\frac{r}{a}\right)^{2k}\right].$$

比较上式两边系数得

$$A_0 = \frac{q}{a}, \quad A_{2k} = \frac{q}{a}(-1)^k \cdot \frac{(2k-1)!!}{(2k)!!}, \quad A_{2k-1} = 0$$

$$(k = 1,2,3,\cdots).$$

因此最终结果为

$$u(r,\theta) = \begin{cases} \dfrac{q}{a}\left[1 + \displaystyle\sum_{k=1}^{+\infty}(-1)^k \cdot \frac{(2k-1)!!}{(2k)!!}\left(\frac{r}{a}\right)^{2k} \mathrm{P}_{2k}(\cos\theta)\right] & (r < a), \\[3mm] \dfrac{q}{a}\left[\dfrac{a}{r} + \displaystyle\sum_{k=1}^{+\infty}(-1)^k \cdot \frac{(2k-1)!!}{(2k)!!}\left(\frac{a}{r}\right)^{2k+1} \mathrm{P}_{2k}(\cos\theta)\right] & (r \geqslant a). \end{cases}$$

§13.3   柱坐标系中拉普拉斯方程的解法

在柱坐标系中拉普拉斯方程的表示式为

$$\frac{1}{\rho}\frac{\partial}{\partial\rho}\left(\rho\frac{\partial u}{\partial\rho}\right) + \frac{1}{\rho^2}\frac{\partial^2 u}{\partial\varphi^2} + \frac{\partial^2 u}{\partial z^2} = 0. \tag{13.25}$$

以上拉普拉斯方程中未知函数 u 是三个柱坐标的函数,记为 $u(\rho,\varphi,z)$. 一般情况下也是采用分离变量法进行求解. 设 $u(\rho,\varphi,z) = R(\rho)\Phi(\varphi)Z(z)$,代入拉普拉斯方程,首先把 $\Phi(\varphi)$ 与其他两个坐标分离,则

$$\frac{\rho}{R(\rho)}\frac{\mathrm{d}}{\mathrm{d}\rho}\left(\rho\frac{\mathrm{d}R(\rho)}{\mathrm{d}\rho}\right) + \frac{\rho^2}{Z(z)}\frac{\mathrm{d}^2 Z(z)}{\mathrm{d}z^2} = -\frac{1}{\Phi(\varphi)}\frac{\mathrm{d}^2 \Phi(\varphi)}{\mathrm{d}\varphi^2} = \lambda. \tag{13.26}$$

由此可得

$$\Phi'' + \lambda\Phi = 0, \tag{13.27}$$

$$\frac{\rho}{R}\frac{\mathrm{d}}{\mathrm{d}\rho}\left(\rho\frac{\mathrm{d}R}{\mathrm{d}\rho}\right) + \frac{\rho^2}{Z}\frac{\mathrm{d}^2 Z}{\mathrm{d}z^2} = \lambda. \tag{13.28}$$

对以上(13.28)式继续进行分离变量,则

$$\frac{1}{\rho R}\frac{\mathrm{d}}{\mathrm{d}\rho}\left(\rho\frac{\mathrm{d}R(\rho)}{\mathrm{d}\rho}\right) - \frac{\lambda}{\rho^2} = -\frac{1}{Z}\frac{\mathrm{d}^2 Z}{\mathrm{d}z^2} = -\mu, \tag{13.29}$$

又得到了以下两个常微分方程:

$$Z'' - \mu Z = 0, \tag{13.30}$$

$$\frac{1}{\rho} \frac{\mathrm{d}}{\mathrm{d}\rho}\left(\rho \frac{\mathrm{d}R(\rho)}{\mathrm{d}\rho}\right) + \left(\mu - \frac{\lambda}{\rho^2}\right)R = 0. \qquad (13.31)$$

类似于上一节的讨论,常微分方程(13.27)式的解 $\Phi(\varphi)$ 具有周期边界条件,即 $\Phi(\varphi+2\pi)=\Phi(\varphi)$,所以本征值和本征函数分别为

$$\lambda = m^2;$$

$$\Phi_m(\varphi) = A_m \cos m\varphi + B_m \sin m\varphi \quad (m = 0,1,2,\cdots). \quad (13.32)$$

常微分方程(13.30)和(13.31)与实际问题所给定的边界条件构成本征值问题,求解相应的本征值问题可以确定本征值 μ 和本征函数. 下面将根据待定参数 μ 的三种不同取值范围,分别讨论常微分方程(13.30)和(13.31)的通解式.

(i) $\mu<0$,那么常微分方程(13.30)的通解为

$$Z(z)=C\cos\sqrt{-\mu}z + D\sin\sqrt{-\mu}z. \qquad (13.33)$$

令 $x=\sqrt{-\mu}\rho$ ($x>0$),并将 $\lambda=m^2$ 代入常微分方程(13.31),则

$$\frac{1}{x} \frac{\mathrm{d}}{\mathrm{d}x}\left(x \frac{\mathrm{d}R}{\mathrm{d}x}\right) - \left(1+\frac{m^2}{x^2}\right)R = 0. \qquad (13.34)$$

以上常微分方程是 m 阶虚宗量贝塞尔方程,其通解式为

$$R(x) = \alpha \mathrm{I}_m(x) + \beta \mathrm{K}_m(x). \qquad (13.35)$$

由于 $\mathrm{I}_m(x)$,$\mathrm{K}_m(x)$ 及其导数都没有实数零点,所以这种类型的通解不能满足齐次侧面边界条件,也即

$$R(\sqrt{-\mu}\rho_0) \neq 0, \quad R'(\sqrt{-\mu}\rho_0) \neq 0.$$

常微分方程(13.30)的通解(13.33)式为振荡型函数,可以满足圆柱上、下底面两个齐次边界条件.

(ii) $\mu=0$,则常微分方程(13.30)的通解为

$$Z(z) = C + Dz. \qquad (13.36)$$

将 $\mu=0$,$\lambda=m^2$ 代入常微分方程(13.31)得到

$$\rho^2 \frac{\mathrm{d}^2 R}{\mathrm{d}\rho^2} + \rho \frac{\mathrm{d}R}{\mathrm{d}\rho} - m^2 R = 0. \qquad (13.37)$$

以上常微分方程是欧拉型常微分方程,其通解式为

$$R(\rho) = \begin{cases} \alpha + \beta \ln\rho & (m = 0), \\ \alpha\rho^m + \dfrac{\beta}{\rho^m} & (m \neq 0). \end{cases} \qquad (13.38)$$

在自然边界条件的限制下,以上通解式(13.38)中 β 只能取零,

所以 $R(\rho)=\alpha\rho^m$. 因此,拉普拉斯方程的通解式为 $u(\rho,\varphi,z) \sim$ $\rho^m(A_m\cos m\varphi+B_m\sin m\varphi)(C+Dz)$. 该通解式既不能满足齐次柱侧面边界条件,也不能满足圆柱上、下底面都是齐次的边界条件.

(iii) $\mu>0$,则常微分方程(13.30)的通解为

$$Z(z) = C\cosh\sqrt{\mu}z + D\sinh\sqrt{\mu}z. \qquad (13.39)$$

将 $\lambda=m^2$ 代入常微分方程(13.31),并令 $x=\sqrt{\mu}\rho$ $(x>0)$,则

$$\frac{1}{x}\frac{\mathrm{d}}{\mathrm{d}x}\left(x\frac{\mathrm{d}R}{\mathrm{d}x}\right)+\left(1-\frac{m^2}{x^2}\right)R = 0. \qquad (13.40)$$

以上常微分方程是 m 阶贝塞尔方程,其通解式为

$$R(x) = \alpha\mathrm{J}_m(x)+\beta\mathrm{N}_m(x). \qquad (13.41)$$

由于 $\mathrm{J}_m(x)$ 和 $\mathrm{N}_m(x)$ 都具有无穷多个实数零点,因此该通解能够满足第一、二、三类圆柱侧面齐次边界条件. 但是常微分方程(13.30)的通解(13.39)式为指数型函数,它不能满足圆柱上、下底面都是齐次的边界条件.

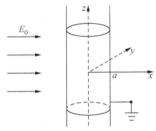

图 13.5　处于匀强电场 $\boldsymbol{E}_0$ 中的接地圆柱形导体示意图

例 13.4　设有一个半径为 a 的无穷长接地圆柱形导体,处于匀强电场 $\boldsymbol{E}_0$ 中,匀强电场方向垂直于圆柱轴线,如图 13.5 所示,试求圆柱外的电势分布.

解　由于圆柱外没有电荷,所以电势分布 $u(\rho,\varphi,z)$ 满足拉普拉斯方程.圆柱体接地对应于柱侧面齐次边界条件 $u(\rho,\varphi,z)|_{\rho=a}=0$;在远离圆柱体处, $\lim\limits_{\rho\to+\infty}u=-\rho E_0\cos\varphi$. 因此定解问题为

$$\begin{cases} \nabla^2 u = \dfrac{\partial^2 u}{\partial\rho^2}+\dfrac{1}{\rho}\dfrac{\partial u}{\partial\rho}+\dfrac{1}{\rho^2}\dfrac{\partial^2 u}{\partial\varphi^2}+\dfrac{\partial^2 u}{\partial z^2}=0 \quad (\rho\geqslant a), \\ u|_{\rho=a}=0, \quad \lim\limits_{\rho\to+\infty}u=-\rho E_0\cos\varphi. \end{cases}$$

由于圆柱体无穷长,而且电场垂直于圆柱轴线,电势分布具有沿 z 轴的平移对称性,所以圆柱体附近的电势分布 $u(\rho,\varphi,z)$ 只与 ρ 和 φ 有关,与 z 无关,即定解问题的偏微分方程中 $\dfrac{\partial^2 u}{\partial z^2}=0$.

令 $u(\rho,\varphi)=R(\rho)\Phi(\varphi)$,代入偏微分方程进行分离变量,则

$$\Phi'' + m^2\Phi = 0 \quad (m = 0,1,2,\cdots),$$

$$\rho^2\,\frac{\mathrm{d}^2 R}{\mathrm{d}\rho^2} + \rho\,\frac{\mathrm{d}R}{\mathrm{d}\rho} - m^2 R = 0.$$

(ⅰ) 当 $m = 0$ 时,以上两个常微分方程的通解分别为

$$\Phi_0(x) = 常数,$$

$$R(\rho) = C_0 + D_0\ln\rho \quad (C_0 \text{ 和 } D_0 \text{ 为待定常数}).$$

(ⅱ) 当 $m \neq 0$ 时,两个常微分方程的通解分别为

$$\Phi_m(\rho) = A_m\cos m\varphi + B_m\sin m\varphi \quad (m = 1,2,3,\cdots),$$

$$R(\rho) = C_m\rho^m + \frac{D_m}{\rho^m}.$$

因此,定解问题的通解式为

$$u(\rho,\varphi) = C_0 + D_0\ln\rho + \sum_{m=1}^{+\infty}(A_m\cos m\varphi + B_m\sin m\varphi)\left(C_m\rho^m + \frac{D_m}{\rho^m}\right).$$

将以上通解式代入定解问题给定的边界条件,则

$$u\mid_{\rho=a} = C_0 + D_0\ln a + \sum_{m=1}^{+\infty}(A_m\cos m\varphi + B_m\sin m\varphi)\left(C_m a^m + \frac{D_m}{a^m}\right)$$

$$= 0.$$

所以 $C_0 = -D_0\ln a, D_m = -C_m a^{2m}$,再代入通解式得到

$$u(\rho,\varphi) = D_0\ln\frac{\rho}{a} + \sum_{m=1}^{-\infty}(A_m\cos m\varphi + B_m\sin m\varphi)\left(\rho^m - \frac{a^{2m}}{\rho^m}\right).$$

上式中 D_0, A_m 和 B_m 为待定常数,可由定解问题给定的渐近行为 $(\rho \to \infty)$ 确定. 当 $\rho \to \infty$ 时,

$$u(\rho,\varphi) \to D_0\ln\frac{\rho}{a} + \sum_{m=1}^{+\infty}(A_m\cos m\varphi + B_m\sin m\varphi)\rho^m = -E_0\rho\cos\varphi.$$

比较上式两边系数得

$$D_0 = 0; \quad A_1 = -E_0, A_m(m \neq 1) = 0; \quad B_m = 0 \ (m = 1,2,3,\cdots).$$

因此最终结果为

$$u(\rho,\varphi) = -E_0\rho\cos\varphi + \frac{a^2 E_0}{\rho}\cos\varphi.$$

例 13.5 设半径为 a,高为 l 的均匀圆柱体,上底面温度保持为 $T_0(1 - \rho^2/a^2)$,下底面及侧面温度保持为零度,如图 13.6 所示,试求圆柱体中稳定温度分布.

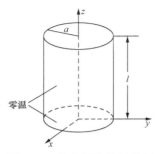

图 13.6　均匀圆柱体示意图

解　根据问题给定的边界条件可知,均匀圆柱体中稳定温度分布应具有轴对称性,可设为 $u(\rho, z)$,所以本题可归结为如下定解问题.

$$\begin{cases} \nabla^2 u = \dfrac{\partial^2 u}{\partial \rho^2} + \dfrac{1}{\rho}\dfrac{\partial u}{\partial \rho} + \dfrac{\partial^2 u}{\partial z^2} = 0 \quad (\rho \leqslant a), \\ u\big|_{\rho=a} = 0, \; u\big|_{\rho<a} = \text{有限值}, \\ u\big|_{z=0} = 0, \; u\big|_{z=l} = T_0\left(1 - \dfrac{\rho^2}{a^2}\right) \quad (0 \leqslant \rho \leqslant a). \end{cases}$$

设 $u(\rho, z) = R(\rho)Z(z)$,经分离变量后得

$$Z'' - \mu Z = 0,$$

$$R'' + \frac{1}{\rho}R' + \mu R = 0.$$

由于定解问题具有柱侧面齐次边界条件,所以以上常微分方程中待定参数 μ 只能取大于 0 的实数,所对应的通解分别为

$$Z(z) = C\cosh\sqrt{\mu}\,z + D\sinh\sqrt{\mu}\,z \quad (\mu > 0),$$

$$R(x) = AJ_0(x) + BN_0(x) \quad (x = \sqrt{\mu}\,\rho).$$

根据自然边界条件和柱侧面齐次边界条件得

$$B = 0, \quad J_0(\sqrt{\mu}\,a) = 0.$$

设 $x_n^{(0)}$ 代表 $J_0(x)$ 的第 n 个正实数零点,那么待定参数 μ(本征值)为

$$\mu_n = \left[\frac{x_n^{(0)}}{a}\right]^2 \quad (n = 1, 2, 3, \cdots),$$

相应的本征函数为

$$R_n(\rho) = A_n J_0(\rho x_n^{(0)}/a) \quad (n = 1,2,3,\cdots).$$

因此定解问题的通解式为

$$u(\rho,z) = \sum_{n=1}^{+\infty}\left[C_n\cosh(zx_n^{(0)}/a) + D_n\sinh(zx_n^{(0)}/a)\right]J_0(\rho x_n^{(0)}/a).$$

再根据上下底面的边界条件确定常数 C_n 和 D_n：

$$\begin{cases} C_n = 0 \quad (n = 1,2,3,\cdots), \\ \displaystyle\sum_{n=1}^{+\infty} D_n\sinh(lx_n^{(0)}/a) \cdot J_0(\rho x_n^{(0)}/a) = T_0[1-(\rho/a)^2], \end{cases}$$

其中第二式可认为是函数 $T_0(1-\rho^2/a^2)$ 展开为傅里叶-贝塞尔级数，所以系数 D_n 可按下式求出，

$$D_n\sinh\left(\frac{x_n^{(0)}}{a}l\right) = \frac{\displaystyle\int_0^a T_0[1-(\rho/a)^2]\cdot J_0(\rho x_n^{(0)}/a)\rho\,\mathrm{d}\rho}{\displaystyle\int_0^a J_0^2(\rho x_n^{(0)}/a)\rho\,\mathrm{d}\rho},$$

$$D_n = \frac{T_0}{\sinh(x_n^{(0)}l/a)}\cdot\frac{\displaystyle\int_0^a [1-(\rho/a)^2]\cdot J_0(\rho x_n^{(0)}/a)\rho\,\mathrm{d}\rho}{\displaystyle\int_0^a J_0^2(\rho x_n^{(0)}/a)\rho\,\mathrm{d}\rho}$$

$$= \frac{T_0}{\sinh(x_n^{(0)}l/a)}\cdot\frac{\displaystyle\int_0^{x_n^{(0)}} J_0(x)(a/x_n^{(0)})^2[1-(x/x_n^{(0)})^2]x\,\mathrm{d}x}{\displaystyle\int_0^{x_n^{(0)}} J_0^2(x)(a/x_n^{(0)})^2 x\,\mathrm{d}x}$$

$$= \frac{T_0}{\sinh(x_n^{(0)}l/a)}\cdot\frac{[a/x_n^{(0)}]^2\displaystyle\int_0^{x_n^{(0)}}\{1-[x/x_n^{(0)}]^2\}\mathrm{d}[xJ_1(x)]}{(1/2)(a/x_n^{(0)})^2\displaystyle\int_0^{x_n^{(0)}} J_0^2(x)\mathrm{d}(x^2)}$$

$$= \frac{T_0}{\sinh(x_n^{(0)}l/a)}\cdot\frac{\displaystyle\int_0^{x_n^{(0)}} 2x^2 J_1(x)/[x_n^{(0)}]^2\,\mathrm{d}x}{-\displaystyle\int_0^{x_n^{(0)}} x^2 J_0(x)J_0'(x)\,\mathrm{d}x}$$

$$= \frac{T_0}{\sinh(x_n^{(0)}l/a)}\cdot\frac{\dfrac{2}{(x_n^{(0)})^2}\cdot[x^2 J_2(x)]_0^{x_n^{(0)}}}{\dfrac{1}{2}\cdot(x_n^{(0)})^2 J_1^2(x_n^{(0)})}$$

$$= \frac{4T_0 \mathrm{J}_2\big[x_n^{(0)}\big]}{(x_n^{(0)})^2 \sinh(x_n^{(0)}l/a)\mathrm{J}_1^2(x_n^{(0)})}.$$

所以最终结果为

$$u(\rho,z) = 4T_0 \sum_{n=1}^{+\infty} \frac{\mathrm{J}_2(x_n^{(0)})\sinh(x_n^{(0)}z/a)\mathrm{J}_0(x_n^{(0)}\rho/a)}{(x_n^{(0)})^2 \sinh(x_n^{(0)}l/a)\mathrm{J}_1^2(x_n^{(0)})} \quad (\rho \leqslant a).$$

　　根据以上求出的结果,采用不同颜色表示圆柱体内温度的强弱,得到圆柱体内温度分布情况的剖面图如图 13.7 所示.

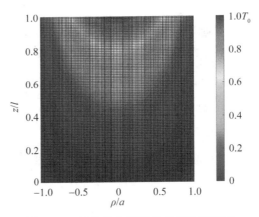

图 13.7　圆柱体内温度分布情况剖面图

　　例 13.6　电子光学透镜中某一部件由两个半径为 a 的中空导体圆柱面组成,它们的电势分别为 $+V_0$ 和 $-V_0$. 在圆柱中间缝隙的边缘电势可近似表示为 $u=V_0\sin(\pi z/2\delta)$(参见图 13.8),圆柱两端面处的边界条件可近似表示为 $u|_{z=l}=V_0$,$u|_{z=-l}=-V_0$. 试求出圆筒内的电势分布.

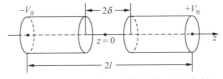

图 13.8　两个中空导体圆柱面组成的
电子光学透镜部件示意图

　　解　根据题意可概括出以下定解问题.

$$\begin{cases} \nabla^2 u = 0, \\ u\mid_{z=-l} = -V_0, u\mid_{z=+l} = +V_0, \\ u\mid_{\rho=a} = \begin{cases} -V_0 & (-l \leqslant z \leqslant -\delta), \\ V_0 \sin\dfrac{\pi z}{2\delta} & (-\delta \leqslant z \leqslant \delta), \\ +V_0 & (\delta \leqslant z \leqslant l). \end{cases} \end{cases}$$

求解以上定解问题,可设 $u = u_I + u_{II}$,并使 u_I, u_{II} 分别满足如下定解问题:

$$\begin{cases} \nabla^2 u_I = 0, \\ u_I\mid_{z=-l} = -V_0, \ u_I\mid_{z=+l} = +V_0, \\ u_I\mid_{\rho=a} = 0; \end{cases}$$

$$\begin{cases} \nabla^2 u_{II} = 0, \\ u_{II}\mid_{z=-l} = 0, \ u_{II}\mid_{z=+l} = 0, \\ u_{II}\mid_{\rho=a} = \begin{cases} -V_0 & (-l \leqslant z \leqslant -\delta), \\ V_0 \sin\dfrac{\pi z}{2\delta} & (-\delta \leqslant z \leqslant \delta), \\ +V_0 & (\delta \leqslant z \leqslant l). \end{cases} \end{cases}$$

第一个定解问题中 u_I 应具有轴对称性,并且具有柱侧面齐次边界条件,所以其通解的形式为 $u_I(\rho, z) = (A\cosh kz + B\sinh kz)J_0(k\rho)$. 由齐次边界条件 $J_0(ka) = 0$ 可得到本征值和本征函数为

$$k_n = \frac{x_n^{(0)}}{a}, \quad R_n(\rho) = J_0\left(\frac{x_n^{(0)}}{a}\rho\right) \quad (n = 1, 2, 3, \cdots, +\infty),$$

所以

$$u_I(\rho, z) = \sum_{n=1}^{+\infty}\left[A_n\cosh\left(\frac{x_n^{(0)}}{a}z\right) + B_n\sinh\left(\frac{x_n^{(0)}}{a}z\right)\right]J_0\left(\frac{x_n^{(0)}}{a}\rho\right).$$

再利用上下底面的边界条件得到

$$\begin{cases} \sum_{n=1}^{+\infty}\left[A_n\cosh\left(\frac{x_n^{(0)}}{a}l\right) - B_n\sinh\left(\frac{x_n^{(0)}}{a}l\right)\right]J_0\left(\frac{x_n^{(0)}}{a}\rho\right) = -V_0, \\ \sum_{n=1}^{+\infty}\left[A_n\cosh\left(\frac{x_n^{(0)}}{a}l\right) + B_n\sinh\left(\frac{x_n^{(0)}}{a}l\right)\right]J_0\left(\frac{x_n^{(0)}}{a}\rho\right) = +V_0, \end{cases}$$

$$\sum_{n=1}^{+\infty}A_n\cosh(lx_n^{(0)}/a)J_0(\rho x_n^{(0)}/a) = 0,$$

$$\sum_{n=1}^{+\infty} B_n \sinh(lx_n^{(0)}/a) \mathrm{J}_0(\rho x_n^{(0)}/a) = V_0.$$

所以　　　　　　$A_n = 0 \ (n = 1,2,3,\cdots),$

$$B_n = \frac{1}{\sinh[x_n^{(0)}l/a]} \cdot \frac{\displaystyle\int_0^a V_0 \mathrm{J}_0[\rho x_n^{(0)}/a]\rho\mathrm{d}\rho}{\displaystyle\int_0^a \{\mathrm{J}_0[\rho x_n^{(0)}/a]\}^2 \rho\mathrm{d}\rho}$$

$$= \frac{2V_0}{x_n^{(0)} \sinh[x_n^{(0)}/l/a]\mathrm{J}_1[x_n^{(0)}]}.$$

将 A_n 和 B_n 的结果代入 u_{I} 的通解式得

$$u_{\mathrm{I}}(\rho,z) = \sum_{n=1}^{+\infty} \frac{2V_0 \sinh[zx_n^{(0)}/a]\mathrm{J}_0[\rho x_n^{(0)}/a]}{x_n^{(0)} \sinh[x_n^{(0)}l/a]\mathrm{J}_1[x_n^{(0)}]}.$$

第二个定解问题中,u_{II} 具有轴对称性并且当 $\rho \rightarrow 0$ 时取有限值,且有两个齐次的底面边界条件,所以对应于 $\mu < 0$ 的情形,径向坐标方程的解应为零阶虚宗量贝塞尔函数 $\mathrm{I}_0(k\rho)$. 根据边界条件可以断定,轴向坐标函数 $Z(z)$ 应为奇函数,而且满足如下本征值问题:

$$\begin{cases} Z''(z) + k^2 Z(z) = 0 \quad (\mu = -k^2), \\ Z|_{z=-l} = 0, \ Z|_{z=l} = 0 \quad (\text{本征函数为奇函数满足 } Z(0) = 0). \end{cases}$$

求解以上本征值问题,得到本征值和本征函数分别为

$$k_n = \frac{n\pi}{l}, \quad Z_n = \sin\frac{n\pi z}{l},$$

因此第二个定解问题 u_{II} 的通解式为

$$u_{\mathrm{II}}(\rho,z) = \sum_{n=1}^{+\infty} C_n \sin\frac{n\pi z}{l}\mathrm{I}_0\left(\rho\frac{n\pi}{l}\right).$$

再利用第二个定解问题的柱侧面边界条件可确定系数 C_n.

$$\sum_{n=1}^{+\infty} C_n \sin\frac{n\pi z}{l}\mathrm{I}_0\left(\frac{n\pi a}{l}\right) = \begin{cases} -V_0 & (-l \leqslant z \leqslant -\delta), \\ V_0 \sin\dfrac{\pi z}{2\delta} & (-\delta \leqslant z \leqslant \delta), \\ +V_0 & (\delta \leqslant z \leqslant l). \end{cases}$$

所以

$$C_n = \frac{1}{\mathrm{I}_0(n\pi a/l)} \cdot \frac{2}{l}\left[\int_\delta^l V_0 \sin\frac{n\pi z}{l}\mathrm{d}z + \int_0^\delta V_0 \sin\frac{\pi z}{2\delta}\sin\frac{n\pi z}{l}\mathrm{d}z\right]$$

$$= \frac{2V_0}{n\pi I_0(n\pi a/l)} \cdot \left[\frac{l^2 \cos(n\pi\delta/l)}{l^2 - (2n\delta)^2} + (-1)^{n+1} \right],$$

所以

$$u_{II}(\rho,z) = \frac{2V_0}{\pi} \sum_{n=1}^{+\infty} \left[\frac{l^2 \cos(n\pi\delta/l)}{l^2 - (2n\delta)^2} + (-1)^{n+1} \right] \frac{I_0(n\pi\rho/l)}{I_0(n\pi a/l)} \sin\left(\frac{n\pi z}{l}\right).$$

综合以上两个定解问题的结果,最终解为

$$u(\rho,z) = u_1(\rho,z) + u_{II}(\rho,z)$$

$$= \sum_{n=1}^{+\infty} \frac{2V_0 \sinh[zx_n^{(0)}/a] J_0[\rho x_n^{(0)}/a]}{x_n^{(0)} \sinh[x_n^{(0)} l/a] J_1[x_n^{(0)}]}$$

$$+ \frac{2V_0}{\pi} \sum_{n=1}^{+\infty} \left[\frac{l^2 \cos(n\pi\delta/l)}{l^2 - (2n\delta)^2} + (-1)^{n+1} \right] \frac{I_0(n\pi\rho/l)}{I_0(n\pi a/l)} \sin\left(\frac{n\pi z}{l}\right).$$

　　根据所求出的圆筒内电势分布函数 $u(\rho,z)$,可以画出其剖面图中电势分布图如图 13.9 所示.

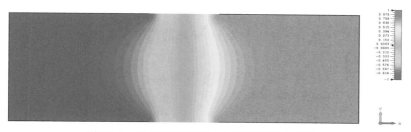

图 13.9　电子光学透镜中电势强弱分布情况

习 题 十 三

13-1　求解以下定解问题:

$$\begin{cases} \nabla^2 u = 0 \quad (r < a), \\ u \mid_{r=a} = \cos^2\theta, \\ u \mid_{r<a} = \text{有限值}. \end{cases}$$

13-2　若 u 代表只能取有限值的分布函数,试分别在球内和球外求解以下定解问题:

$$\begin{cases} \nabla^2 u = 0, \\ \dfrac{\partial u}{\partial r}\bigg|_{r=a} = A\cos\theta \end{cases} \quad (A\ 为常数, a\ 代表球半径).$$

13-3　用一不导电的薄圆环把半径为 a 的导体球壳分隔为两个半球壳,使两半球壳的电势分别为 V_1 和 V_2,试求空间的电势分布.

13-4　在匀强电场中放进一个半径为 a 的均匀介质球,假设原来匀强电场的场强为 E_0,介质和真空的介电常数分别为 ε 和 ε_0,试求出介质球内外的电势分布.

$\left(\text{提示：在介质球表面 } u_{内}\big|_{r=a} = u_{外}\big|_{r=a},\ \varepsilon\,\dfrac{\partial u_{内}}{\partial r}\bigg|_{r=a} = \varepsilon_0\,\dfrac{\partial u_{外}}{\partial r}\bigg|_{r=a}\right)$

13-5　在点电荷 $4\pi\varepsilon_0 q$ 的电场中放置一个半径为 a、相对介电常数为 ε_r 的介质球,球心与点电荷相距 d,试求出空间的电势分布.

13-6　质量均匀、半径为 a 的小球在温度为 $0\,\mathrm{℃}$ 的空气中受阳光照射,假设阳光以平面波的形式照射小球,正对着阳光入射方向的小球表面所接受的热流强度为 q_0,小球的热传导系数为 k,试求出小球内的稳定温度分布.

13-7　设介质球的表面电势分布为 $u|_{r=a}=f(\theta,\varphi)$. 若
(1) $f(\theta,\varphi)=\sin\theta\sin\varphi$;　　　(2) $f(\theta,\varphi)=\sin^2\theta\cos^2\varphi$,
试分别求出介质球内的电势分布.

13-8　半径为 a,高为 H 的圆柱体上底面温度保持为 u_1,下底面温度保持为 u_2,侧面温度分布为
$$f(z) = \frac{2u_1}{H^2}\left(z - \frac{H}{2}\right)z + \frac{u_2}{H}(H - z).$$
试求出柱体内的稳定温度分布.

13-9　设有半径为 a,高为 H 的圆柱体,下底面有强度为 q_0 并且均匀分布的热流流入,上底面及侧面保持为零温,试求出柱内稳定的温度分布.

13-10　试求解圆柱域内的定解问题:
$$\begin{cases} \nabla^2 u = 0 \quad (\rho < a,\ 0 < z < l), \\ u\big|_{\rho=a} = f(z),\ u\big|_{\rho<a} = \text{有限值}, \\ u\big|_{z=0} = 0,\ u\big|_{z=l} = 0. \end{cases}$$

当 $f(z)$ 为下列函数时，请写出解的级数形式.

(1) $f(z) = f_0$（常数）；　　（2）$f(z) = Az\left(1 - \dfrac{z}{l}\right)$.

13-11　试求解下列二维拉普拉斯方程的定解问题.

(1) 圆外问题：

$$
\begin{cases}
\nabla^2 u(\rho,\varphi) = \dfrac{\partial^2 u}{\partial \rho^2} + \dfrac{1}{\rho}\dfrac{\partial u}{\partial \rho} + \dfrac{1}{\rho^2}\dfrac{\partial^2 u}{\partial \varphi^2} = 0 \quad (\rho > a), \\[2mm]
u(\rho,\varphi) = u(\rho, 2\pi + \varphi), \\[2mm]
\dfrac{\partial u}{\partial \rho}\bigg|_{\rho=a} = 0, \ \lim_{\rho \to +\infty} u \to u_0 \rho\cos\varphi.
\end{cases}
$$

(2) 扇域内狄氏问题：

$$
\begin{cases}
\nabla^2 u(\rho,\varphi) = \dfrac{\partial^2 u}{\partial \rho^2} + \dfrac{1}{\rho}\dfrac{\partial u}{\partial \rho} + \dfrac{1}{\rho^2}\dfrac{\partial^2 u}{\partial \varphi^2} = 0 \quad (\rho < a, 0 < \varphi < \beta), \\[2mm]
u|_{\varphi=0} = 0, \ u|_{\varphi=\beta} = 0, \\[2mm]
u|_{\rho=a} = f(\varphi) \quad (0 < \varphi < \beta).
\end{cases}
$$

第十四章　亥姆霍兹方程

　　第十三章开头曾提到物理学中经常遇到的三类偏微分方程,其中后两类是三维非稳态偏微分方程.求解非齐次偏微分方程比较困难,一般需要采用格林函数法,这方面的知识将在第十六章中介绍;本章主要讲述如何解决齐次的三维非稳态方程问题.

　　求解齐次的三维非稳态方程一般可以采用分离变量法,首先把时间变量和空间变量进行分离,然后再分别求解时间变量函数和空间变量函数所满足微分方程.

　　(i) 三维齐次波动方程

$$\frac{\partial^2 u}{\partial t^2} - a^2 \, \nabla^2 u = 0. \tag{14.1}$$

　　设 $u(\boldsymbol{r},t) = T(t)v(\boldsymbol{r})$,代入齐次波动方程得

$$T''(t)v(\boldsymbol{r}) - a^2 T(t) \, \nabla^2 v(\boldsymbol{r}) = 0.$$

经变形后,将 t 和 $\boldsymbol{r}$ 分置等式两边并令等式等于常数 $-k^2$. 则

$$\frac{T''(t)}{a^2 T(t)} = \frac{\nabla^2 v(\boldsymbol{r})}{v(\boldsymbol{r})} = -k^2 \quad (k > 0),$$

所以

$$T''(t) + a^2 k^2 T(t) = 0, \tag{14.2}$$

$$\nabla^2 v(\boldsymbol{r}) + k^2 v(\boldsymbol{r}) = 0 \quad (k > 0). \tag{14.3}$$

　　偏微分方程(14.3)称为**亥姆霍兹方程**,待定常数 k 可根据实际问题的边界条件确定.

　　(ii) 三维齐次输运方程

$$u_t - D \, \nabla^2 u = 0 \quad (D > 0). \tag{14.4}$$

　　类似于三维齐次波动方程,设 $u(\boldsymbol{r},t) = T(t)v(\boldsymbol{r})$,代入三维齐次输运方程,然后进行分离变量,则可以得到

$$T'(t) + k^2 D T(t) = 0 \quad (D > 0), \tag{14.5}$$

$$\nabla^2 v(\boldsymbol{r}) + k^2 v(\boldsymbol{r}) = 0. \tag{14.6}$$

其中偏微分方程(14.6)也是亥姆霍兹方程. 由此可见,解决三维非稳态问题关键在于求解亥姆霍兹方程,实际上是求解亥姆霍兹方程与给定边界条件所构成的本征值问题.

在不同类型的坐标系中,亥姆霍兹方程具有不同的形式. 具体应该采用哪种坐标系,这必须根据实际问题所给定的边界条件类型决定. 在直角坐标系中求解亥姆霍兹方程与求解拉普拉斯方程非常类似,因此,本章只讲述在球坐标系和柱坐标系中求解亥姆霍兹方程本征值问题的方法.

§14.1　球坐标系中亥姆霍兹方程的解法

在球坐标系中,亥姆霍兹方程的表示式为

$$\frac{1}{r^2}\frac{\partial}{\partial r}\left(r^2\frac{\partial v}{\partial r}\right) + \frac{1}{r^2\sin\theta}\frac{\partial}{\partial\theta}\left(\sin\theta\frac{\partial v}{\partial\theta}\right) + \frac{1}{r^2\sin^2\theta}\frac{\partial^2 v}{\partial\varphi^2} + k^2 v = 0$$

$$(k > 0). \tag{14.7}$$

设 $v(r,\theta,\varphi) = R(r)Y(\theta,\varphi)$,代入以上亥姆霍兹方程进行分离变量,则得到

$$\frac{1}{\sin\theta}\frac{\partial}{\partial\theta}\left(\sin\theta\frac{\partial Y}{\partial\theta}\right) + \frac{1}{\sin^2\theta}\frac{\partial^2 Y}{\partial\varphi^2} + l(l+1)Y(\theta,\varphi) = 0, \tag{14.8}$$

$$r^2\frac{\mathrm{d}^2 R}{\mathrm{d}r^2} + 2r\frac{\mathrm{d}R}{\mathrm{d}r} + [k^2 r^2 - l(l+1)]R = 0. \tag{14.9}$$

偏微分方程(14.8)是球函数方程,其通解式为

$$Y_{lm}(\theta,\varphi) = P_l^m(\cos\theta)(A_m\cos m\varphi + B_m\sin m\varphi)$$

$$\begin{pmatrix} l = 0,1,2,3,\cdots, \\ m = 0,1,2,\cdots,l \end{pmatrix}. \tag{14.10}$$

对常微分方程(14.9)进行变量代换. 设 $x = kr$,则可化为标准形式的球贝塞尔方程

$$\frac{\mathrm{d}^2 R}{\mathrm{d}x^2} + \frac{2}{x}\frac{\mathrm{d}R}{\mathrm{d}x} + \left[1 - \frac{l(l+1)}{x^2}\right]R = 0. \tag{14.11}$$

所以

$$R_l(r) = C_l \mathrm{j}_l(kr) + D_l \mathrm{n}_l(kr) \quad (k > 0, l = 0,1,2,\cdots).$$

$$\tag{14.12}$$

因此,亥姆霍兹方程在球坐标系中的本征解为

$$v(r,\theta,\varphi) = \sum_{l=0}^{+\infty}\sum_{m=0}^{l}[C_l \mathrm{j}_l(kr) + D_l \mathrm{n}_l(kr)]$$

$$\cdot \mathrm{P}_l^m(\cos\theta)(A_m\cos m\varphi + B_m\sin m\varphi). \tag{14.13}$$

其中 k 为待定参数,在边界条件限制下只能取某些特定值(本征值).
当给定边界条件以后,就能确定本征值和本征解,然后把所有本征解
线性叠加,就得到通解式.

例 14.1　半径为 r_0 的匀质球初始温度处处为 u_0,现把它放入
温度为 u_1 的烘箱内,使球面温度保持为 $u_1(t>0)$,试问球内各处的
温度将怎样随时间变化?

解　设 t 时刻匀质球内各处的温度为 $u(r,t)$,根据题意,$u(r,t)$
满足以下定解问题:

$$\begin{cases} u_t - a^2\,\nabla^2 u = 0 \quad (a^2 = k/c\rho, 0 \leqslant r < r_0), \\ u\,|_{t=0} = u_0, \\ u\,|_{r=r_0} = u_1(t>0), u\,|_{r=0} = 有限值. \end{cases}$$

首先将边界条件齐次化,设 $u(r,t) = w(r,t) + u_1$,则

$$\begin{cases} w_t - a^2\,\nabla^2 w = 0 \quad (0 \leqslant r < r_0), \\ w\,|_{t=0} = -(u_1 - u_0), \\ w\,|_{r=r_0} = 0. \end{cases}$$

设 $w(r,t) = T(t)v(r)$,进行分离变量得到

$$T'(t) + a^2 k^2 T(t) = 0 \quad (k > 0),$$

$$\nabla^2 v(r) + k^2 v(r) = 0.$$

所以

$$T(t) = C\mathrm{e}^{-a^2 k^2 t} \quad (0 < t < +\infty),$$

$$v(r,\theta,\varphi) = \sum_{l=0}^{+\infty}\sum_{m=0}^{l}[C_l \mathrm{j}_l(kr) + D_l \mathrm{n}_l(kr)]\mathrm{P}_l^m(\cos\theta)$$

$$\cdot (A_m \cos m\varphi + B_m \sin m\varphi).$$

由于实际问题给定的边界条件和初始条件都具有球对称性,因此温度分布 $u(r,t)$ 应与 θ 和 φ 无关,所以只能取 $l=0$ 和 $m=0$. 同时由于 $r=0$ 处 $u(r,t)$ 取有限值,所以应舍去 $n_l(kr)$ 项,即 $D_l \equiv 0$. 于是空间变量函数 $v(r)$ 简化为

$$v(r) = A j_0(kr).$$

再利用定解问题的边界条件得

$$v(r_0) = A j_0(kr_0) = 0.$$

由于 $j_0(x) = \dfrac{\sin x}{x}$,所以边界条件为 $\dfrac{\sin kr_0}{kr_0} = 0$,由此可得本征值为

$$k_n = \frac{n\pi}{r_0} \quad (n = 1,2,3,\cdots).$$

相应的本征函数为

$$v_n(r) = A_n j_0(n\pi r / r_0) = A_n \frac{\sin(n\pi r / r_0)}{n\pi r / r_0} \quad (n = 1,2,3,\cdots).$$

将本征值 $k_n = n\pi / r_0$ 代入时间变量函数 $T(t)$,再把所有本征解进行线性叠加,则得

$$w(r,t) = \sum_{n=1}^{+\infty} A_n \frac{\sin(n\pi r / r_0)}{n\pi r / r_0} e^{-(n\pi a / r_0)^2 t}.$$

根据定解问题的初值条件

$$w\big|_{t=0} = \sum_{n=1}^{+\infty} A_n \frac{\sin(n\pi r/r_0)}{n\pi r/r_0} = -(u_1 - u_0),$$

所以

$$A_n = \frac{\displaystyle\int_0^{r_0} -(u_1 - u_0) \cdot \left[\sin(n\pi r / r_0)/(n\pi r / r_0)\right] \cdot r^2 \mathrm{d}r}{\displaystyle\int_0^{r_0} \left[\sin(n\pi r / r_0)/(n\pi r / r_0)\right]^2 \cdot r^2 \mathrm{d}r}$$

$$= (-1)^n \cdot 2(u_1 - u_0).$$

因此,最终结果为

$$u(r,t) = u_1 + \frac{2(u_1 - u_0)r_0}{\pi r} \sum_{n=1}^{+\infty} \frac{(-1)^n}{n} e^{-(n\pi a / r_0)^2 t} \sin(n\pi r / r_0).$$

根据以上计算出的结果,画出球内温度分布随时间变化曲线图

如图 14.1 所示.

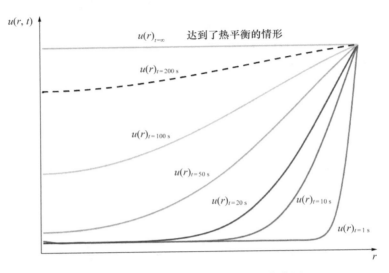

图 14.1 球内温度分布随时间变化曲线图

例 14.2 在量子力学中,囚禁于刚性球匣中的粒子定态波函数满足如下本征值问题:

$$\begin{cases} \nabla^2 \Psi(r,\theta,\varphi) + k^2 \Psi(r,\theta,\varphi) = 0 \quad (r \leqslant a), \\ \Psi|_{r=a} = 0, \ \Psi|_{r<a} = \text{有限值}. \end{cases}$$

试求出本征值和本征函数.

解 设 $\Psi(r,\theta,\varphi) = R(r) Y(\theta,\varphi)$,代入以上亥姆霍兹方程进行分离变量,将得到

$$\frac{1}{\sin\theta} \frac{\partial}{\partial\theta}\left(\sin\theta \frac{\partial Y}{\partial\theta}\right) + \frac{1}{\sin^2\theta} \frac{\partial^2 Y}{\partial\varphi^2} + l(l+1) Y(\theta,\varphi) = 0,$$

$$\frac{\mathrm{d}^2 R}{\mathrm{d}r^2} + \frac{2}{r} \frac{\mathrm{d}R}{\mathrm{d}r} + \left[k^2 - \frac{l(l+1)}{r^2}\right]R = 0.$$

球函数方程的通解为

$$Y_{lm}(\theta,\varphi) = P_l^m(\cos\theta)(A_m \cos m\varphi + B_m \sin m\varphi).$$

径向函数方程在自然边界条件限制下的本征解形式为

$$R(r) = A j_l(kr),$$

根据给定的球面边界条件

$$R(a) = Aj_l(ka) = 0,$$

设球贝塞尔函数 $j_l(x)$ 的正实数零点按大小次序排列为 $x_{1l}, x_{2l}, x_{3l},$ $\cdots, x_{nl}, \cdots$，则本征值 $k_{nl} = \dfrac{x_{nl}}{a}$，本征函数为

$$\Psi_{nl}(r, \theta, \varphi) = \sum_{m=0}^{l} j_l(x_{nl}r/a) P_l^m(\cos\theta)(A_m \cos m\varphi + B_m \sin m\varphi).$$

§ 14.2　柱坐标系中亥姆霍兹方程的解法

在柱坐标系中，亥姆霍兹方程的表示式为

$$\frac{1}{\rho}\frac{\partial}{\partial\rho}\left(\rho\frac{\partial u}{\partial\rho}\right) + \frac{1}{\rho^2}\frac{\partial^2 u}{\partial\varphi^2} + \frac{\partial^2 u}{\partial z^2} + k^2 u = 0 \quad (k > 0). \quad (14.14)$$

设 $u(\rho, \varphi, z) = R(\rho)\Phi(\varphi)Z(z)$，代入亥姆霍兹方程进行分离变量，则得到

$$\Phi''(\varphi) + \lambda\Phi(\varphi) = 0, \quad (14.15)$$

$$Z''(z) - \mu Z(z) = 0, \quad (14.16)$$

$$R''(\rho) + \frac{1}{\rho}R'(\rho) + \left(k^2 + \mu - \frac{\lambda}{\rho^2}\right)R = 0. \quad (14.17)$$

常微分方程(14.15)总伴随有周期边界条件，所以

本征值：　$\lambda = m^2,$

本征函数：$\Phi(\varphi) = A_m \cos m\varphi + B_m \sin m\varphi.$　　(14.18)

在实际问题中，常微分方程(14.16)通常伴随有圆柱的上下底面两个齐次边界条件，对应于波动问题，所以待定参数 μ 为负实数. 令 $\mu = -h^2(h > 0)$，则常微分方程(14.16)的通解式为

$$Z(z) = C\cosh z + D\sinh z \quad (h > 0). \quad (14.19)$$

再将 $\lambda = m^2, \mu = -h^2$ 代入常微分方程(14.17)得到

$$R''(\rho) + \frac{1}{\rho}R'(\rho) + \left(k^2 - h^2 - \frac{m^2}{\rho^2}\right)R = 0. \quad (14.20)$$

一般波动问题都给出了柱侧面齐次边界条件，所以要求 $k > h$. 令 $x = \sqrt{k^2 - h^2}\rho$，经变量代换后，常微分方程(14.17)将变为标准形

式的 m 阶贝塞尔方程:

$$R''(x) + \frac{1}{x}R'(x) + \left(1 - \frac{m^2}{x^2}\right)R = 0. \qquad (14.21)$$

以上 m 阶贝塞尔方程的通解式为

$$R(\rho) = \alpha J_m(\sqrt{k^2 - h^2}\rho) + \beta N_m(\sqrt{k^2 - h^2}\rho). \qquad (14.22)$$

因此,在柱坐标系中亥姆霍兹方程的本征解形式为

$$u(\rho,\varphi,z) \sim [\alpha J_m(\sqrt{k^2 - h^2}\rho) + \beta N_m(\sqrt{k^2 - h^2}\rho)]$$
$$\cdot (C\cosh z + D\sinh z)(A_m\cos m\varphi + B_m\sin m\varphi).$$
$$(14.23)$$

例 14.3 求圆柱形导体空腔中 TM 模电磁波的本征频率和本征解.

图 14.2   圆柱形导体空腔示意图

分析   如图 14.2 所示,半径为 a,长为 l 的圆柱形导体空腔中存在 TM 模电磁波.假设 TM 模电磁波的电场轴向分量为 $u(\boldsymbol{r},t)$,根据电磁场理论,轴向电场分量 $u(\boldsymbol{r},t)$ 要满足以下齐次波动方程和边界条件.

$$\begin{cases} \nabla^2 u(\boldsymbol{r},t) - \dfrac{1}{c^2}\dfrac{\partial^2 u(\boldsymbol{r},t)}{\partial t^2} = 0, \\ u\,|_{\rho=a} = 0, \\ \dfrac{\partial u}{\partial z}\bigg|_{z=0} = 0,\ \dfrac{\partial u}{\partial z}\bigg|_{z=l} = 0. \end{cases}$$

解   假设导体空腔内 TM 模电磁波的角频率为 ω,则 $u(\boldsymbol{r},t) = v(\rho,\varphi,z)\mathrm{e}^{\mathrm{i}\omega t}$,代入以上定解问题后得到关于 $v(\rho,\varphi,z)$ 的定解问题:

$$\begin{cases} \dfrac{1}{\rho}\dfrac{\partial}{\partial\rho}\left[\rho\dfrac{\partial v(\rho,\varphi,z)}{\partial\rho}\right] + \dfrac{1}{\rho^2}\dfrac{\partial^2 v(\rho,\varphi,z)}{\partial\varphi^2} \\ \qquad + \dfrac{\partial^2 v(\rho,\varphi,z)}{\partial z^2} + k^2 v(\rho,\varphi,z) = 0 \quad (k=\omega/c), \\ v\,|_{\rho=a} = 0,\ v\,|_{\rho<a} = \text{有限值}, \\ \dfrac{\partial v}{\partial z}\bigg|_{z=0} = 0,\ \dfrac{\partial v}{\partial z}\bigg|_{z=l} = 0. \end{cases}$$

设 $v(\rho,\varphi,z) = R(\rho)\Phi(\varphi)Z(z)$,代入偏微分方程和边界条件,分离变

量后将得到以下三个本征值问题.

$$\begin{cases} \Phi''(\varphi) + m^2\Phi(\varphi) = 0, \\ \Phi(\varphi + 2\pi) = \Phi(\varphi); \end{cases}$$

$$\begin{cases} Z''(z) + h^2 Z(z) = 0 \quad (h > 0), \\ \dfrac{\mathrm{d}Z}{\mathrm{d}z}\Big|_{z=0} = 0, \ \dfrac{\mathrm{d}Z}{\mathrm{d}z}\Big|_{z=l} = 0; \end{cases}$$

$$\begin{cases} \dfrac{1}{\rho}\dfrac{\mathrm{d}}{\mathrm{d}\rho}\Big[\dfrac{1}{\rho}\dfrac{\mathrm{d}R(\rho)}{\mathrm{d}\rho}\Big] + \Big(k^2 - h^2 - \dfrac{m^2}{\rho^2}\Big)R(\rho) = 0 \quad (0 \leqslant \rho \leqslant a), \\ R\mid_{\rho=a} = 0, \ R\mid_{\rho<a} = \text{有限值}. \end{cases}$$

三个本征值问题的本征解分别为

$$\Phi_m(\varphi) = A_m\cos m\varphi + B_m\sin m\varphi \quad (m = 0,1,2,\cdots);$$

$$Z_i(z) = \cos\frac{i\pi}{l}z \quad (i = 0,1,2,\cdots);$$

$$R(\rho) = \alpha J_m\big[\sqrt{k^2-(i\pi/l)^2}\,\rho\big] + \beta N_m\big[\sqrt{k^2-(i\pi/l)^2}\,\rho\big].$$

在自然边界条件($R\mid_{\rho<a} = $ 有限值)的限制下,$R(\rho)$的表示式中 $\beta\equiv0$.

在柱侧面齐次边界条件限制下,则要求

$$J_m\big[\sqrt{k^2-(i\pi/l)^2}\,a\big] = 0.$$

设 $J_m(x)$ 的正实数零点按大小次序排列为 $x_n^{(m)}(n=1,2,3,\cdots)$,那么

$$\sqrt{k^2-(i\pi/l)^2}\,a = x_n^{(m)} \quad (n = 1,2,3,\cdots),$$

所以本征值为

$$k = k_{mni} = \big[(x_n^{(m)}/a)^2 + (i\pi/l)^2\big]^{\frac{1}{2}}.$$

谐振腔内 TM 模电磁波的本征频率为

$$f_{mni} = \frac{\omega_{mni}}{2\pi} = \frac{ck_{mni}}{2\pi} = \frac{c}{2\pi}\sqrt{(x_n^{(m)}/a)^2 + (i\pi/l)^2}$$

$$(m,i = 0,1,2,\cdots;n = 1,2,3,\cdots).$$

相应的本征解为

$$u_{mni}(\boldsymbol{r},t) = J_m(\rho x_n^{(m)}/a)(A_m\cos m\varphi + B_m\sin m\varphi)\cos\frac{i\pi z}{l}\mathrm{e}^{\mathrm{i}\omega_{mni}t}.$$

根据以上求出的本征解,可以画出圆柱谐振腔内前几个 TM_{mni} 谐振模的电场分布图,如图 14.3,图 14.4,图 14.5 所示.

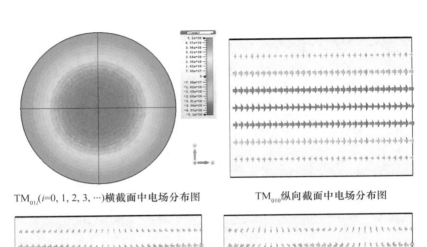

TM$_{01i}$(i=0, 1, 2, 3, …)横截面中电场分布图   TM$_{010}$纵向截面中电场分布图

TM$_{011}$纵向截面中电场分布图   TM$_{012}$纵向截面中电场分布图

图 14.3   TM$_{01i}$(i=0,1,2,3,…)谐振模的电场分布图

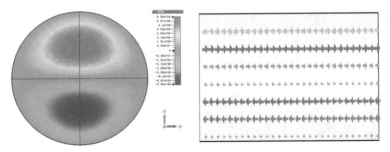

TM$_{11i}$(i = 0, 1, 2, 3, …)横截面中电场分布图   TM$_{110}$纵向截面中电场分布图

图 14.4   TM$_{11i}$(i=0,1,2,3,…)谐振模的电场分布图

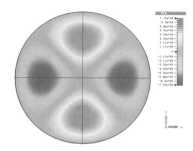
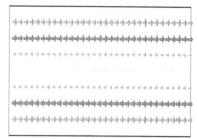

TM$_{21i}$(i=0, 1, 2, 3, …)横截面中电场分布图   TM$_{210}$纵向截面中电场分布图

图 14.5   TM$_{21i}$($i=0,1,2,3,…$)谐振模的电场分布图

例 14.4   求解空心圆柱体径向振动的本征频率和本征振动函数.

如图 14.6 所示,环状截面的圆柱体的内外半径分别为 a 和 b.若内表面固定,外表面自由,试求空心圆柱体径向振动的本征频率和本征振动函数.

解   所谓径向振动是指圆柱体中所有质点沿径向振动,此时垂直于轴线的横截面中振动函数为 $u(\rho,\varphi,t)$.本题可以归结为以下本征值问题.

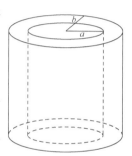

图 14.6   空心圆柱体示意图

$$\begin{cases} u_{tt} - c^2\left[\dfrac{1}{\rho}\dfrac{\partial}{\partial\rho}\left(\rho\dfrac{\partial u}{\partial\rho}\right)+\dfrac{1}{\rho^2}\dfrac{\partial^2 u}{\partial\varphi^2}\right] = 0 \quad (a\leqslant\rho\leqslant b), \\ u\,|_{\rho=a}=0,\ \dfrac{\partial u}{\partial\rho}\Big|_{\rho=b}=0. \end{cases}$$

设本征角频率为 ω,则径向本征振动函数为 $u(\rho,\varphi,t)=R(\rho)\Phi(\varphi)\mathrm{e}^{i\omega t}$,代入径向振动方程,经分离变量后得到 $\Phi(\varphi)$ 和 $R(\rho)$ 满足的常微分方程为

$$\Phi''(\varphi) + m^2\Phi(\varphi) = 0 \quad (m=0,1,2,3,\cdots),$$

$$\frac{\mathrm{d}^2 R}{\mathrm{d}\rho^2} + \frac{1}{\rho}\frac{\mathrm{d}R}{\mathrm{d}\rho} + \left(k^2 - \frac{m^2}{\rho^2}\right)R = 0 \quad (k=\omega/c).$$

$R(\rho)$ 所满足的常微分方程为 m 阶贝塞尔方程,其通解为 $R(\rho)=$ $AJ_m(k\rho)+BN_m(k\rho)$. 根据问题给定的边界条件得到

$$\begin{cases} AJ_m(ka)+BN_m(ka)=0, \\ AJ'_m(kb)+BN'_m(kb)=0 \end{cases} \quad (m=0,1,2,3,\cdots).$$

方程组中待定常数 A 和 B 不能同时为 0,所以

$$\begin{vmatrix} J_m(ka) & N_m(ka) \\ J'_m(kb) & N'_m(kb) \end{vmatrix} = J_m(ka)N'_m(kb)-J'_m(kb)N_m(ka)=0.$$

求解以上方程可确定本征值 k_{nm},从而得到径向振动的本征频率为

$$f_{nm}=\frac{\omega_{nm}}{2\pi}=\frac{ck_{nm}}{2\pi}.$$

相应的本征振动函数为

$$u_{nm}(\rho,t)=\left[A_{nm}J_m(k_{nm}\rho)+B_{nm}N_m(k_{nm}\rho)\right]$$
$$\cdot (C_m\cos m\varphi+D_m\sin m\varphi)e^{i\omega_{nm}t}.$$

习 题 十 四

14-1　质量均匀,半径为 r_0 的球体初始温度分布为 $f(r)\cos\theta$. 若球表面控制为零度,使其逐渐冷却,试求解球体内温度随时间的变化情况.

14-2　半径为 $2r_0$ 的匀质球初始温度分布为

$$u\mid_{t=0}=\begin{cases} u_0 & (0\leqslant r<r_0), \\ 0 & (r_0\leqslant r<2r_0). \end{cases}$$

若球面温度保持为零度,使其逐渐冷却,试求解球内温度随时间变化情况.

14-3　半径为 a 的圆形膜的边缘固定,初始形状为旋转抛物面,即 $u\mid_{t=0}=\left(1-\dfrac{\rho^2}{a^2}\right)H$($H$ 为已知正数),初始速度为 0,试求解圆形膜的振动问题(圆膜中波速为 c).

14-4 质量均匀分布的空心圆柱体的内外半径分别为 a 和 b,初始温度分布为 $f(\rho)$. 现放入温度为 U_0 的烘箱中,在烘箱中圆柱体内外表面温度保持为 U_0,试求解空心圆柱体内温度随时间的变化情况.

14-5 横磁波在半径为 a 的圆形波导管中传播时,电场的轴向分量 ε_z 满足如下定解问题:

$$\begin{cases} \nabla^2 \varepsilon_z + (k^2 - h^2)\varepsilon_z = 0 \quad (h \text{ 为实数}), \\ \varepsilon_z \mid_{\rho=a} = 0. \end{cases}$$

试求出波导管中横磁波本征模式的电场的轴向分量,并讨论在什么情况下,横磁波将不能通过波导管.

第三篇　选读内容

第十五章　行波与散射问题

第七章和第十四章中所讨论的波动问题都是在有限区域中的波动问题.在有限区域中,由于波动传播至区域边界面处将发生反射,来回反射的波动线性叠加后形成了驻波;但在无限区域中,波动可以传播至无穷远处,称为行波.当一束行波遇到障碍物时,将发生散射,所谓散射是指障碍物在入射波的照射下,形成了向四面八方出射的子波,散射波方向不遵循反射定律,所以散射不同于反射.本章将以举例方式讲述一些典型的行波问题和散射问题的求解方法.

§15.1　一维行波问题

例 15.1　求解一维无界区域中的自由波动问题.

$$\begin{cases} u_{tt} - a^2 u_{xx} = 0 \quad (-\infty < x < +\infty), \\ u\mid_{t=0} = \varphi(x), \ u_t\mid_{t=0} = \psi(x). \end{cases} \tag{15.1}$$

解　一维无界区域中的波动问题一般可以采用傅里叶积分变换法求解,但这个特殊例子可以采用另一种更加简洁的方法求解——直接积分法.

设

$$\begin{cases} \xi = x + at, \\ \eta = x - at, \end{cases} \tag{15.2}$$

代入波动方程得 $u_{\xi\eta} = 0$,再经直接积分后,得到以上波动方程的通解为

$$\begin{aligned} u(x,t) &= f_1(\xi) + f_2(\eta) \\ &= f_1(x+at) + f_2(x-at). \end{aligned} \tag{15.3}$$

(15.3)式中 f_1 和 f_2 为两个任意函数,具体表示式由初始条件确定.

将(15.3)式代入一维无界区域波动问题(15.1)的初始条件,则

$$\begin{cases} f_1(x) + f_2(x) = \varphi(x), \\ af_1'(x) - af_2'(x) = \psi(x), \end{cases} \tag{15.4}$$

其中第二式两边积分,得到

$$f_1(x) - f_2(x) = \frac{1}{a}\int_{x_0}^{x} \psi(\xi)\mathrm{d}\xi + C, \tag{15.5}$$

其中 x_0 为任意常数,C 为积分常数.综合(15.5)式和(15.4)第一式得到

$$f_1(x) = \frac{1}{2}\varphi(x) + \frac{1}{2a}\int_{x_0}^{x}\psi(\xi)\mathrm{d}\xi + \frac{C}{2}, \tag{15.6}$$

$$f_2(x) = \frac{1}{2}\varphi(x) - \frac{1}{2a}\int_{x_0}^{x}\psi(\xi)\mathrm{d}\xi - \frac{C}{2}, \tag{15.7}$$

所以

$$\begin{aligned} u(x,t) &= f_1(x+at) + f_2(x-at) \\ &= \frac{1}{2}[\varphi(x+at) + \varphi(x-at)] + \frac{1}{2a}\int_{x-at}^{x+at}\psi(\xi)\mathrm{d}\xi. \end{aligned}$$

$$\tag{15.8}$$

(15.8)式称为**达朗贝尔公式**,它揭示了 t 时刻 x 处的振动是 $t=0$ 时刻从 $(x-at)$ 处至 $(x+at)$ 处的振动状态在 x 处产生的影响的线性叠加.在 $t=0$ 时刻,与 x 距离超过 at 的振动状态对 t 时刻 x 处的振动没有影响,所以振动传播的速度为 a,其中 $f_1(x+at)$ 称为**左行波**,$f_2(x-at)$ 称为**右行波**.

例 15.2 求解一维行波在固定端点反射的定解问题:

$$\begin{cases} u_{tt} - a^2 u_{xx} = 0 \quad (0 < x < +\infty), \\ u\mid_{x=0} = 0, \\ u\mid_{t=0} = \varphi(x), \; u_t\mid_{t=0} = \psi(x). \end{cases} \tag{15.9}$$

解 一维行波在固定端点处被反射回,波动区域为 $0 < x < +\infty$,所以定解问题中只有一个边界条件,这类问题称为**非完全边界条件问题**.

波动函数的定义域为 $0 < x < +\infty$,若把它延拓至全区间 $-\infty < x < +\infty$,则成为无界区间中的自由波动问题,将可直接应用例 15.1 的结果.对应于第一类齐次边界条件 $u\mid_{x=0}=0$,波动函数必

须进行奇延拓.所以

$$\begin{cases} u_{tt} - a^2 u_{xx} = 0 & (-\infty < x < +\infty), \\ u\mid_{t=0} = \Phi(x) = \begin{cases} \varphi(x) & (x \geqslant 0), \\ -\varphi(-x) & (x < 0), \end{cases} \\ u_t\mid_{t=0} = \Psi(x) = \begin{cases} \psi(x) & (x \geqslant 0), \\ -\psi(-x) & (x < 0). \end{cases} \end{cases} \tag{15.10}$$

以上定解问题与(15.1)式的无界区间中的自由波动问题完全相同,可直接运用达朗贝尔公式(15.8),则

$$u(x,t) = \frac{1}{2}\big[\Phi(x+at) + \Phi(x-at)\big] + \frac{1}{2a}\int_{x-at}^{x+at}\Psi(\xi)\,d\xi$$

$$= \begin{cases} \frac{1}{2}\big[\varphi(x+at) + \varphi(x-at)\big] + \frac{1}{2a}\int_{x-at}^{x+at}\psi(\xi)\,d\xi & \left(t \leqslant \dfrac{x}{a}\right), \\ \frac{1}{2}\big[\varphi(x+at) - \varphi(at-x)\big] + \frac{1}{2a}\int_{at-x}^{x+at}\psi(\xi)\,d\xi & \left(t > \dfrac{x}{a}\right). \end{cases}$$

$$\tag{15.11}$$

(15.11)式中,若 $t \leqslant x/a$,固定端点($x=0$)的反射对波动函数没有影响,这是由于端点的反射波还没到达 x 处;若 $t > x/a$,x 处的右行波实际上是来自固定端点($x=0$)的反射波,第二项的负号表明了反射波与入射波相位相反,这种现象称为"半波损失".

例 15.3 求解无界弦的受迫振动问题:

$$\begin{cases} u_{tt} - a^2 u_{xx} = f(x,t) & (-\infty < x < +\infty), \\ u\mid_{t=0} = 0, \ u_t\mid_{t=0} = 0. \end{cases} \tag{15.12}$$

解 非齐次波动方程中非齐次项 $f(x,t)$ 代表作用于每单位质量弦上的策动力.该策动力从 $t=0$ 时刻开始一直延续至 t 时刻,因此在 t 时刻弦的振动状态是策动力 $f(x,t)$ 从 $t=0$ 时刻至 t 时刻连续作用的积累.

现把连续作用的策动力看成一系列相继出现的瞬时力.瞬时力表示为 $f(x,\tau)\delta(t-\tau)\,d\tau$,它代表出现在 $[\tau,\tau+d\tau]$ 时间内、强度为 $f(x,\tau)$ 的脉冲力,这些相继出现的脉冲力叠加后形成了持续力 $f(x,t)$.持续力与脉冲力之间的关系可表示为

$$f(x,t) = \int_0^t f(x,\tau)\delta(t-\tau)\mathrm{d}\tau. \qquad (15.13)$$

每一个脉冲力都将产生一个微小振动,假设脉冲力 $f(x,\tau)\delta(t-\tau)\mathrm{d}\tau$ 所产生的微小振动演化至 t 时刻的振动函数为 $v(x,t;\tau)\mathrm{d}\tau$,从 $t=0$ 时刻至 t 时刻的所有脉冲力所引起的微小振动叠加后,在 t 时刻形成合振动 $u(x,t)$,那么

$$u(x,t) = \int_0^t v(x,t;\tau)\mathrm{d}\tau. \qquad (15.14)$$

微小振动函数 $v(x,t;\tau)\mathrm{d}\tau$ 与脉冲力 $f(x,\tau)\delta(t-\tau)\mathrm{d}\tau$ 之间的关系为

$$\begin{cases} v_{tt} - a^2 v_{xx} = f(x,\tau)\delta(t-\tau) & (-\infty < x < +\infty), \\ v\mid_{t=0} = 0,\ v_t\mid_{t=0} = 0. \end{cases}$$
$$(15.15)$$

由于脉冲力只作用于 $\tau \sim \tau+\mathrm{d}\tau$ 时间内,所以 $t \geqslant \tau+0$ 以后,$v(x,t;\tau)$ 将满足自由波动方程.作用于 $\tau \sim \tau+\mathrm{d}\tau$ 时间内的脉冲力使弦获得了一定的振动速度,两者的关系为 $v_t\mathrm{d}\tau = f(x,\tau)\mathrm{d}\tau$.所以若取 $t=\tau+0$ 为初始时刻,则 $v(x,t;\tau)$ 满足以下定解问题:

$$\begin{cases} v_{tt} - a^2 v_{xx} = 0 & (-\infty < x < +\infty), \\ v\mid_{t=\tau+0} = 0,\ v_t\mid_{t=\tau+0} = f(x,\tau). \end{cases} \qquad (15.16)$$

把(15.15)式定解问题转化为(15.16)式定解问题的过程中运用了物理学中的冲量定理,所以称这种方法为**冲量定理法**.

运用达朗贝尔公式求解(15.16)式问题只需做时间平移变换,把 t 换成 $(t-\tau)$,则得到

$$v(x,t;\tau) = \frac{1}{2a} \int_{x-a(t-\tau)}^{x+a(t-\tau)} f(\xi,\tau)\mathrm{d}\xi. \qquad (15.17)$$

再把上式代入(15.14)式可得到最终结果为

$$u(x,t) = \int_0^t \left[\int_{x-a(t-\tau)}^{x+a(t-\tau)} \frac{1}{2a} f(\xi,\tau)\mathrm{d}\xi \right] \mathrm{d}\tau. \qquad (15.18)$$

§15.2 三维行波问题

例 15.4 求解三维空间中的自由行波问题:

$$\begin{cases} u_{tt} - a^2 \, \nabla^2 u = 0 \quad (a > 0), \\ u \mid_{t=0} = \varphi(\boldsymbol{r}), \; u_t \mid_{t=0} = \psi(\boldsymbol{r}). \end{cases} \quad (15.19)$$

解 采用三维傅里叶积分变换,设

$$u(\boldsymbol{r},t) = \frac{1}{\sqrt{(2\pi)^3}} \iiint_{-\infty}^{+\infty} T(\boldsymbol{k},t) \mathrm{e}^{\mathrm{i}\boldsymbol{k}\cdot\boldsymbol{r}} \mathrm{d}^3\boldsymbol{k}, \quad (15.20)$$

其中 $\boldsymbol{k}$ 代表波矢量, $|\boldsymbol{k}| = k = \sqrt{k_x^2 + k_y^2 + k_z^2}$.

将上式(15.20)代入三维波动方程得

$$\frac{1}{\sqrt{(2\pi)^3}} \iiint_{-\infty}^{+\infty} [T''(\boldsymbol{k},t) + k^2 a^2 T(\boldsymbol{k},t)] \mathrm{e}^{\mathrm{i}\boldsymbol{k}\cdot\boldsymbol{r}} \mathrm{d}^3\boldsymbol{k} = 0, \quad (15.21)$$

$$T''(\boldsymbol{k},t) + k^2 a^2 T(\boldsymbol{k},t) = 0, \quad (15.22)$$

所以

$$T(\boldsymbol{k},t) = A(\boldsymbol{k}) \mathrm{e}^{\mathrm{i}kat} + B(\boldsymbol{k}) \mathrm{e}^{-\mathrm{i}kat}. \quad (15.23)$$

上式代入三维傅里叶积分变换式(15.20)得到

$$u(\boldsymbol{r},t) = \frac{1}{\sqrt{(2\pi)^3}} \iiint_{-\infty}^{+\infty} [A(\boldsymbol{k}) \mathrm{e}^{\mathrm{i}kat} + B(\boldsymbol{k}) \mathrm{e}^{-\mathrm{i}kat}] \mathrm{e}^{\mathrm{i}\boldsymbol{k}\cdot\boldsymbol{r}} \mathrm{d}^3\boldsymbol{k},$$

$$(15.24)$$

其中系数 $A(\boldsymbol{k})$ 和 $B(\boldsymbol{k})$ 为待定函数,可由初始条件确定.

将(15.24)式代入定解问题(15.19)的初始条件得

$$\frac{1}{\sqrt{(2\pi)^3}} \iiint_{-\infty}^{+\infty} [A(\boldsymbol{k}) + B(\boldsymbol{k})] \mathrm{e}^{\mathrm{i}\boldsymbol{k}\cdot\boldsymbol{r}} \mathrm{d}^3\boldsymbol{k} = \varphi(\boldsymbol{r}), \quad (15.25)$$

$$\frac{1}{\sqrt{(2\pi)^3}} \iiint_{-\infty}^{+\infty} \mathrm{i}ka[A(\boldsymbol{k}) - B(\boldsymbol{k})] \mathrm{e}^{\mathrm{i}\boldsymbol{k}\cdot\boldsymbol{r}} \mathrm{d}^3\boldsymbol{k} = \psi(\boldsymbol{r}). \quad (15.26)$$

把方程式(15.25)和(15.26)右边的函数也作三维傅里叶积分变换,设 $\Phi(\boldsymbol{k})$ 和 $\Psi(\boldsymbol{k})$ 分别为 $\varphi(\boldsymbol{r})$ 和 $\psi(\boldsymbol{r})$ 的三维傅里叶积分变换式,即

$$\Phi(\boldsymbol{k}) = \frac{1}{\sqrt{(2\pi)^3}} \iiint_{-\infty}^{+\infty} \varphi(\boldsymbol{r}) e^{-i\boldsymbol{k}\cdot\boldsymbol{r}} d^3\boldsymbol{r}, \qquad (15.27)$$

$$\Psi(\boldsymbol{k}) = \frac{1}{\sqrt{(2\pi)^3}} \iiint_{-\infty}^{+\infty} \psi(\boldsymbol{r}) e^{-i\boldsymbol{k}\cdot\boldsymbol{r}} d^3\boldsymbol{r}.\qquad (15.28)$$

则根据方程式(15.25)和(15.26)得到

$$\begin{cases} A(\boldsymbol{k}) + B(\boldsymbol{k}) = \Phi(\boldsymbol{k}), & (15.29)\\[2mm] A(\boldsymbol{k}) - B(\boldsymbol{k}) = \dfrac{1}{ika}\Psi(\boldsymbol{k}), & (15.30) \end{cases}$$

也即

$$A(\boldsymbol{k}) = \frac{1}{2}\Phi(\boldsymbol{k}) + \frac{1}{2a}\cdot\frac{1}{ik}\Psi(\boldsymbol{k}), \qquad (15.31)$$

$$B(\boldsymbol{k}) = \frac{1}{2}\Phi(\boldsymbol{k}) - \frac{1}{2a}\cdot\frac{1}{ik}\Psi(\boldsymbol{k}). \qquad (15.32)$$

再将以上两式(15.31)和(15.32)代入(15.24)式得

$$\begin{aligned} u(\boldsymbol{r},t) =& \frac{1}{\sqrt{(2\pi)^3}} \iiint_{-\infty}^{+\infty} \Big[\frac{1}{2}(e^{ikat} + e^{-ikat})\Phi(\boldsymbol{k}) \\ &+ \frac{1}{2a}\cdot\frac{1}{ik}(e^{ikat} - e^{-ikat})\Psi(\boldsymbol{k}) \Big] e^{i\boldsymbol{k}\cdot\boldsymbol{r}} d^3\boldsymbol{k} \\ =& \iiint_{-\infty}^{+\infty} \frac{\varphi(\boldsymbol{r}')}{(2\pi)^3} \Big[\frac{1}{2}\iiint_{-\infty}^{+\infty} (e^{ikat} + e^{-ikat})e^{i\boldsymbol{k}\cdot(\boldsymbol{r}-\boldsymbol{r}')} d^3\boldsymbol{k} \Big] d^3\boldsymbol{r}' \\ &+ \iiint_{-\infty}^{+\infty} \frac{\psi(\boldsymbol{r}')}{(2\pi)^3} \Big[\frac{1}{2a}\iiint_{-\infty}^{+\infty} \frac{1}{ik}(e^{ikat} - e^{-ikat})e^{i\boldsymbol{k}\cdot(\boldsymbol{r}-\boldsymbol{r}')} d^3\boldsymbol{k} \Big] d^3\boldsymbol{r}' \\ =& \frac{1}{4\pi a}\frac{\partial}{\partial t} \iiint_{-\infty}^{+\infty} \frac{\varphi(\boldsymbol{r}')}{|\boldsymbol{r}-\boldsymbol{r}'|}[\delta(|\boldsymbol{r}-\boldsymbol{r}'|-at) - \delta(|\boldsymbol{r}-\boldsymbol{r}'|+at)] d^3\boldsymbol{r}' \\ &+ \frac{1}{4\pi a}\iiint_{-\infty}^{+\infty} \frac{\psi(\boldsymbol{r}')}{|\boldsymbol{r}-\boldsymbol{r}'|}[\delta(|\boldsymbol{r}-\boldsymbol{r}'|-at) - \delta(|\boldsymbol{r}-\boldsymbol{r}'|+at)] d^3\boldsymbol{r}' \\ =& \frac{1}{4\pi a}\frac{\partial}{\partial t} \iiint_{-\infty}^{+\infty} \frac{\varphi(\boldsymbol{r}')}{|\boldsymbol{r}-\boldsymbol{r}'|}\delta(|\boldsymbol{r}'-\boldsymbol{r}|-at) d^3\boldsymbol{r}' \\ &+ \frac{1}{4\pi a}\iiint_{-\infty}^{+\infty} \frac{\psi(\boldsymbol{r}')}{|\boldsymbol{r}-\boldsymbol{r}'|}\delta(|\boldsymbol{r}'-\boldsymbol{r}|-at) d^3\boldsymbol{r}' \end{aligned}$$

$$= \frac{1}{4\pi a} \frac{\partial}{\partial t} \iint\limits_{S^r_{at}} \frac{\varphi(r')}{at} \mathrm{d}S + \frac{1}{4\pi a} \iint\limits_{S^r_{at}} \frac{\psi(r')}{at} \mathrm{d}S. \tag{15.33}$$

其中 S^r_{at} 代表以 r 为球心 at 为半径的球面,是二重积分的积分区域.

(15.33)式称为**泊松公式**,它揭示了 t 时刻 r 处的波动是球面 S^r_{at} 上各点初始时刻($t=0$)的振动传播到 r 处并在 r 处叠加的结果,所以振动的传播速度为 a.

以上推导泊松公式(15.33)的过程中第二步运用了如下积分公式.

$$\frac{1}{4\pi^2} \iiint\limits_{-\infty}^{+\infty} \frac{1}{ik} (\mathrm{e}^{ikat} - \mathrm{e}^{-ikat}) \mathrm{e}^{ik\cdot(r-r')} \mathrm{d}^3 k$$

$$= \frac{1}{|r-r'|} [\delta(|r-r'|-at) - \delta(|r-r'|+at)], \tag{15.34}$$

$$\frac{a}{4\pi^2} \iiint\limits_{-\infty}^{+\infty} (\mathrm{e}^{ikat} + \mathrm{e}^{-ikat}) \mathrm{e}^{ik\cdot(r-r')} \mathrm{d}^3 k$$

$$= \frac{\partial}{\partial t} \left\{ \frac{1}{|r-r'|} [\delta(|r'-r|-at) - \delta(|r'-r|+at)] \right\}. \tag{15.35}$$

例 15.5 求解三维空间中的有源激发波动问题:
$$\begin{cases} u_{tt} - a^2 \nabla^2 u = f(r,t) & (t \geqslant 0, a > 0), \\ u\mid_{t=0} = 0, \ u_t\mid_{t=0} = 0. \end{cases} \tag{15.36}$$

解 运用冲量定理法,设
$$u(r,t) = \int_0^t v(r,t;\tau) \mathrm{d}\tau, \tag{15.37}$$

则 $v(r,t;\tau)$ 应满足如下定解问题.
$$\begin{cases} v_{tt} - a^2 \nabla^2 v = 0 & (t \geqslant 0, a > 0), \\ v\mid_{t=\tau+0} = 0, v_t\mid_{t=\tau+0} = f(r,\tau). \end{cases} \tag{15.38}$$

运用泊松公式求解以上定解问题,只需将(15.33)式中 $t \to t-\tau$,得到
$$v(r,t;\tau) = \frac{1}{4\pi a} \iint\limits_{S^r_{a(t-\tau)}} \frac{f(r,\tau)}{a(t-\tau)} \mathrm{d}S', \tag{15.39}$$

其中 $S^r_{a(t-\tau)}$ 代表以 r 为球心 $a(t-\tau)$ 为半径的球面. 记 $R = a(t-\tau)$,它代表球面 $S^r_{a(t-\tau)}$ 上任意点 r' 到球心 r 处的距离,即 $R = |r'-r| =$

$a(t-\tau)$. 所以

$$\tau = t - \frac{R}{a} = t - \frac{|\boldsymbol{r}' - \boldsymbol{r}|}{a}. \tag{15.40}$$

将(15.39)式和(15.40)式代入(15.37)式,并做由 τ 至 R 的积分变量代换 $(\tau \to R)$,则

$$
\begin{aligned}
u(\boldsymbol{r},t) &= \int_0^t \frac{1}{4\pi a} \Big[\iint\limits_{S_{a(t-\tau)}^r} \frac{f(\boldsymbol{r},\tau)}{a(t-\tau)} \mathrm{d}S' \Big] \mathrm{d}\tau \\
&= \frac{1}{4\pi a} \int_{at}^0 \Big[\iint\limits_{S_{a(t-\tau)}^r} \frac{f(\boldsymbol{r},t-R/a)}{R} \mathrm{d}S' \Big] \Big(-\frac{1}{a}\mathrm{d}R \Big) \\
&= \frac{1}{4\pi a^2} \int_0^{at} \iint\limits_{S_{a(t-\tau)}^r} \frac{f(\boldsymbol{r},t-R/a)}{R} \mathrm{d}S' \mathrm{d}R \\
&= \frac{1}{4\pi a^2} \iiint\limits_{V_{at}^r} \frac{f(\boldsymbol{r},t-R/a)}{R} \mathrm{d}\boldsymbol{r}' \\
&= \frac{1}{4\pi a^2} \iiint\limits_{V_{at}^r} \frac{f(\boldsymbol{r},t-|\boldsymbol{r}'-\boldsymbol{r}|/a)}{|\boldsymbol{r}'-\boldsymbol{r}|} \mathrm{d}\boldsymbol{r}', \tag{15.41}
\end{aligned}
$$

其中 V_{at}^r 代表以 $\boldsymbol{r}$ 为球心半径为 at 的球体,是三重积分的积分区域.

(15.41)式称为**推迟势公式**,它提示了 t 时刻 $\boldsymbol{r}$ 处的振动是 $\boldsymbol{r}'$ 处在 $(t-|\boldsymbol{r}-\boldsymbol{r}'|/a)$ 时刻发出的振动传播到 $\boldsymbol{r}$ 处并在 $\boldsymbol{r}$ 处叠加的结果. $\boldsymbol{r}'$ 处发生振动的时刻 τ 比 $\boldsymbol{r}$ 处受影响的时刻 t 提前 $\Delta t = |\boldsymbol{r}-\boldsymbol{r}'|/a$,这说明振动传播速度为 a. 因此,只有球体 V_{at}^r 中激发源产生的振动才有可能在 t 时刻到达 $\boldsymbol{r}$ 处并对 $\boldsymbol{r}$ 处的振动产生影响,在球体 V_{at}^r 外激发的振动在 t 时刻还没到达 $\boldsymbol{r}$ 处,因而对 $\boldsymbol{r}$ 处的振动不产生影响.

§15.3   平面波的散射问题

例 15.6   求解平面电磁波照射无穷长金属圆柱表面的散射问

题：如图 15.1，无穷长金属圆柱面半径
为 a，轴线沿 z 方向，受到沿 x 正方向传
播的平面电磁波 $E_0 e^{i(\omega t - kx)}$ 的照射. 设入
射电磁波的电场偏振方向与圆柱轴线平
行，试求圆柱外散射电磁波的电场分布.

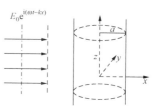

　　解　由于入射电磁波的电场偏振方
向沿圆柱轴向，所以导体表面产生的感
生电流方向也为轴向，这样形成的圆柱
外散射电磁波的电场方向也应该沿着轴向.

图 15.1　平面电磁波入射至
无穷长金属圆柱表面示意图

　　假设 $u(\boldsymbol{r}, t)$ 代表金属圆柱外的电场强度分布，那么它应满足如
下定解问题：

$$
\begin{cases}
\nabla^2 u - \dfrac{1}{c^2} u_{tt} = 0, \\
u\,|_{\rho=a} = 0
\end{cases}
$$

　　（其中 c 为光速，ρ 为柱坐标系中径向坐标）.　　　　　（15.42）

　　若不考虑色散，金属圆柱外电磁波应具有单一频率 ω，设 $u(\boldsymbol{r}, t)$
$= v(\boldsymbol{r}) e^{i\omega t}$，则

$$
\begin{cases}
\nabla^2 v(\boldsymbol{r}) + k^2 v(\boldsymbol{r}) = 0 \left(k = \dfrac{\omega}{c} \text{ 代表波矢} \right), \\
v\,|_{\rho=a} = 0.
\end{cases}
\tag{15.43}
$$

　　由于圆柱外电磁波是由入射波和散射波叠加而成，入射波电场
强度为 $v^i = E_0 e^{-ikx}$，假设散射波电场强度为 v^s，那么

$$
v = v^i + v^s = E_0 e^{-ik\rho\cos\varphi} + v^s. \tag{15.44}
$$

上式代入定解问题（15.42）的三维波动方程及边界条件，将得到 v^s
的定解问题.

$$
\begin{cases}
\nabla^2 v^s + k^2 v^s = 0, \\
v^s\,|_{\rho=a} = -E_0 e^{-ik\rho\cos\varphi}.
\end{cases}
\tag{15.45}
$$

　　因为圆柱为无穷长，并且 v^s 的边界条件与坐标 z 无关，所以以
上定解问题（15.45）的解 v^s 也应与 z 无关. 设 $v^s = R(\rho)\Phi(\varphi)$，代入
定解问题（15.45）的波动方程，分离变量后得

$$
\Phi'' + m^2 \Phi = 0, \tag{15.46}
$$

$$\frac{1}{\rho}\frac{\mathrm{d}}{\mathrm{d}\rho}\left(\rho\frac{\mathrm{d}R}{\mathrm{d}\rho}\right)+\left(k^2-\frac{m^2}{\rho^2}\right)R=0 \quad (a\leqslant\rho<+\infty). \quad (15.47)$$

常微分方程(15.46)式在周期性边界条件限制下的解为

$$\Phi(\varphi)=A_m\cos m\varphi+B_m\sin m\varphi \quad (m=0,1,2,\cdots). \quad (15.48)$$

常微分方程(15.47)经变量代换($x=k\rho$)后可化为 m 阶贝塞尔方程,其通解可采用两类汉开尔函数表示为

$$R(\rho)=\alpha\mathrm{H}_m^{(1)}(k\rho)+\beta\mathrm{H}_m^{(2)}(k\rho). \quad (15.49)$$

汉开尔函数具有如下渐近:当 $\rho\to+\infty$ 时,

$$\begin{cases} \mathrm{H}_m^{(1)}(k\rho)\to\sqrt{\dfrac{2}{\pi k\rho}}\mathrm{e}^{\mathrm{i}\left(k\rho-\frac{m\pi}{2}-\frac{\pi}{4}\right)}, & (15.50)\\[4mm] \mathrm{H}_m^{(2)}(k\rho)\to\sqrt{\dfrac{2}{\pi k\rho}}\mathrm{e}^{-\mathrm{i}\left(k\rho-\frac{m\pi}{2}-\frac{\pi}{4}\right)}. & (15.51) \end{cases}$$

由此可见,$\mathrm{H}_m^{(1)}(k\rho)$ 代表入射波,$\mathrm{H}_m^{(2)}(k\rho)$ 代表出射波.但散射波 v^s 中只有出射波,没有入射波.所以在(15.49)式中应令 $\alpha=0$,即只保留第二项,所以

$$R(\rho)=\mathrm{H}_m^{(2)}(k\rho). \quad (15.52)$$

因此散射波的通解为

$$v^s=\sum_{m=0}^{+\infty}(A_m\cos m\varphi+B_m\sin m\varphi)\mathrm{H}_m^{(2)}(k\rho). \quad (15.53)$$

再将上式代入定解问题(15.45)的边界条件,则

$$v^s\big|_{\rho=a}=\sum_{m=0}^{+\infty}(A_m\cos m\varphi+B_m\sin m\varphi)\mathrm{H}_m^{(2)}(ka)=-E_0\mathrm{e}^{-\mathrm{i}ka\cos\varphi}.$$

$$(15.54)$$

利用如下展开式将上式右边展开为柱函数级数:

$$\mathrm{e}^{\mathrm{i}k\rho\cos\varphi}=\mathrm{J}_0(k\rho)+2\sum_{m=1}^{+\infty}(-\mathrm{i})^m\mathrm{J}_m(k\rho)\cos m\varphi, \quad (\text{证明略})$$

$$(15.55)$$

则(15.54)式变为

$$\sum_{m=0}^{+\infty}(A_m\cos m\varphi+B_m\sin m\varphi)\mathrm{H}_m^{(2)}(ka)$$

$$=-E_0\mathrm{J}_0(ka)-2E_0\sum_{m=1}^{+\infty}(-\mathrm{i})^m\mathrm{J}_m(ka)\cos m\varphi. \quad (15.56)$$

比较上式两边对应项的系数得

$$B_m = 0, \quad A_0 = -\frac{E_0 J_0(ka)}{H_0^{(2)}(ka)},$$

$$A_m = -\frac{2E_0(-\mathrm{i})^m J_m(ka)}{H_m^{(2)}(ka)} \quad (m \geqslant 1). \tag{15.57}$$

因此散射波解为:

$$u^s = \left[-\frac{E_0 J_0(ka)}{H_0^{(2)}(ka)} H_0^{(2)}(k\rho) \right.$$

$$\left. - 2E_0 \sum_{m=1}^{+\infty} \frac{(-\mathrm{i})^m J_m(ka)}{H_m^{(2)}(ka)} H_m^{(2)}(k\rho) \cos m\varphi \right] \mathrm{e}^{\mathrm{i}\omega t}. \tag{15.58}$$

例 15.7　刚球势垒对自由粒子波的散射问题.

在量子力学中,刚球势垒描述为 $V(r) = \begin{cases} +\infty & (r \leqslant a) \\ 0 & (r > a) \end{cases}$, 它是粒子波无法穿透的势垒.

自由粒子波函数可表示为平面波形式 $\mathrm{e}^{-\mathrm{i}kz}$, 经过势垒散射后, 入射波与散射波互相叠加, 势垒外总的粒子波函数为 $\psi(\boldsymbol{r}) = \psi^{\mathrm{i}}(\boldsymbol{r}) + \psi^{\mathrm{s}}(\boldsymbol{r})$. 根据量子理论, 势垒外总粒子波函数满足如下定解问题:

$$\begin{cases} \nabla^2 \psi + k^2 \psi = 0 \quad (r > a, \ k = \dfrac{\sqrt{2\mu E}}{\hbar} \text{ 代表波矢}), \\ \psi\,|_{r=a} = 0. \end{cases} \tag{15.59}$$

由于入射波 $\mathrm{e}^{-\mathrm{i}kz}$ 满足自由波动方程, 所以散射波 $\psi^{\mathrm{s}}(r,\theta,\varphi)$ 应满足如下定解问题:

$$\begin{cases} \nabla^2 \psi^{\mathrm{s}}(r,\theta,\varphi) + k^2 \psi^{\mathrm{s}}(r,\theta,\varphi) = 0, \\ \psi^{\mathrm{s}}(r,\theta,\varphi)\,|_{r=a} = -\mathrm{e}^{-\mathrm{i}ka\cos\theta}. \end{cases} \tag{15.60}$$

如图 15.2 所示, 试求出散射波 $\psi^{\mathrm{s}}(\boldsymbol{r})$.

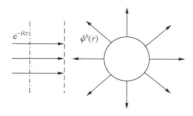

图 15.2　自由粒子波受到刚球势垒散射示意图

解　散射波具有轴对称性,即与 φ 无关,定解问题(15.60)的偏微分方程为

$$\frac{1}{r^2}\frac{\partial}{\partial r}\left(r^2\frac{\partial \psi^s}{\partial r}\right)+\frac{1}{r^2\sin\theta}\frac{\partial}{\partial\theta}\left(\sin\theta\frac{\partial \psi^s}{\partial\theta}\right)+k^2\psi^s = 0. \quad (15.61)$$

设 $\psi^s(r,\theta)=R(r)\Theta(\theta)$,代入上式,分离变量后得到

$$\frac{1}{\sin\theta}\frac{\mathrm{d}}{\mathrm{d}\theta}\left(\sin\theta\frac{\mathrm{d}\Theta}{\mathrm{d}\theta}\right)+l(l+1)\Theta = 0, \quad (15.62)$$

$$\frac{\mathrm{d}^2 R}{\mathrm{d}r^2}+\frac{2}{r}\frac{\mathrm{d}R}{\mathrm{d}r}+\left[k^2-\frac{l(l+1)}{r^2}\right]R = 0. \quad (15.63)$$

常微分方程(15.62)中令 $x=\cos\theta$,则可化为勒让德方程,其解为

$$\Theta(\theta) = \mathrm{P}_l(\cos\theta) \quad (l = 0,1,2,3,\cdots). \quad (15.64)$$

常微分方程(15.63)可化为球贝塞尔方程,其通解采用两类球汉开尔函数表示为

$$R(r) = A_l\mathrm{h}_l^{(1)}(kr)+B_l\mathrm{h}_l^{(2)}(kr). \quad (15.65)$$

$\mathrm{h}_l^{(1)}$ 和 $\mathrm{h}_l^{(2)}$ 具有以下渐近行为:

$$\begin{cases}\mathrm{h}_l^{(1)}(kr)\to\dfrac{1}{kr}\mathrm{e}^{\mathrm{i}\left(kr-\frac{l+1}{2}\pi\right)} & (r\to+\infty),\\[2mm]\mathrm{h}_l^{(2)}(kr)\to\dfrac{1}{kr}\mathrm{e}^{-\mathrm{i}\left(kr-\frac{l+1}{2}\pi\right)} & (r\to+\infty).\end{cases} \quad (15.66)$$

由此可见,$\mathrm{h}_l^{(1)}(kr)$ 代表入射波(舍去),$\mathrm{h}_l^{(2)}(kr)$ 代表出射波(散射波),因此

$$\psi^s(\boldsymbol{r}) = \sum_{l=0}^{+\infty}A_l\mathrm{h}_l^{(2)}(kr)\mathrm{P}_l(\cos\theta). \quad (15.67)$$

将散射波 $\psi^s(\boldsymbol{r})$ 的通解式代入定解问题(15.60)的边界条件,则

$$\sum_{l=0}^{+\infty}A_l\mathrm{h}_l^{(2)}(ka)\mathrm{P}_l(\cos\theta) = -\,\mathrm{e}^{-ika\cos\theta}. \quad (15.68)$$

把上式(15.68)右边展开为傅里叶-勒让德级数:

$$\mathrm{e}^{-ikr\cos\theta} = \sum_{l=0}^{+\infty}(2l+1)(-\mathrm{i})^l\mathrm{j}_l(kr)\mathrm{P}_l(\cos\theta), \quad (\text{证明略}) \quad (15.69)$$

再比较(15.68)式两边的系数得到

$$A_l = -\,\frac{(2l+1)(-\mathrm{i})^l\mathrm{j}_l(ka)}{\mathrm{h}_l^{(2)}(ka)} \quad (l = 0,1,2,\cdots). \quad (15.70)$$

因此散射波的解为

$$\psi^s(\boldsymbol{r}) = -\sum_{l=0}^{+\infty}(2l+1)(-\mathrm{i})^l\,\frac{\mathrm{j}_l(ka)\mathrm{h}_l^{(2)}(kr)}{\mathrm{h}_l^{(2)}(ka)}\cdot\mathrm{P}_l(\cos\theta).$$

$$(15.71)$$

习 题 十 五

15-1 求解如下定解问题:

$$\begin{cases} u_{tt} - a^2 u_{xx} = 0 \quad (-\infty < x < +\infty), \\ u\mid_{t=0} = \sin x, \ u_t\mid_{t=0} = kx \quad (k\ 是常数). \end{cases}$$

15-2 求解如下问题:

$$\begin{cases} u_{tt} - a^2 u_{xx} = \mathrm{e}^x \quad (-\infty < x < +\infty), \\ u\mid_{t=0} = 5, \ u_t\mid_{t=0} = x^2. \end{cases}$$

15-3 求解定解问题:

$$\begin{cases} u_{tt} - a^2 u_{xx} = 0 \quad (-\infty < x < +\infty), \\ u\mid_{t=0} = \varphi(x), \ u_t\mid_{t=0} = \psi(x), \\ u_x\mid_{x=0} = 0 \quad (t > 0). \end{cases}$$

15-4 求解二维无界区域中的波动问题:

$$\begin{cases} u_{tt} - a^2(u_{xx} + u_{yy}) = 0 \quad (-\infty < x, y < +\infty), \\ u\mid_{t=0} = \varphi(x,y), \ u_t\mid_{t=0} = \psi(x,y). \end{cases}$$

15-5 试采用傅里叶积分法求解三维无界区域中的扩散问题:

$$\begin{cases} u_t - a^2\,\nabla^2 u = 0, \\ u\mid_{t=0} = \varphi(\boldsymbol{r}). \end{cases}$$

15-6 半径为 r_0 的球面径向速度分布为 $v = v_0\cos\theta\,\mathrm{e}^{-\mathrm{i}\omega t}$,它向空气中辐射出去的声场速度势满足如下定解问题:

$$\begin{cases} u_{tt} - a^2\,\nabla^2 u = 0 \quad (a > 0), \\ \dfrac{\partial u}{\partial r}\bigg|_{r=r_0} = -v_0\cos\theta\,\mathrm{e}^{-\mathrm{i}\omega t}. \end{cases}$$

试求出辐射声场的速度势 $(r_0 \ll \lambda)$.

15-7　半径为 ρ_0 的无穷长圆柱面径向速度分布为 $v = v_0 e^{-i\omega t}$，它向空气辐射的声场速度势满足如下定解问题：

$$\begin{cases} u_{tt} - a^2 \, \nabla^2 u = 0 \quad (a > 0), \\ \left. \dfrac{\partial u}{\partial r} \right|_{\rho = \rho_0} = -v_0 e^{-i\omega t}. \end{cases}$$

试求出辐射声场中的速度势（$\rho_0 \ll \lambda$）.

第十六章 格林函数法

§16.1 自由格林函数

在三维无界空间中的有源场方程一般具有如下形式：
$$\nabla^2 u(\boldsymbol{r}) + \lambda u(\boldsymbol{r}) = f(\boldsymbol{r}), \qquad (16.1)$$
其中 λ 为实数.

三维偏微分方程中非齐次项 $f(\boldsymbol{r})$ 代表源的密度分布,点源的密度分布函数可采用三维 δ 函数表示. 为了讨论点源的场分布函数,这里引入了三维 δ 函数,采用 $\delta(\boldsymbol{r}-\boldsymbol{r}')$ 代表在 $\boldsymbol{r}'$ 处存在强度为 1 的点源,其定义与一维 δ 函数的定义类似,具有下列几条重要性质.

(i) $\delta(\boldsymbol{r}-\boldsymbol{r}') = \begin{cases} \infty & (\boldsymbol{r} = \boldsymbol{r}'), \\ 0 & (\boldsymbol{r} \neq \boldsymbol{r}'); \end{cases}$ $\qquad (16.2)$

(ii) $\displaystyle\int_V \delta(\boldsymbol{r}-\boldsymbol{r}')\mathrm{d}\boldsymbol{r} = 1$（积分区域 V 包含 $\boldsymbol{r}'$ 点）; $\qquad (16.3)$

(iii) $\displaystyle\int_V F(\boldsymbol{r})\delta(\boldsymbol{r}-\boldsymbol{r}')\mathrm{d}\boldsymbol{r} = F(\boldsymbol{r}')$（积分区域 V 包含 $\boldsymbol{r}'$ 点）;

$\qquad (16.4)$

(iv) $\delta(\boldsymbol{r}-\boldsymbol{r}') = \delta(x-x')\delta(y-y')\delta(z-z')$

$$= \frac{1}{(2\pi)^3} \iiint_{-\infty}^{+\infty} \mathrm{e}^{\mathrm{i}\boldsymbol{k}(\boldsymbol{r}-\boldsymbol{r}')} \mathrm{d}\boldsymbol{k}. \qquad (16.5)$$

定义 满足以下偏微分方程
$$\nabla^2 G(\boldsymbol{r},\boldsymbol{r}') + \lambda G(\boldsymbol{r},\boldsymbol{r}') = \delta(\boldsymbol{r}-\boldsymbol{r}') \qquad (16.6)$$
的函数 $G(\boldsymbol{r},\boldsymbol{r}')$,称为对应于偏微分方程(16.1)的**自由格林函数**.

在物理学中,偏微分方程(16.1)的解 $u(\boldsymbol{r})$ 代表密度分布为 $f(\boldsymbol{r})$ 的源在空间激发的场强分布函数,而 $\delta(\boldsymbol{r}-\boldsymbol{r}')$ 代表在 $\boldsymbol{r}'$ 处强度为 1

的点源,所以自由格林函数 $G(r,r')$ 代表 r' 处单位强度点源在 r 处产生的场强.

实际上,满足偏微分方程(16.6)的函数很多,即自由格林函数 $G(r,r')$ 不是唯一的.考虑到点源在各向同性的空间中产生的场具有球对称性,所以研究以 r' 点为中心的球对称自由格林函数才有实际意义.记 $\rho=|r-r'|$,则球对称的自由格林函数可表示为 $G(\rho)$.满足偏微分方程(16.6)的球对称自由格林函数 $G(\rho)$ 称为**偏微分方程(16.1)的基本解**.

根据场叠加原理,体分布源 $f(r')$ 产生的场可表示为无穷多点源产生的场的线性叠加,即把体分布源 $f(r')$ 分割为无穷多强度为 $f(r')\mathrm{d}r'$ 的点源,然后把所有点源产生的场进行线性叠加,将可得到体分布源 $f(r')$ 产生的场强分布 $u(r)$.所以

$$u(r) = \int_{V'} f(r')G(r,r')\mathrm{d}r', \qquad (16.7)$$

其中积分区域 V' 为体分布源 $f(r')$ 的分布区域.

由此可见,求解有源场方程(16.1)已转化为求解自由格林函数 $G(r,r')$,而具有实际意义的是球对称自由格林函数,即基本解 $G(\rho)$.

下面将根据基本解 $G(\rho)$ 的定义和 $\delta(r-r')$ 的性质,求出 $G(\rho)$ 的表示式.

当 $\rho\neq0$ 时,$\delta(\rho)=0$,$G(\rho)$ 满足以下偏微分方程

$$\frac{1}{\rho^2}\frac{\mathrm{d}}{\mathrm{d}\rho}\left(\rho^2\frac{\mathrm{d}G}{\mathrm{d}\rho}\right)+\lambda G(\rho) = 0. \qquad (16.8)$$

在 $\rho=0$ 处 $G(\rho)$ 具有奇异性.取以 r' 为中心、半径为 ε 的球体 V_ε,在 V_ε 内对偏微分方程(16.6)两边求体积分,则

$$左边 = \int_{V_\varepsilon} (\nabla^2 G + \lambda G)\mathrm{d}r$$

$$= \oiint_{S_\varepsilon} \nabla G \cdot \mathrm{d}S + \lambda\int_0^\varepsilon G(\rho) \cdot 4\pi\rho^2\mathrm{d}\rho \quad (S_\varepsilon \text{ 为 } V_\varepsilon \text{ 的表面})$$

$$= \oiint_{S_\varepsilon} \left[\frac{\mathrm{d}G(\rho)}{\mathrm{d}\rho}\right]_{\rho=\varepsilon} \mathrm{d}S + \lambda\int_0^\varepsilon G(\rho) \cdot 4\pi\rho^2\mathrm{d}\rho$$

$$= 4\pi\varepsilon^2 \left[\frac{\mathrm{d}G(\rho)}{\mathrm{d}\rho}\right]_{\rho=\varepsilon} + \lambda \int_0^\varepsilon G(\rho) \cdot 4\pi\rho^2 \,\mathrm{d}\rho,$$

$$右边 = \int_{V_\varepsilon} \delta(\boldsymbol{r} - \boldsymbol{r}') \,\mathrm{d}\boldsymbol{r} = 1.$$

所以,当 $\varepsilon \to 0$ 时,$G(\rho)$ 必须满足

$$\lim_{\varepsilon\to 0}\left[4\pi\varepsilon^2\left(\frac{\mathrm{d}G}{\mathrm{d}\rho}\right)_{\rho=\varepsilon} + \lambda\int_0^\varepsilon G(\rho)\cdot 4\pi\rho^2\,\mathrm{d}\rho\right] = 1. \qquad (16.9)$$

按照实常数 λ 的不同取值范围,分三种情况进行讨论.

(i) $\lambda > 0$,令 $\lambda = k^2$,$k>0$,则偏微分场方程(16.1)为非齐次亥姆霍兹方程

$$\nabla^2 u(\boldsymbol{r}) + k^2 u(\boldsymbol{r}) = f(\boldsymbol{r}), \qquad (16.10)$$

其基本解满足以下常微分方程

$$\frac{\mathrm{d}^2 G(\rho)}{\mathrm{d}\rho^2} + \frac{2}{\rho}\frac{\mathrm{d}G(\rho)}{\mathrm{d}\rho} + k^2 G(\rho) = 0 \quad (\rho \neq 0). \qquad (16.11)$$

以上常微分方程(16.11)可化为零阶贝塞尔方程(令 $x=k\rho$),其通解为

$$G(\rho) = A h_0^{(1)}(k\rho) + B h_0^{(2)}(k\rho). \qquad (16.12)$$

$h_0^{(1)}$ 和 $h_0^{(2)}$ 分别代表入射波和出射波,而点源只产生出射波,所以取 $A=0$.

$$G(\rho) = B h_0^{(1)}(k\rho) = B \cdot \frac{\mathrm{e}^{-ik\rho}}{\rho}. \qquad (16.13)$$

将上式代入 $\varepsilon \to 0$ 时的条件(16.9)式,则

$$\lim_{\varepsilon\to 0}\left[4\pi\varepsilon^2\left(B\cdot\frac{-\rho\cdot ik\mathrm{e}^{-ik\rho} - \mathrm{e}^{-ik\rho}}{\rho^2}\right)_{\rho=\varepsilon} + k^2\int_0^\varepsilon B\cdot\frac{\mathrm{e}^{-ik\rho}}{\rho}\cdot 4\pi\rho^2\,\mathrm{d}\rho\right] = 1.$$

所以

$$B = -\frac{1}{4\pi},$$

$$G(\rho) = -\frac{\mathrm{e}^{-ik\rho}}{4\pi\rho}. \qquad (16.14)$$

因此,非齐次亥姆霍兹方程(16.10)的解可表示为

$$u(\boldsymbol{r}) = \int_{V'} f(\boldsymbol{r}')\left(-\frac{\mathrm{e}^{-ik|\boldsymbol{r}-\boldsymbol{r}'|}}{4\pi|\boldsymbol{r}-\boldsymbol{r}'|}\right)\mathrm{d}\boldsymbol{r}'. \qquad (16.15)$$

(ii) $\lambda = 0$,则偏微分方程(16.1)为泊松方程

$$\nabla^2 u(\boldsymbol{r}) = f(\boldsymbol{r}), \qquad (16.16)$$

其基本解满足以下常微分方程

$$\frac{1}{\rho^2}\frac{\mathrm{d}}{\mathrm{d}\rho}\left(\rho^2\frac{\mathrm{d}G}{\mathrm{d}\rho}\right)=0 \quad (\rho\neq 0),\qquad(16.17)$$

其通解为

$$G(\rho)=-\frac{A}{\rho}+B \quad (A,B \text{ 为常数}).\qquad(16.18)$$

一般规定离点源无穷远处场强为 0,这对应于 $B=0$,即 $G(\rho)=$ $-\dfrac{A}{\rho}$,将它代入(16.9)式并注意 $\lambda=0$,可求出 $A=\dfrac{1}{4\pi}$,所以泊松方程 (16.16)的基本解为

$$G(\rho)=-\frac{A}{4\pi\rho}.\qquad(16.19)$$

将(16.19)式代入(16.7)式,可得到无界区域中泊松方程(16.16)的解为

$$u(\boldsymbol{r})=-\int_{V'}\frac{f(\boldsymbol{r}')}{4\pi\,|\,\boldsymbol{r}-\boldsymbol{r}'\,|}\mathrm{d}\boldsymbol{r}'.\qquad(16.20)$$

(iii) $\lambda<0$,令 $\lambda=-\omega^2$,$\omega>0$,则偏微分方程(16.1)具有如下 形式

$$\nabla^2 u(\boldsymbol{r})-\omega^2 u(\boldsymbol{r})=f(\boldsymbol{r}) \quad (\omega>0).\qquad(16.21)$$

其基本解满足以下常微分方程

$$\frac{1}{\rho^2}\frac{\mathrm{d}}{\mathrm{d}\rho}\left(\rho^2\frac{\mathrm{d}G}{\mathrm{d}\rho}\right)-\omega^2 G=0,\qquad(16.22)$$

其通解为

$$G(\rho)=\frac{A}{\rho}\mathrm{e}^{-\omega\rho}+\frac{B}{\rho}\mathrm{e}^{\omega\rho} \quad (A,B \text{ 为积分常数}).\qquad(16.23)$$

若离点源无穷远处的场强为 0,则 $B=0$,即

$$G(\rho)=\frac{A}{\rho}\mathrm{e}^{-\omega\rho},\qquad(16.24)$$

将(16.24)式代入(16.9)式得 $A=-\dfrac{1}{4\pi}$,所以常微分方程(16.21)的 基本解和解分别为

$$G(\rho)=-\frac{1}{4\pi\rho}\mathrm{e}^{-\omega\rho} \quad (\omega>0),\qquad(16.25)$$

$$u(\boldsymbol{r})=-\int_{V'}\frac{f(\boldsymbol{r}')}{4\pi\,|\,\boldsymbol{r}-\boldsymbol{r}'\,|}\mathrm{e}^{-\omega|\boldsymbol{r}-\boldsymbol{r}'|}\mathrm{d}\boldsymbol{r}'.\qquad(16.26)$$

§16.2　边值问题的格林函数

在实际问题中经常遇到以下边值问题，其中 V 为三维区域，S 是 V 的封闭边界：

$$
\begin{cases}
\nabla^2 u(r) + \lambda u(r) = f(r) & (r \in V), \\
\left[\alpha \dfrac{\partial u(r)}{\partial n} + \beta u(r) \right]_S = h(r) \mid_{r \in S}
\end{cases}
$$

$$(n \text{ 代表 } S \text{ 的法向}, \alpha^2 + \beta^2 \neq 0). \tag{16.27}$$

定义以上边值问题的格林函数 $G(r, r')$ 为满足如下边值问题的函数：

$$
\begin{cases}
\nabla^2 G(r, r') + \lambda G(r, r') = \delta(r - r') & (r \in V, r' \in V), \\
\left[\alpha \dfrac{\partial G(r, r')}{\partial n} + \beta G(r, r') \right]_{r \in S} = 0.
\end{cases}
$$

$$\tag{16.28}$$

这里定义的边值问题 (16.27) 的格林函数 $G(r, r')$ 具有对称性，即

$$G(r_1, r_2) = G(r_2, r_1) \quad (r_1, r_2 \in V). \tag{16.29}$$

证明　根据边值问题 (16.27) 的格林函数的定义，$G(r, r_1)$ 和 $G(r, r_2)$ 分别满足如下边值问题

$$
\begin{cases}
\nabla^2 G(r, r_1) + \lambda G(r, r_1) = \delta(r - r_1) & (r, r_1 \in V), \\
\left[\alpha \dfrac{\partial G(r, r_1)}{\partial n} + \beta G(r, r_1) \right]_{r \in S} = 0 & (\alpha^2 + \beta^2 \neq 0);
\end{cases}
$$

$$
\begin{cases}
\nabla^2 G(r, r_2) + \lambda G(r, r_2) = \delta(r - r_2) & (r, r_2 \in V), \\
\left[\alpha \dfrac{\partial G(r, r_2)}{\partial n} + \beta G(r, r_2) \right]_{r \in S} = 0 & (\alpha^2 + \beta^2 \neq 0).
\end{cases}
$$

由以上两个边值问题的偏微分方程得

$$
\int_V \{ G(r, r_1) [\nabla^2 G(r, r_2) + \lambda G(r, r_2)]
$$

$$
- G(r, r_2) [\nabla^2 G(r, r_1) + \lambda G(r, r_1)] \} dr
$$

$$= \int_V [G(\boldsymbol{r},\boldsymbol{r}_1)\delta(\boldsymbol{r}-\boldsymbol{r}_2) - G(\boldsymbol{r},\boldsymbol{r}_2)\delta(\boldsymbol{r}-\boldsymbol{r}_1)]d\boldsymbol{r}$$

$$= G(\boldsymbol{r}_2,\boldsymbol{r}_1) - G(\boldsymbol{r}_1,\boldsymbol{r}_2).$$

另外,根据高斯定理,上式左边的体积分可变为面积分:

$$\int_V \{G(\boldsymbol{r},\boldsymbol{r}_1)[\nabla^2 G(\boldsymbol{r},\boldsymbol{r}_2) + \lambda G(\boldsymbol{r},\boldsymbol{r}_2)]$$

$$- G(\boldsymbol{r},\boldsymbol{r}_2)[\nabla^2 G(\boldsymbol{r},\boldsymbol{r}_1) + \lambda G(\boldsymbol{r},\boldsymbol{r}_1)]\}d\boldsymbol{r}$$

$$= \int_V [G(\boldsymbol{r},\boldsymbol{r}_1)\nabla^2 G(\boldsymbol{r},\boldsymbol{r}_2) - G(\boldsymbol{r},\boldsymbol{r}_2)\nabla^2 G(\boldsymbol{r},\boldsymbol{r}_1)]d\boldsymbol{r}$$

$$= \int_V \nabla \cdot [G(\boldsymbol{r},\boldsymbol{r}_1)\nabla G(\boldsymbol{r},\boldsymbol{r}_2) - G(\boldsymbol{r},\boldsymbol{r}_2)\nabla G(\boldsymbol{r},\boldsymbol{r}_1)]d\boldsymbol{r}$$

$$= \oiint_S [G(\boldsymbol{r},\boldsymbol{r}_1)\nabla G(\boldsymbol{r},\boldsymbol{r}_2) - G(\boldsymbol{r},\boldsymbol{r}_2)\nabla G(\boldsymbol{r},\boldsymbol{r}_1)] \cdot d\boldsymbol{S}$$

$$= \oiint_S \left[G(\boldsymbol{r},\boldsymbol{r}_1)\frac{\partial G(\boldsymbol{r},\boldsymbol{r}_2)}{\partial n} - G(\boldsymbol{r},\boldsymbol{r}_2)\frac{\partial G(\boldsymbol{r},\boldsymbol{r}_1)}{\partial n}\right]dS.$$

将 $G(\boldsymbol{r},\boldsymbol{r}_1)$ 和 $G(\boldsymbol{r},\boldsymbol{r}_2)$ 所应满足的边界条件联立:

$$\begin{cases} \alpha\dfrac{\partial G(\boldsymbol{r},\boldsymbol{r}_1)}{\partial n} + \beta G(\boldsymbol{r},\boldsymbol{r}_1) = 0, \\ \alpha\dfrac{\partial G(\boldsymbol{r},\boldsymbol{r}_2)}{\partial n} + \beta G(\boldsymbol{r},\boldsymbol{r}_2) = 0 \end{cases} (\alpha^2+\beta^2 \neq 0, \boldsymbol{r} \in S),$$

由于 α,β 不能同时为 0,所以

$$\begin{vmatrix} \dfrac{\partial G(\boldsymbol{r},\boldsymbol{r}_1)}{\partial n} & G(\boldsymbol{r},\boldsymbol{r}_1) \\ \dfrac{\partial G(\boldsymbol{r},\boldsymbol{r}_2)}{\partial n} & G(\boldsymbol{r},\boldsymbol{r}_2) \end{vmatrix} = 0 \quad (\boldsymbol{r} \in S),$$

也即

$$\frac{\partial G(\boldsymbol{r},\boldsymbol{r}_1)}{\partial n}G(\boldsymbol{r},\boldsymbol{r}_2) - G(\boldsymbol{r},\boldsymbol{r}_1)\frac{\partial G(\boldsymbol{r},\boldsymbol{r}_2)}{\partial n} = 0 \quad (\boldsymbol{r} \in S).$$

由此可见以上面积分为 0,所以 $G(\boldsymbol{r}_2,\boldsymbol{r}_1) = G(\boldsymbol{r}_1,\boldsymbol{r}_2)$.(证毕)

为什么要引入边值问题(16.27)的格林函数 $G(\boldsymbol{r},\boldsymbol{r}')$ 呢? 边值问题(16.27)的格林函数 $G(\boldsymbol{r},\boldsymbol{r}')$ 与解 $u(\boldsymbol{r})$ 有什么关系?

因为 $$\oiint_S \left[G(\boldsymbol{r},\boldsymbol{r}')\frac{\partial u(\boldsymbol{r})}{\partial n} - u(\boldsymbol{r})\frac{\partial G(\boldsymbol{r},\boldsymbol{r}')}{\partial n}\right]dS$$

$$= \int_V \nabla \cdot [G(\boldsymbol{r}, \boldsymbol{r}') \nabla u(\boldsymbol{r}) - u(\boldsymbol{r}) \nabla G(\boldsymbol{r}, \boldsymbol{r}')] \mathrm{d}\boldsymbol{r}$$

$$= \int_V [G(\boldsymbol{r}, \boldsymbol{r}') \nabla^2 u(\boldsymbol{r}) - u(\boldsymbol{r}) \nabla^2 G(\boldsymbol{r}, \boldsymbol{r}')] \mathrm{d}\boldsymbol{r}$$

$$= \int_V \{G(\boldsymbol{r}, \boldsymbol{r}') [\nabla^2 u(\boldsymbol{r}) + \lambda u(\boldsymbol{r})]$$

$$\qquad - u(\boldsymbol{r}) [\nabla^2 G(\boldsymbol{r}, \boldsymbol{r}') + \lambda G(\boldsymbol{r}, \boldsymbol{r}')]\} \mathrm{d}\boldsymbol{r}$$

$$= \int_V [G(\boldsymbol{r}, \boldsymbol{r}') f(\boldsymbol{r}) - u(\boldsymbol{r})\delta(\boldsymbol{r} - \boldsymbol{r}')] \mathrm{d}\boldsymbol{r}$$

$$= \int_V G(\boldsymbol{r}, \boldsymbol{r}') f(\boldsymbol{r}) \mathrm{d}\boldsymbol{r} - u(\boldsymbol{r}'), \tag{16.30}$$

若令 $\boldsymbol{r} \to \boldsymbol{r}', \boldsymbol{r}' \to \boldsymbol{r}$,并考虑到 $G(\boldsymbol{r}, \boldsymbol{r}') = G(\boldsymbol{r}', \boldsymbol{r})$,则

$$u(\boldsymbol{r}) = \int_V G(\boldsymbol{r}, \boldsymbol{r}') f(\boldsymbol{r}') \mathrm{d}\boldsymbol{r}' + \oiint_S \left[u(\boldsymbol{r}') \frac{\partial G(\boldsymbol{r}, \boldsymbol{r}')}{\partial n'} \right.$$

$$\left. - G(\boldsymbol{r}, \boldsymbol{r}') \frac{\partial u(\boldsymbol{r}')}{\partial n'} \right] \mathrm{d}S', \tag{16.31}$$

由此可见,边值问题(16.27)的解 $u(\boldsymbol{r})$ 可以表示为格林函数 $G(\boldsymbol{r}, \boldsymbol{r}')$ 的积分,这正是引入边值问题(16.27)的格林函数 $G(\boldsymbol{r}, \boldsymbol{r}')$ 的目的.

(i) 若 $\alpha = 0, \beta \neq 0$,则边值问题(16.27)和(16.28)的边界条件为

$$G(\boldsymbol{r}, \boldsymbol{r}') |_{\boldsymbol{r}' \in S} = 0, \quad u(\boldsymbol{r}') |_{\boldsymbol{r}' \in S} = \frac{1}{\beta} h(\boldsymbol{r}') |_{\boldsymbol{r}' \in S},$$

所以

$$u(\boldsymbol{r}) = \int_V G(\boldsymbol{r}, \boldsymbol{r}') f(\boldsymbol{r}') \mathrm{d}\boldsymbol{r}' + \frac{1}{\beta} \oiint_S h(\boldsymbol{r}') \frac{\partial G(\boldsymbol{r}, \boldsymbol{r}')}{\partial n'} \mathrm{d}S'.$$

$$\tag{16.32}$$

(ii) 若 $\alpha \neq 0$,则

$$\frac{\partial G(\boldsymbol{r}, \boldsymbol{r}')}{\partial n'} \bigg|_{\boldsymbol{r}' \in S} = -\frac{\beta}{\alpha} G(\boldsymbol{r}, \boldsymbol{r}') \bigg|_{\boldsymbol{r}' \in S},$$

$$\frac{\partial u(\boldsymbol{r}')}{\partial n'} \bigg|_{\boldsymbol{r}' \in S} = \left[\frac{h(\boldsymbol{r}')}{\alpha} - \frac{\beta}{\alpha} u(\boldsymbol{r}') \right]_{\boldsymbol{r}' \in S},$$

$$\left[u(\boldsymbol{r}') \frac{\partial G(\boldsymbol{r}, \boldsymbol{r}')}{\partial n'} - G(\boldsymbol{r}, \boldsymbol{r}') \frac{\partial u(\boldsymbol{r}')}{\partial n'} \right]_{\boldsymbol{r}' \in S}$$

$$= -\frac{1}{\alpha} h(\boldsymbol{r}') G(\boldsymbol{r}, \boldsymbol{r}') \bigg|_{\boldsymbol{r}' \in S},$$

所以

$$u(\boldsymbol{r}) = \int_V G(\boldsymbol{r},\boldsymbol{r}') f(\boldsymbol{r}') \mathrm{d}\boldsymbol{r}' - \frac{1}{\alpha} \oiint_S h(\boldsymbol{r}') G(\boldsymbol{r},\boldsymbol{r}') \mathrm{d}S'.$$

$$(16.33)$$

综上所述，

$$u(\boldsymbol{r}) = \int_V G(\boldsymbol{r},\boldsymbol{r}') f(\boldsymbol{r}') \mathrm{d}\boldsymbol{r}'$$

$$+ \begin{cases} \dfrac{1}{\beta} \oiint_S h(\boldsymbol{r}') \dfrac{\partial G(\boldsymbol{r},\boldsymbol{r}')}{\partial n'} \mathrm{d}S' & (\alpha = 0), \\[3mm] -\dfrac{1}{\alpha} \oiint_S h(\boldsymbol{r}') G(\boldsymbol{r},\boldsymbol{r}') \mathrm{d}S' & (\alpha \neq 0). \end{cases}$$

$$(16.34)$$

因此，只要求出格林函数 $G(\boldsymbol{r},\boldsymbol{r}')$，就可将边值问题(16.27)的解 $u(\boldsymbol{r})$ 表示为积分形式. 一般边值条件的格林函数 $G(\boldsymbol{r},\boldsymbol{r}')$ 不容易求出，虽然求解格林函数的方法有多种多样，但也只有少数特殊边值条件的格林函数 $G(\boldsymbol{r},\boldsymbol{r}')$ 才能求出. 下面将介绍一种最简单也是最常用的方法——**镜像法**. 所谓镜像法是在区域 V 以外配置一个像点源，使得区域 V 内的点源与区域 V 以外的像点源产生的标量场叠加后在区域 V 的边界 S 上使边值问题(16.28)的边界条件得到满足；同时由于像点源在区域 V 以外，在区域 V 内像点源产生的场分布满足齐次场方程，所以在区域 V 内，点源和像点源的叠加场 $G(\boldsymbol{r},\boldsymbol{r}')$ 满足边值问题(16.28).

球域内泊松方程的狄利克雷问题如下：

$$\begin{cases} \nabla^2 u(\boldsymbol{r}) = f(\boldsymbol{r}) & (\boldsymbol{r} \in V), \\ u(\boldsymbol{r})\,|_{r\in S} = h(\boldsymbol{r})\,|_{r\in S}. \end{cases}$$

$$(16.35)$$

这里 V 代表球区域：$x^2 + y^2 + z^2 < a^2$，S 为球区域的边界.

以上边值问题对应的格林函数 $G(\boldsymbol{r},\boldsymbol{r}')$ 满足

$$\begin{cases} \nabla^2 G(\boldsymbol{r},\boldsymbol{r}') = \delta(\boldsymbol{r}-\boldsymbol{r}') & (\boldsymbol{r},\boldsymbol{r}' \in V), \\ G(\boldsymbol{r},\boldsymbol{r}')\,|_{r\in S} = 0. \end{cases}$$

$$(16.36)$$

若没有边界条件的限制，$\boldsymbol{r}'$ 处单位强度源产生的场分布就是泊松方程的基本解，可表示为

$$G(\boldsymbol{r}-\boldsymbol{r}') = -\frac{1}{4\pi}\frac{1}{|\boldsymbol{r}-\boldsymbol{r}'|}. \tag{16.37}$$

为了使边值问题(16.36)的边界条件得到满足,必须寻找点源的像,如图 16.1 所示.

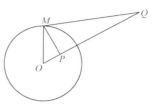

设球内单位强度的点源 P 处于 $\boldsymbol{r}'$,在球心 O 与 P 的连线上取点 Q,使得 $\overline{OP} \cdot \overline{OQ}=a^2$,$Q$ 点称为球内 P 点的**反演点**,或称为 P 点的**像**. 在 Q 点处放置强度为 $-\dfrac{a}{r'}$ 的点源,该点源称为单位强度点源

图 16.1　球域内点源与球域外像点源的示意图

$\delta(\boldsymbol{r}-\boldsymbol{r}')$ 的**像点源**,可记为 $-\dfrac{a}{r'}\delta(\boldsymbol{r}-\boldsymbol{r}_Q)$. M 是球面 S 上任意点,由于 $\dfrac{\overline{OP}}{\overline{OM}} = \dfrac{\overline{OM}}{\overline{OQ}}$,可知 $\triangle OPM$ 和 $\triangle OMQ$ 是相似三角形,所以

$$\frac{\overline{MP}}{\overline{MQ}} = \frac{\overline{OP}}{\overline{OM}} = \frac{r'}{a}.$$

点源 $\delta(\boldsymbol{r}-\boldsymbol{r}')$ 与像点源 $-\dfrac{a}{r'}\delta(\boldsymbol{r}-\boldsymbol{r}_Q)$ 产生的标量场在 M 点叠加后为

$$-\frac{1}{4\pi}\frac{1}{\overline{MP}} - \frac{(-a/r')}{4\pi\,\overline{MQ}} = \frac{1}{4\pi}\left(\frac{a}{r'\,\overline{MQ}} - \frac{1}{\overline{MP}}\right) = 0.$$

由此可见,点源 $\delta(\boldsymbol{r}-\boldsymbol{r}')$ 与像点源 $-\dfrac{a}{r'}\delta(\boldsymbol{r}-\boldsymbol{r}_Q)$ 产生的标量场叠加后在球面 S 上处处为 0,因此,点源 $\delta(\boldsymbol{r}-\boldsymbol{r}')$ 与像点源 $-\dfrac{a}{r'}\delta(\boldsymbol{r}-\boldsymbol{r}_Q)$ 在球域内产生的标量场的叠加函数满足边值问题(16.36),就是边值问题(16.35)的格林函数 $G(\boldsymbol{r},\boldsymbol{r}')$.

$$\begin{aligned}
G(\boldsymbol{r},\boldsymbol{r}') &= -\frac{1}{4\pi|\boldsymbol{r}-\boldsymbol{r}'|} + \frac{a}{r'}\cdot\frac{1}{4\pi|\boldsymbol{r}-\boldsymbol{r}_Q|}\\
&= -\frac{1}{4\pi|\boldsymbol{r}-\boldsymbol{r}'|} + \frac{a}{4\pi r'}\cdot\frac{1}{|\boldsymbol{r}-a^2\boldsymbol{r}'/r'^2|}
\end{aligned}$$

$$=-\frac{1}{4\pi}\left(\frac{1}{|\boldsymbol{r}-\boldsymbol{r}'|}-\frac{a}{|\boldsymbol{r}'\boldsymbol{r}-a^2\boldsymbol{e}_{r'}|}\right)\quad(\boldsymbol{e}_{r'}\text{ 代表 }\boldsymbol{r}'/r')$$

$$=-\frac{1}{4\pi}\left(\frac{1}{\sqrt{r^2+r'^2-2rr'\cos\gamma}}\right.$$

$$\left.-\frac{a}{\sqrt{r^2r'^2+a^4-2a^2rr'\cos\gamma}}\right),\qquad(16.38)$$

其中 γ 是 $\boldsymbol{r}$ 与 $\boldsymbol{r}'$ 的夹角.

$$\left[\frac{\partial G(\boldsymbol{r},\boldsymbol{r}')}{\partial n'}\right]_{r'\in S}=\left[\frac{\partial G(\boldsymbol{r},\boldsymbol{r}')}{\partial r'}\right]_{r'\in S}$$

$$=\frac{1}{4\pi}\left[\frac{r'-r\cos\gamma}{\sqrt{(r^2+r'^2-2rr'\cos\gamma)^3}}\right.$$

$$\left.-\frac{a(r^2r'-a^2r\cos\gamma)}{\sqrt{(r^2r'^2+a^4-2a^2rr'\cos\gamma)^3}}\right]_{r'=a}$$

$$=\frac{1}{4\pi a}\cdot\frac{a^2-r^2}{\sqrt{(r^2+a^2-2ar\cos\gamma)^3}}.\qquad(16.39)$$

在球坐标中, $\boldsymbol{r}$ 和 $\boldsymbol{r}'$ 的坐标分别为 (r,θ,φ) 和 (r',θ',φ'),所以

$$\cos\gamma=\frac{\boldsymbol{r}\cdot\boldsymbol{r}'}{rr'}=\cos\theta\cos\theta'+\sin\theta\sin\theta'\cos(\varphi-\varphi').\quad(16.40)$$

根据(16.34)式,边值问题(16.35)的解为

$$u(\boldsymbol{r})=\int_V G(\boldsymbol{r},\boldsymbol{r}')f(\boldsymbol{r}')\mathrm{d}\boldsymbol{r}'+\oiint_S h(\boldsymbol{r}')\frac{\partial G(\boldsymbol{r},\boldsymbol{r}')}{\partial n'}\mathrm{d}S$$

$$=-\frac{1}{4\pi}\int_0^{2\pi}\int_0^{\pi}\int_0^a f(r',\theta',\varphi')$$

$$\cdot\left(\frac{1}{\sqrt{r^2+r'^2-2rr'\cos\gamma}}-\frac{a}{\sqrt{r^2r'^2+a^4-2a^2rr'\cos\gamma}}\right)$$

$$\cdot r'^2\sin\theta'\mathrm{d}r'\mathrm{d}\theta'\mathrm{d}\varphi'$$

$$+\frac{a}{4\pi}\int_0^{2\pi}\int_0^{\pi}h(a,\theta',\varphi')\frac{a^2-r^2}{\sqrt{(r^2+a^2-2ar\cos\gamma)^3}}\sin\theta'\mathrm{d}\theta'\mathrm{d}\varphi'.$$

$$(16.41)$$

当 $f(r) \equiv 0$ 时,泊松方程简化为拉氏方程,此时球内狄利克雷问题的解为

$$u(r) = \frac{a}{4\pi} \int_0^{2\pi} \int_0^{\pi} h(a, \theta', \varphi') \frac{a^2 - r^2}{\sqrt{(r^2 + a^2 - 2ar\cos\gamma)^3}} \sin\theta' d\theta' d\varphi'.$$

(16.42)

(16.42)式称为**泊松公式**,是一个很常用的公式,它的重要意义在于把球内的场分布函数表示为边界分布函数的积分.这说明,若边界条件确定,则球内的场分布将唯一确定.

§16.3　广义格林函数

前面为了求解非齐次偏微分方程的边值问题(16.27),引入了边值问题(16.27)的格林函数 $G(r, r')$,定义为满足边值问题(16.28)的解.但是,满足边值问题(16.28)的解并不是在任何情况下都存在,就是说,在某些情况下,边值问题(16.28)的解并不存在.因此,下面有必要进一步讨论边值问题(16.28)的可解性条件.

定理 16.1 若齐次边值问题

$$\begin{cases} \nabla^2 u(r) + \lambda u(r) = 0 & (r \in V), \\ \left[\alpha \dfrac{\partial u(r)}{\partial n} + \beta u(r) \right]_{r \in S} = 0 & (S \ \text{是} \ V \ \text{的界面}, \alpha^2 + \beta^2 \neq 0) \end{cases}$$

(16.43)

存在非零解 $u_0(r)$,则如下的非齐次偏微分方程的边值问题

$$\begin{cases} \nabla^2 u(r) + \lambda u(r) = f(r) & (r \in V), \\ \left[\alpha \dfrac{\partial u(r)}{\partial n} + \beta u(r) \right]_{r \in S} = 0 & (S \ \text{是} \ V \ \text{的界面}, \alpha^2 + \beta^2 \neq 0) \end{cases}$$

(16.44)

存在解的必要条件是 $f(r)$ 与 $u_0(r)$ 正交,即

$$\int_V f(r) u_0(r) dr = 0.$$

(16.45)

(16.45)式称为边值问题(16.44)的**可解性条件**.

证明 假设 $u_0(r)$ 是齐次边值问题(16.43)的非零解,并且边值

问题(16.44)的解也存在,记为 $u(\boldsymbol{r})$,那么

$$
\begin{aligned}
\int f(\boldsymbol{r}) u_0(\boldsymbol{r}) \mathrm{d}\boldsymbol{r} &= \int_V \{ u_0(\boldsymbol{r}) [\nabla^2 u(\boldsymbol{r}) + \lambda u(\boldsymbol{r})] \\
&\quad - u(\boldsymbol{r}) [\nabla^2 u_0(\boldsymbol{r}) + \lambda u_0(\boldsymbol{r})] \} \mathrm{d}\boldsymbol{r} \\
&= \int_V [u_0(\boldsymbol{r}) \nabla^2 u(\boldsymbol{r}) - u(\boldsymbol{r}) \nabla^2 u_0(\boldsymbol{r})] \mathrm{d}\boldsymbol{r} \\
&= \int_V \nabla \cdot [u_0(\boldsymbol{r}) \nabla u(\boldsymbol{r}) - u(\boldsymbol{r}) \nabla u_0(\boldsymbol{r})] \mathrm{d}\boldsymbol{r} \\
&= \oiint_S \left[u_0(\boldsymbol{r}) \frac{\partial u(\boldsymbol{r})}{\partial n} - u(\boldsymbol{r}) \frac{\partial u_0(\boldsymbol{r})}{\partial n} \right] \mathrm{d}S, \quad (16.46)
\end{aligned}
$$

$u_0(\boldsymbol{r})$ 和 $u(\boldsymbol{r})$ 满足相同的齐次边界条件,将它们联立为方程组:

$$
\begin{cases}
\alpha \dfrac{\partial u_0(\boldsymbol{r})}{\partial n} + \beta u_0(\boldsymbol{r}) = 0, \\
\alpha \dfrac{\partial u(\boldsymbol{r})}{\partial n} + \beta u(\boldsymbol{r}) = 0
\end{cases}
\quad (\boldsymbol{r} \in S, \alpha^2 + \beta^2 \neq 0). \quad (16.47)
$$

由于 α 和 β 不能同时为 0,所以

$$
\begin{vmatrix}
\dfrac{\partial u_0(\boldsymbol{r})}{\partial n} & u_0(\boldsymbol{r}) \\[2mm]
\dfrac{\partial u(\boldsymbol{r})}{\partial n} & u(\boldsymbol{r})
\end{vmatrix}_{\boldsymbol{r} \in S}
= \left[u(\boldsymbol{r}) \frac{\partial u_0(\boldsymbol{r})}{\partial n} - u_0(\boldsymbol{r}) \frac{\partial u(\boldsymbol{r})}{\partial n} \right]_{\boldsymbol{r} \in S} = 0.
$$

$$
(16.48)
$$

将(16.48)式代入(16.46)式得 $\displaystyle\int_V f(\boldsymbol{r}) u_0(\boldsymbol{r}) \mathrm{d}\boldsymbol{r} = 0$,从而定理 16.1 得证.

推论　若齐次边值问题(16.43)存在非零解 $u_0(\boldsymbol{r})$,则满足边值问题(16.28)的解不存在.

证明　边值问题(16.28)相当于边值问题(16.44)中的非齐次项 $f(\boldsymbol{r}) = \delta(\boldsymbol{r} - \boldsymbol{r}')$. 由于

$$
\int_V \delta(\boldsymbol{r} - \boldsymbol{r}') u_0(\boldsymbol{r}) \mathrm{d}\boldsymbol{r} = u_0(\boldsymbol{r}') \neq 0,
$$

即非齐次项 $f(\boldsymbol{r})$ 与 $u_0(\boldsymbol{r})$ 不正交. 因此,根据定理 16.1,边值问题(16.28)的解不存在.

由此可见,若与边值问题(16.27)相应的齐次边值问题(16.43)存在非零解 $u_0(\boldsymbol{r})$,则前面所定义的边值问题(16.27)的格林函数不存在. 为此,必须将格林函数的定义加以推广.

假设 $u_0(\boldsymbol{r})$ 是满足边值问题(16.43)的归一化函数,即 $\int_V|u_0(\boldsymbol{r})|^2\mathrm{d}\boldsymbol{r}$ $=1$,那么满足以下边值问题

$$\begin{cases}\nabla^2 G(\boldsymbol{r},\boldsymbol{r}')+\lambda G(\boldsymbol{r},\boldsymbol{r}')=\delta(\boldsymbol{r}-\boldsymbol{r}')-u_0(\boldsymbol{r})u_0(\boldsymbol{r}') & (\boldsymbol{r},\boldsymbol{r}'\in V),\\ \left[\alpha\dfrac{\partial G(\boldsymbol{r},\boldsymbol{r}')}{\partial n}+\beta G(\boldsymbol{r},\boldsymbol{r}')\right]_S=0 & (\alpha^2+\beta^2\neq 0)\end{cases}$$

$$(16.49)$$

的解 $G(\boldsymbol{r},\boldsymbol{r}')$ 称为边值问题(16.27)的**广义格林函数**. 由于

$$\begin{aligned}\int f(\boldsymbol{r})u_0(\boldsymbol{r})\mathrm{d}\boldsymbol{r}&=\int_V[\delta(\boldsymbol{r}-\boldsymbol{r}')-u_0(\boldsymbol{r})u_0(\boldsymbol{r}')]u_0(\boldsymbol{r})\mathrm{d}\boldsymbol{r}\\ &=\int_V\delta(\boldsymbol{r}-\boldsymbol{r}')u_0(\boldsymbol{r})\mathrm{d}\boldsymbol{r}-u_0(\boldsymbol{r}')\int_V|u_0(\boldsymbol{r})|^2\mathrm{d}\boldsymbol{r}\\ &=0,\end{aligned}$$

$$(16.50)$$

所以根据定理 16.1,边值问题(16.49)满足可解性条件,广义格林函数 $G(\boldsymbol{r},\boldsymbol{r}')$ 存在.

假设 $G(\boldsymbol{r},\boldsymbol{r}')$ 满足边值问题(16.49),那么 $G_1(\boldsymbol{r},\boldsymbol{r}')=G(\boldsymbol{r},\boldsymbol{r}')+Cu_0(\boldsymbol{r})$ (C 为常数)也满足边值问题(16.49),可见边值问题(16.49)所定义的广义格林函数并不是唯一的. 通常挑选与 $u_0(\boldsymbol{r})$ 正交并满足边值问题(16.49)的解 $G(\boldsymbol{r},\boldsymbol{r}')$ 作为边值问题(16.27)的广义格林函数. 即广义格林函数 $G(\boldsymbol{r},\boldsymbol{r}')$ 除了必须满足边值问题(16.49),还须满足以下约束条件

$$\int_V G(\boldsymbol{r},\boldsymbol{r}')u_0(\boldsymbol{r})\mathrm{d}\boldsymbol{r}=0.\qquad(16.51)$$

增加上述约束条件以后,广义格林函数 $G(\boldsymbol{r},\boldsymbol{r}')$ 就是唯一的.

引进广义格林函数的定义后,类似于前面的做法,可将边值问题(16.27)的解 $u(\boldsymbol{r})$ 表示为广义格林函数 $G(\boldsymbol{r},\boldsymbol{r}')$ 的积分. 因为

$$\begin{aligned}\oiint_S&\left[G(\boldsymbol{r},\boldsymbol{r}')\frac{\partial u(\boldsymbol{r})}{\partial n}-u(\boldsymbol{r})\frac{\partial G(\boldsymbol{r},\boldsymbol{r}')}{\partial n}\right]\mathrm{d}S\\ &=\int_V\{G(\boldsymbol{r},\boldsymbol{r}')[\nabla^2 u(\boldsymbol{r})+\lambda u(\boldsymbol{r})]\\ &\quad-u(\boldsymbol{r})[\nabla^2 G(\boldsymbol{r},\boldsymbol{r}')+\lambda G(\boldsymbol{r},\boldsymbol{r}')]\}\mathrm{d}\boldsymbol{r}\\ &=\int_V G(\boldsymbol{r},\boldsymbol{r}')f(\boldsymbol{r})\mathrm{d}\boldsymbol{r}-\int_V u(\boldsymbol{r})[\delta(\boldsymbol{r}-\boldsymbol{r}')-u_0(\boldsymbol{r})u_0(\boldsymbol{r}')]\mathrm{d}\boldsymbol{r}\end{aligned}$$

$$= \int_V G(\boldsymbol{r},\boldsymbol{r}')f(\boldsymbol{r})\mathrm{d}\boldsymbol{r} - u(\boldsymbol{r}') + u_0(\boldsymbol{r}')\int_V u(\boldsymbol{r})u_0(\boldsymbol{r})\mathrm{d}\boldsymbol{r},$$

$$(16.52)$$

如果边值问题(16.27)的解 $u(\boldsymbol{r})$ 存在,那么解 $u(\boldsymbol{r})$ 并不是唯一的,因为 $u(\boldsymbol{r}) + Cu_0(\boldsymbol{r})$ 也是满足边值问题(16.27)的解. 所以如上所述一般取与 $u_0(\boldsymbol{r})$ 正交的解,即 $\int_V u(\boldsymbol{r})u_0(\boldsymbol{r})\mathrm{d}\boldsymbol{r} = 0$.

在(16.52)式中做变量代换 $\boldsymbol{r}\rightarrow\boldsymbol{r}',\boldsymbol{r}'\rightarrow\boldsymbol{r}$,同时注意到(16.52)式右边最后一项为 0 和广义格林函数具有对称性 $G(\boldsymbol{r},\boldsymbol{r}') = G(\boldsymbol{r}',\boldsymbol{r})$,则可得

$$u(\boldsymbol{r}) = \int_V G(\boldsymbol{r},\boldsymbol{r}')f(\boldsymbol{r}')\mathrm{d}\boldsymbol{r}'$$

$$- \oiint_S \left[G(\boldsymbol{r},\boldsymbol{r}')\frac{\partial u(\boldsymbol{r}')}{\partial n'} - u(\boldsymbol{r}')\frac{\partial G(\boldsymbol{r},\boldsymbol{r}')}{\partial n'} \right]\mathrm{d}S'$$

$$= \int_V G(\boldsymbol{r},\boldsymbol{r}')f(\boldsymbol{r}')\mathrm{d}\boldsymbol{r}'$$

$$+ \begin{cases} \dfrac{1}{\beta}\oiint_S h(\boldsymbol{r}')\dfrac{\partial G(\boldsymbol{r},\boldsymbol{r}')}{\partial n'}\mathrm{d}S' & (\alpha = 0), \\[2mm] -\dfrac{1}{\alpha}\oiint_S h(\boldsymbol{r}')G(\boldsymbol{r},\boldsymbol{r}')\mathrm{d}S' & (\alpha \neq 0). \end{cases}$$

$$(16.53)$$

习 题 十 六

16-1　试求二维亥姆霍兹方程 $u_{xx} + u_{yy} + \lambda u(x,y) = f(x,y)$ 的基本解,即满足

$$G_{xx}(x,y;x',y') + G_{yy}(x,y;x',y') + \lambda G(x,y;x',y')$$
$$= \delta(x-x')\delta(y-y')$$

的轴对称自由格林函数 $G(\rho)$(分为 $\lambda > 0, \lambda = 0, \lambda < 0$ 三种情况进行讨论).

16-2　求解二维泊松方程的圆内狄利克雷问题:

$$\begin{cases} \nabla^2 u(\rho,\varphi) = f(\rho,\varphi) & (\rho < a), \\ u\mid_{\rho=a} = h(\varphi). \end{cases}$$

16-3 在点电荷 q_0 附近有一接地导体球,设导体球半径为 r,点电荷与球心相距 $d(d>a)$,真空介电常数为 ε_0,试求导体球外的电势分布.

16-4 试论证泊松方程的诺依曼问题,即

$$\begin{cases} \nabla^2 u(r) = f(r) & (r \in V), \\ \dfrac{\partial u}{\partial n}\bigg|_{r \in S} = 0 & (S \text{ 是 } V \text{ 的界面}) \end{cases}$$

的格林函数不存在.假设 S 代表球面 $x^2 + y^2 + z^2 = a^2$,试求出其广义格林函数.

第十七章 保角变换及其应用

§17.1 解析函数变换的保角性质

通过映射关系 $w=f(z)$ 可以把复变量 z 变换为复变量 w,若变换函数 $f(z)$ 为解析函数,则称这种变换为**解析函数变换**. 若 $f(z)$ 是单值函数或多值函数的一个单值分支,则 z 平面上一点 z_0 将映射至 w 平面上一点 w_0,z 平面上一段曲线 C 将映射至 w 平面上一段曲线 C',如图 17.1 所示.

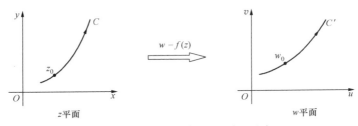

图 17.1 z 平面映射至 w 平面示意

由于 $f(z)$ 是解析函数,所以它在 z_0 处的导数存在并可表示为

$$f'(z_0) = \lim_{z \to z_0} \frac{w - w_0}{z - z_0}. \tag{17.1}$$

当 $f'(z_0) \neq 0$ 时,$f'(z_0)$ 的辐角主值完全确定,设为 α,则

$$\alpha = \arg f'(z_0) = \arg \lim_{z \to z_0}[(w - w_0)/(z - z_0)]$$

$$= \arg \lim_{w \to w_0}(w - w_0) - \arg \lim_{z \to z_0}(z - z_0). \tag{17.2}$$

若 z 处于曲线 C 上,则 $\arg \lim_{z \to z_0}(z - z_0)$ 代表 z_0 处切线与 x 轴的夹角;w 是 z 的映射点,必然处于 C' 上,所以 $\arg \lim_{w \to w_0}(w - w_0)$ 代表

w 平面上 w_0 处切线与横轴(u 轴)的夹角.(17.2)式表明:在 z 平面中,过 z_0 点的任意曲线映射至 w 平面后,对应点(z_0 与 w_0)处切线的倾角都将相差 α.如果在 z 平面中过 z_0 点有两条任意曲线 C_1 和 C_2,映射至 w 平面后,将形成相交于 w_0 点的两条曲线 C_1' 和 C_2',则 C_1 和 C_2 在 z_0 处切线的夹角等于 C_1' 和 C_2' 在 w_0 处切线的夹角,如图 17.2 所示.即任意两条曲线在交点处切线的夹角经映射后保持不变,因此,解析函数变换也称为**保角变换**.

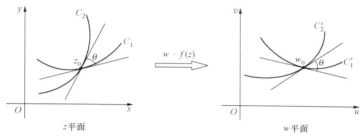

图 17.2　解析函数变换的保角性质示意图

但需要特别注意的是:只有 $f'(z_0) \neq 0$ 才能保证解析函数变换具有保角性质.如果 $f'(z_0) = 0$,那么 $\arg f'(z_0)$ 不确定,曲线 C 映射为曲线 C' 后,z_0 处切线的倾角与 w_0 处切线的倾角的差值不确定,当然就不具有保角性质.

解析函数变换不仅可以把 z 平面上一条曲线 C 映射为 w 平面上一条曲线 C',而且可以把 z 平面上的区域映射为 w 平面上的区域.也就是说,z 平面上边界线 C 可以通过解析函数变换映射至 w 平面上边界线 C',使得 C 所围区域内的点映射至 C' 所围区域内的点,而 C 所围区域外的点映射至 C' 所围区域外的点.为了解决复杂边界问题,通常需要寻找一个解析函数变换,把复杂边界区域映射为简单边界区域(例如圆域或半平面区域等).虽然理论上可以证明:**对于任意形状的单连通区域,总存在一个解析函数变换,可以把这个区域映射为单位圆域**;然而,对于大多数复杂边界区域而言,并没有一种普适方法能找到可以将其映射为简单边界区域的具体变换函数. 实际上, 只有少数特殊边界形状的区域才能找到这类变换. 另外, 保角变换只能进行平面区域的变换, 对于三维复杂边界的边值问题仍然无能为力.

§17.2　常用的保角变换

1. 分式线性变换

$$w = \frac{az - b}{cz - d} \quad \left(\frac{a}{c} \neq \frac{b}{d} \right).$$ (17.3)

分式线性变换的重要性质(证明略):

(i) **保圆性**: z 平面上圆周线或直线经分式线性变换后, 仍然映射为 w 平面的圆周或直线.

直线是圆周线当半径 $R \to +\infty$ 时的极限情况, 因此半平面区域是圆域的特殊情形. 通过一个分式线性变换, 可把半平面区域映射为圆域, 反之亦然.

(ii) **保对称性**: z 平面上一对圆周反演点经分式线性变换后映射为 w 平面上一对圆周反演点.

一对圆周反演点是指圆内一点 P 和圆外的镜像点 Q. 也即 P, Q 与圆心 O 三点成一直线, 并且满足 $\overline{OP} \cdot \overline{OQ} = R^2$. 如图 17.3 所示.

直线是特殊的圆周, 关于直线的一对反演点就是直线两边的两个对称点, 如图 17.4 中 P 点与 Q 点, 其中 PQ 垂直于直线并与直线相交于 F 点. 由于直线相当于 $R \to +\infty$ 的圆周, 可设图 17.4 中直线

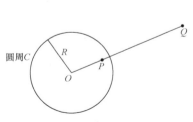

图 17.3　一对圆周反演点 P, Q
示意图

图 17.4　一对相对于直线的
反演点示意图

的圆心 O 在 PQ 连线上并与 P 点相距无穷远,那么 $\overline{OP}=R-\overline{PF}$,
$\overline{OQ}=R+\overline{QF}$. 按照一对反演点的定义有 $\overline{OP}\cdot\overline{OQ}=R^2$,即 $(R-\overline{PF})$
$(R+\overline{QF})=R^2$,所以 $\overline{QF}-\overline{PF}=\overline{QF}\cdot\overline{PF}/R$,当 $R\to+\infty$ 时,$\overline{QF}$
$=\overline{PF}$.

    需要注意的是:在分式线性变换下,虽然圆周仍然映射为圆周,
但圆心不一定映射为圆心. 实际上,圆内域映射后可能仍为圆内域,
也可能是圆外域. 要具体判别,可任取圆内一点,考察它是映射为圆
内点还是映射为圆外点,就可以判断映射后是圆内域还是圆外域. 半
平面区域究竟是映射为圆内域还是圆外域,其判断方法也类似.

2. 幂函数变换

$$w = z^n \quad (n \text{ 为正数}). \tag{17.4}$$

    这种变换的主要特征是把 z 平面上夹角为 π/n 的角形区域映射
为 w 平面上的半平面区域,如图 17.5 所示.

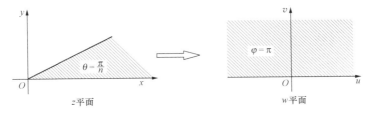

图 17.5 z 平面上夹角为 $\dfrac{\pi}{n}$ 的角形区域映射为 w 平面上的

半平面区域示意图

    在图 17.5 中,射线 $\theta=\pi/n$ 与实轴围成一个角形区域. 如果做变
换 $w=z^n$,设 $z=re^{i\theta}$,$w=\rho e^{i\varphi}$,那么 $\rho=r^n$,$\varphi=n\theta$,即射线方程 $\theta=\pi/n$
映射至 w 平面的射线 $\varphi=n\cdot\pi/n=\pi$,正实轴 $\theta=0$ 仍映射为 w 平面
的正实轴 $\varphi=0$. 当 $0<\theta<\pi/n$ 时,映射后的射线为 $\varphi=n\theta$,辐角 φ 的
变化范围为 $0<\varphi<\pi$,因此 z 平面上的角区域映射为 w 平面的上半
平面.

3. 对数变换

$$w = \ln z = \ln|z| + i\arg z. \tag{17.5}$$

上式中 $\ln z$ 代表对数函数的主值分支.

    采用对数变换可将 z 平面的上半平面映射为 w 平面的带状区

域,如图 17.6 所示.

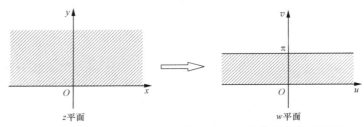

图 17.6　z 平面的上半平面映射为 w 平面的带状区域示意图

设 $z=re^{i\theta}(0\leqslant\theta\leqslant\pi)$,显然这代表 z 平面中上半平面的任意点,经对数变换后,该 z 点映射为 w 平面的点 $w=\ln r+i\theta$. w 点的实部 $-\infty<\ln r<+\infty$,而虚部为 $\theta,0\leqslant\theta\leqslant\pi$,这显然代表图 17.5 中 w 平面的带状区域中的任意点.其中 z 平面的正实轴($\theta=0$)映射为 w 平面的实轴(虚部为 0),z 平面的负实轴映射为 w 平面中的直线(虚部 $v=\pi$),也即带状区域的上边界线.

4. 儒柯夫斯基变换

$$z=\frac{a}{2}\left(w+\frac{1}{w}\right)\quad(a>0,\mid w\mid\geqslant1).\qquad(17.6)$$

利用儒柯夫斯基变换可以将 z 平面上以 $z=\pm a$ 为焦点的椭圆外区域映射为 w 平面上的圆外区域,从而可以将 z 平面上的共焦椭圆环域映射为 w 平面上的同心圆环域,如图 17.7 所示.

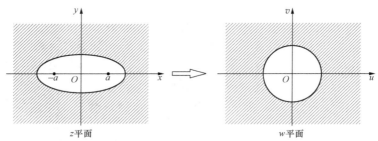

图 17.7　z 平面上的椭圆外区域映射为 w 平面上的圆外区域示意图

证明　设 $z=x+iy,w=u+iv,u^2+v^2=\rho^2$,并设 z 平面中的椭

圆离心率为 e,那么其半长轴为 $\dfrac{a}{e}$,半短轴为 $\sqrt{(a/e)^2-a^2}$,椭圆方程为

$$\frac{x^2}{(a/e)^2}+\frac{y^2}{(a/e)^2-a^2}=1 \quad\text{或}\quad \left(\frac{x}{a}\right)^2+\frac{(y/a)^2}{1-e^2}=\frac{1}{e^2}.$$

由变换式(17.6)可得

$$x+\mathrm{i}y=\frac{a}{2}\left[u+\mathrm{i}v+\frac{1}{\rho^2}(u-\mathrm{i}v)\right]$$

$$=\frac{a}{2}\left[u\frac{\rho^2+1}{\rho^2}+v\frac{\rho^2-1}{\rho^2}\mathrm{i}\right],$$

所以

$$\begin{cases}\dfrac{x}{a}=\dfrac{u}{2}\dfrac{\rho^2+1}{\rho^2},\\[2mm]\dfrac{y}{a}=\dfrac{v}{2}\dfrac{\rho^2-1}{\rho^2}.\end{cases}$$

将上式代入 z 平面中的椭圆方程得

$$\frac{u^2}{4}\frac{(\rho^2+1)^2}{\rho^4}+\frac{\left[v(\rho^2-1)/2\rho^2\right]^2}{1-e^2}=\frac{1}{e^2},$$

也即

$$(1-e^2)u^2(\rho^2+1)^2+v^2(\rho^2-1)^2=\frac{4(1-e^2)}{e^2}\rho^4.$$

通过移项和合并,利用 $u^2+v^2=\rho^2$ 进行化简,可以得到

$$(1+\rho^2)^2(\rho^2-e^2u^2)=4\left(\frac{1}{e^2}-1\right)\rho^4+4v^2\rho^2$$

$$=\frac{4\rho^2}{e^2}(\rho^2-e^2u^2),$$

所以

$$\rho^2+1=\frac{2\rho}{e}.$$

因为已假设 $|w|\geqslant1$,即 $\rho\geqslant1$,所以由上式得到

$$\rho=\frac{1}{e}+\frac{\sqrt{1-e^2}}{e},\quad(0<e\leqslant1).$$

这说明 z 平面上的椭圆(焦点 $z=\pm a$,离心率为 e)经过儒柯夫斯基变换后,映射为 w 平面上的圆(半径为 $\rho=\dfrac{1}{e}+\dfrac{\sqrt{1-e^2}}{e}$)。由于

区域仍映射为区域,所以只要说明 z 平面上椭圆外的典型点将映射为 w 平面上圆外的点.

取椭圆外一点 $z=\dfrac{2a}{e}$,根据变换式(17.6)得

$$\frac{2a}{e} = \frac{a}{2}\left(w+\frac{1}{w}\right) \quad (|w|\geqslant 1),$$

即
$$w^2 - \frac{4}{e}w + 1 = 0.$$

以上方程对应于 $|w|>1$ 的解为 $w=\dfrac{2}{e}+\dfrac{\sqrt{4-e^2}}{e}>\dfrac{1}{e}+$ $\dfrac{\sqrt{1-e^2}}{e}$,也即 $|w|>\rho$. 由此可见,z 平面上椭圆外一点 $z=\dfrac{2a}{e}$ 将映射为 w 平面上圆外一点. 另外不难看出,$z=\infty$ 点映射为 $w=\infty$ 点.

实际上,当 $\dfrac{x^2}{(a/e)^2}+\dfrac{y^2}{(a/e)^2-a^2}>1$ 时(椭圆外),利用变换关系(17.6)式可以直接证明 $\rho^2+1>\dfrac{2\rho}{e}$,从而 $\rho>\dfrac{1}{e}+\dfrac{\sqrt{1-e^2}}{e}$ (圆外).

因此,通过(17.6)式的变换,z 平面上椭圆外区域将映射为 w 平面上圆外区域.

当 $e=1$ 时,椭圆将退化为 $z=\pm a$ 两点之间的割线,此时 $\rho=1$. 这说明 z 平面上的割线映射为 w 平面上的单位圆,从而把带有割线的 z 平面映射为 w 平面上的单位圆外域,如图 17.8 所示.

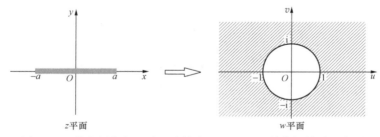

图 17.8　带有割线的 z 平面映射为 w 平面上的单位圆外域示意图

§17.3 保角变换的应用

通过保角变换可以把某些复杂的边界映射为比较简单的边界,但是边值问题中的偏微分方程也要进行相应的变化.下面将针对几类常用的偏微分方程,讨论它们在保角变换过程中如何进行相应的变化.

1. 二维拉普拉斯方程

$$\nabla^2 u(x,y) = \frac{\partial^2 u(x,y)}{\partial x^2} + \frac{\partial^2 u(x,y)}{\partial y^2} = 0. \qquad (17.7)$$

设 $z = x + iy$,解析函数 $f(z) = \xi + i\eta$,那么保角变换 $w = f(z)$ 相当于把坐标 (x,y) 变换为坐标 (ξ,η).其中,坐标 (x,y) 代表 z 平面的点,坐标 (ξ,η) 代表 w 平面的点,z 平面上的点 (x,y) 通过映射关系 $f(z)$ 映射为 w 平面上的点 (ξ,η).由于变换函数 $f(z)$ 是解析函数,ξ 和 η 是 $f(z)$ 的实部和虚部,所以满足 C-R 条件:

$$\frac{\partial \xi}{\partial x} = \frac{\partial \eta}{\partial y}, \qquad \frac{\partial \xi}{\partial y} = -\frac{\partial \eta}{\partial x}, \qquad (17.8)$$

从而

$$\frac{\partial^2 \xi}{\partial x^2} + \frac{\partial^2 \xi}{\partial y^2} = 0, \qquad \frac{\partial^2 \eta}{\partial x^2} + \frac{\partial^2 \eta}{\partial y^2} = 0. \qquad (17.9)$$

在坐标变换过程中,微分算符要进行如下变换

$$\begin{cases} \dfrac{\partial}{\partial x} = \dfrac{\partial \xi}{\partial x} \dfrac{\partial}{\partial \xi} + \dfrac{\partial \eta}{\partial x} \dfrac{\partial}{\partial \eta}, \\[2mm] \dfrac{\partial}{\partial y} = \dfrac{\partial \xi}{\partial y} \dfrac{\partial}{\partial \xi} + \dfrac{\partial \eta}{\partial y} \dfrac{\partial}{\partial \eta}, \end{cases} \qquad (17.10)$$

$$\begin{cases} \dfrac{\partial^2}{\partial x^2} = \dfrac{\partial^2 \xi}{\partial x^2} \dfrac{\partial}{\partial \xi} + \left(\dfrac{\partial \xi}{\partial x}\right)^2 \dfrac{\partial^2}{\partial \xi^2} + \dfrac{\partial \xi}{\partial x} \dfrac{\partial \eta}{\partial x} \dfrac{\partial^2}{\partial \xi \partial \eta} \\[2mm] \qquad + \dfrac{\partial^2 \eta}{\partial x^2} \dfrac{\partial}{\partial \eta} + \left(\dfrac{\partial \eta}{\partial x}\right)^2 \dfrac{\partial^2}{\partial \eta^2} + \dfrac{\partial \eta}{\partial x} \dfrac{\partial \xi}{\partial x} \dfrac{\partial^2}{\partial \eta \partial \xi}, \\[2mm] \dfrac{\partial^2}{\partial y^2} = \dfrac{\partial^2 \xi}{\partial y^2} \dfrac{\partial}{\partial \xi} + \left(\dfrac{\partial \xi}{\partial y}\right)^2 \dfrac{\partial^2}{\partial \xi^2} + \dfrac{\partial \xi}{\partial y} \dfrac{\partial \eta}{\partial y} \dfrac{\partial^2}{\partial \xi \partial \eta} \\[2mm] \qquad + \dfrac{\partial^2 \eta}{\partial y^2} \dfrac{\partial}{\partial \eta} + \left(\dfrac{\partial \eta}{\partial y}\right)^2 \dfrac{\partial^2}{\partial \eta^2} + \dfrac{\partial \eta}{\partial y} \dfrac{\partial \xi}{\partial y} \dfrac{\partial^2}{\partial \eta \partial \xi}, \end{cases} \qquad (17.11)$$

所以

$$\nabla^2 = \frac{\partial^2}{\partial x^2} + \frac{\partial^2}{\partial y^2}$$

$$= \left(\frac{\partial^2 \xi}{\partial x^2} + \frac{\partial^2 \xi}{\partial y^2} \right) \frac{\partial}{\partial \xi} + \left[\left(\frac{\partial \xi}{\partial x} \right)^2 + \left(\frac{\partial \xi}{\partial y} \right)^2 \right] \frac{\partial^2}{\partial \xi^2}$$

$$+ 2 \left(\frac{\partial \xi}{\partial x} \frac{\partial \eta}{\partial x} + \frac{\partial \xi}{\partial y} \frac{\partial \eta}{\partial y} \right) \frac{\partial^2}{\partial \xi \partial \eta} + \left(\frac{\partial^2 \eta}{\partial x^2} + \frac{\partial^2 \eta}{\partial y^2} \right) \frac{\partial}{\partial \eta}$$

$$+ \left[\left(\frac{\partial \eta}{\partial x} \right)^2 + \left(\frac{\partial \eta}{\partial y} \right)^2 \right] \frac{\partial^2}{\partial \eta^2}$$

$$= \left[\left(\frac{\partial \xi}{\partial x} \right)^2 + \left(\frac{\partial \xi}{\partial y} \right)^2 \right] \frac{\partial^2}{\partial \xi^2} + \left[\left(\frac{\partial \eta}{\partial x} \right)^2 + \left(\frac{\partial \eta}{\partial y} \right)^2 \right] \frac{\partial^2}{\partial \eta^2}$$

$$= \mid f'(z) \mid^2 \left(\frac{\partial^2}{\partial \xi^2} + \frac{\partial^2}{\partial \eta^2} \right). \tag{17.12}$$

因此
$$\nabla^2 u = \mid f'(z) \mid^2 \left(\frac{\partial^2 u}{\partial \xi^2} + \frac{\partial^2 u}{\partial \eta^2} \right). \tag{17.13}$$

由于保角变换中 $f'(z) \neq 0$，所以二维拉普拉斯方程经保角变换后形式不变，仍然为

$$\frac{\partial^2 u}{\partial \xi^2} + \frac{\partial^2 u}{\partial \eta^2} = 0. \tag{17.14}$$

2. 二维泊松方程

$$\nabla^2 u = \frac{\partial^2 u}{\partial x^2} + \frac{\partial^2 u}{\partial y^2} = F(x, y). \tag{17.15}$$

经保角变换（$w = \xi + \mathrm{i}\eta = f(z)$）后，拉普拉斯算符按（17.12）式变换，所以

$$\nabla^2 u = \mid f'(z) \mid^2 \left(\frac{\partial^2 u}{\partial \xi^2} + \frac{\partial^2 u}{\partial \eta^2} \right) = F(x, y), \tag{17.16}$$

（17.16）式也可记为

$$\frac{\partial^2 u}{\partial \xi^2} + \frac{\partial^2 u}{\partial \eta^2} = F^*(\xi, \eta), \tag{17.17}$$

其中
$$F^*(\xi, \eta) = \mid f'(z) \mid^{-2} F(x, y), \tag{17.18}$$

$F(x, y)$ 在 z 平面中代表源密度，源的总量（或称源的总强度）为

$$Q = \iint\limits_{S} F(x, y) \mathrm{d}x \mathrm{d}y. \tag{17.19}$$

在 w 平面上源密度为 $F^*(\xi,\eta)$,所以源的总量为

$$Q^* = \iint\limits_{S'} F^*(\xi,\eta)\,\mathrm{d}\xi\mathrm{d}\eta = \iint\limits_{S} \frac{F(x,y)}{\mid f'(z)\mid^2}\left|\frac{\partial(\xi,\eta)}{\partial(x,y)}\right|\mathrm{d}x\mathrm{d}y$$

$$= \iint\limits_{S} \frac{F(x,y)}{\mid f'(z)\mid^2}\left|\frac{\partial\xi}{\partial x}\frac{\partial\eta}{\partial y} - \frac{\partial\xi}{\partial y}\frac{\partial\eta}{\partial x}\right|\mathrm{d}x\mathrm{d}y$$

$$= \iint\limits_{S} \frac{F(x,y)}{\mid f'(z)\mid^2}\left[\left(\frac{\partial\xi}{\partial x}\right)^2 + \left(\frac{\partial\xi}{\partial y}\right)^2\right]\mathrm{d}x\mathrm{d}y$$

$$= \iint\limits_{S} F(x,y)\mathrm{d}x\mathrm{d}y = Q. \tag{17.20}$$

由此可见,二维泊松方程经保角变换后,虽然源密度函数改变了,但是源的总量却保持不变,这是保角变换的一个重要性质.正因为有了这个性质,保角变换才被广泛运用于解决平面区域中的静电场问题和其他平面场问题.

3. 二维齐次亥姆霍兹方程

$$\frac{\partial^2 u}{\partial x^2} + \frac{\partial^2 u}{\partial y^2} + k^2 u = 0. \tag{17.21}$$

根据前面(17.13)式的结果,经保角变换后,齐次亥姆霍兹方程变为

$$\frac{\partial^2 u}{\partial\xi^2} + \frac{\partial^2 u}{\partial\eta^2} + k^2\mid f'(z)\mid^{-2} u = 0. \tag{17.22}$$

下面将举几个运用保角变换求解平面场的例子.

例 17.1 一根与地面平行,离地面高度为 h 的无穷长均匀带电导线,每单位长度带电量为 λ,试求其周围的电势分布.

解 如图 17.9,根据对称性考虑,所有与导线垂直的截面中的电势分布都相同,设为 $u(x,y)$,根据电磁学知识,$u(x,y)$ 所满足的偏微分方程和边界条件为

$$\begin{cases} \dfrac{\partial^2 u}{\partial x^2} + \dfrac{\partial^2 u}{\partial y^2} = -\dfrac{\lambda}{\varepsilon_0}\delta(x)\delta(y-h), \\ u\mid_{y=0} = 0. \end{cases}$$

通过一个分式线性变换可以将上半平面变换为单位圆,假设变换函数为

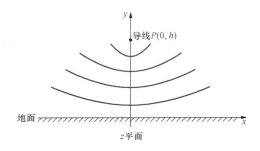

图 17.9 z 平面中电场等势线分布示意图

$$w = f(z) = \gamma \frac{z-\alpha}{z-\beta} \quad (\gamma \neq 0).$$

为了计算的方便,可以适当选取 α, β, γ 等参数值,使 P 点映射至 w 平面单位圆的圆心,而且圆心处于 w 平面的原点($w=0$).

首先,要求当 $z=ih$ 时,$w=0$,由此可得 $\alpha=ih$. 其次,若要使 z 平面的实轴映射为 w 平面的单位圆,那么 z 平面中沿实轴趋于无穷的点应映射至 w 平面中模等于 1 的点,即 $\lim\limits_{x \to \infty}|\gamma(x-ih)/(x-\beta)|=1$,由此可得 $\gamma=1$(或 $\gamma=e^{i\delta}$). 最后,根据分式线性变换的保对称性,在 z 平面上 P 点的对称点为 $z=-ih$,应映射至 w 平面上圆心的对称点 $w=\infty$,由此可得 $\beta=-ih$. 因此,具体的变换函数为

$$w = f(z) = \frac{z-ih}{z+ih}.$$

根据保角变换的性质,变换后源的总量不变,单位长导线的带电量仍然为 λ,所以变换后的偏微分方程及边界条件为

$$\begin{cases} \dfrac{\partial^2 u}{\partial \xi^2} + \dfrac{\partial^2 u}{\partial \eta^2} = -\dfrac{\lambda}{\varepsilon_0}\delta(\xi)\delta(\eta), \\ u\,|_{\xi^2+\eta^2=1} = 0. \end{cases}$$

在 w 平面中变成了一个简单的静电场问题,很容易得到圆内(图 17.10)电势分布为

$$u = \frac{\lambda}{2\pi\varepsilon_0}\ln\frac{1}{\sqrt{\xi^2+\eta^2}} = \frac{\lambda}{2\pi\varepsilon_0}\ln\frac{1}{|w|} \quad (|w| \leqslant 1).$$

再将变换的函数关系式代入上式得

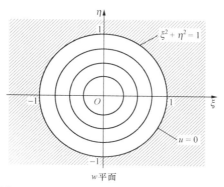

图 17.10 w 平面中电场等势线分布示意图

$$u = \frac{\lambda}{2\pi\varepsilon_0}\ln\left|\frac{z+ih}{z-ih}\right|$$
$$= \frac{\lambda}{2\pi\varepsilon_0}\ln\frac{x^2+(y+h)^2}{x^2+(y-h)^2}.$$

例 17.2 如图 17.11 所示,在角形区域的角平分平面上距角顶线为 a 处放置一条平行于角顶线的细导线. 设细导线均匀带电,每单位长度带电量为 λ,并假设区域边界电势为 0. 试求角形区域中的电势分布.

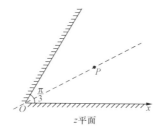

图 17.11 带电导线在角形区域中的位置示意图

解 取垂直于角平分面的截面,如图 17.11 所示. 采用幂函数变换可将角形区域变换为上半平面,根据夹角的大小可知相应的变换为

$$w = z^3.$$

那么 z 平面中 P 点$(z = a e^{i\frac{\pi}{6}})$将映射至 w 平面上 w_P 点：

$$w_P = a^3 e^{i\frac{\pi}{2}} = a^3 i.$$

经幂函数变换后，z 平面中的角形区域将映射为 w 平面中的半平面区域，如图 17.12 所示. 过 P 点垂直于 z 平面的带电导线，映射为过 w_P 点垂直于 w 平面的带电导线.

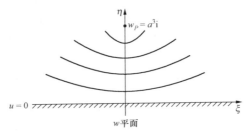

图 17.12　w 平面中电场等电势线分布示意图

利用前面例 17.1 的结果可知，在 w 平面的上半平面中电势分布为

$$u = \frac{\lambda}{2\pi\varepsilon_0} \ln \frac{\xi^2 + (\eta + a^3)^2}{\xi^2 + (\eta - a^3)^2},$$

根据幂函数变换的关系式得

$$w = \xi + i\eta = (x + iy)^3 = x^3 - 3xy^2 + i(3x^2 - y^3),$$

所以

$$\xi = x^3 - 3xy^2, \quad \eta = 3x^2 - y^3.$$

再将上式代入 w 平面中电势分布的表示式，就得到角形区域中的电势分布为

$$u = \frac{\lambda}{2\pi\varepsilon_0} \ln \frac{(x^3 - 3xy^2)^2 + (3x^2 - y^3 + a^3)^2}{(x^3 - 3xy^2)^2 + (3x^2 - y^3 - a^3)^2}.$$

例 17.3　共焦椭圆柱面传输线的横截面如图 17.13 所示，设两个共焦椭圆的离心率分别为 e_1 和 e_2 $(e_1 > e_2)$，试求每单位长度传输线的电容 C.（假定内外椭圆柱面之间填充均匀的电介质，介电常数为 ε）

解　采用儒柯夫斯基变换可以把共焦椭圆截面变换为 w 平面上的同心圆环域，具体变换函数关系为

$$z = \frac{a}{2}\left(w + \frac{1}{w}\right) \quad (|w| \leqslant 1).$$

根据前面的讨论,变换后两同心圆的半径分别为

$$内圆\quad \rho_1 = \frac{1}{e_1} + \frac{\sqrt{1-e_1^2}}{e_1},$$

$$外圆\quad \rho_2 = \frac{1}{e_2} + \frac{\sqrt{1-e_2^2}}{e_2}.$$

变换后 w 平面上的同心圆环域如图 17.14 所示.

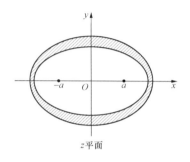

图 17.13　共焦椭圆截面的　　　图 17.14　 w 平面中同心圆
　　　传输线示意图　　　　　　　　环域示意图

在 w 平面中,同心圆截面的传输线每单位长的电容为

$$C = \frac{2\pi\varepsilon}{\ln\rho_2/\rho_1},$$

由于保角变换不改变源的总量,保证了变换后电容的数值保持不变,因此,共焦椭圆柱面传输线每单位长度的电容值为

$$C = \frac{2\pi\varepsilon}{\ln\dfrac{\rho_2}{\rho_1}}$$

$$= \frac{2\pi\varepsilon}{\ln(1/e_2 + \sqrt{1/e_2^2 - 1}) - \ln(1/e_1 + \sqrt{1/e_1^2 - 1})}$$

$$= \frac{2\pi\varepsilon}{\ln(e_1 + e_1\sqrt{1-e_2^2}) - \ln(e_2 + e_2\sqrt{1-e_1^2})}.$$

习 题 十 七

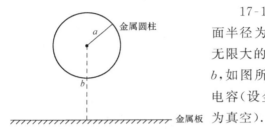

17-1   无限长金属圆柱的截面半径为 a,圆柱轴线平行于一无限大的金属板并与金属板相距 b,如图所示,试求每单位长度的电容(设金属圆柱与金属板周围为真空).

17-2   有两半径分别为 R_1 和 R_2 的无限长金属圆柱,两圆柱轴线互相平行并且相距 $d(d>R_1+R_2)$,试求每单位长度的电容(设两金属圆柱处于真空中).

17-3   两块无穷大的金属板连成一块无穷大的平板,如图所示.连接线为直线并且使两块金属板彼此绝缘,假设两块板的电势分别为 V_1 和 V_2,求解金属板外的电势分布.

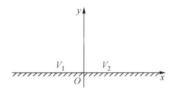

17-4   有一无穷长的椭圆柱形导体,每单位长带电量为 λ,设椭圆截面长半轴为 a,短半轴为 b,试求椭圆柱外的电势分布.

第一章至第十四章部分习题参考答案

第 一 章

1-1 (1) $-4\mathrm{i}$; (2) $\dfrac{1}{2}-\dfrac{3\mathrm{i}}{2}$; (3) $\left(2\cos\dfrac{\theta}{2}\right)^{n}\left(\cos\dfrac{n\theta}{2}+\mathrm{i}\sin\dfrac{n\theta}{2}\right)$;

(4) $2^{1+\frac{n}{2}}\cos\dfrac{n\pi}{4}$.

1-2 (1) $4\left(\cos\dfrac{2\pi}{3}+\mathrm{i}\sin\dfrac{2\pi}{3}\right)$, $4\mathrm{e}^{\mathrm{i}\frac{2\pi}{3}}$;

(2) $\sqrt[4]{2}\left[\cos\left(\dfrac{\pi}{8}+k\pi\right)+\mathrm{i}\sin\left(\dfrac{\pi}{8}+k\pi\right)\right]$, $\sqrt[4]{2}\mathrm{e}^{\mathrm{i}\left(\frac{\pi}{8}+k\pi\right)}$ $(k=0,1)$;

(3) $\dfrac{1}{4}\left(\cos\dfrac{5}{3}\pi+\mathrm{i}\sin\dfrac{5}{3}\pi\right)$, $\dfrac{1}{4}\mathrm{e}^{\mathrm{i}\frac{5}{3}\pi}$;

(4) $\cos\left(\alpha-\dfrac{\pi}{2}\right)+\mathrm{i}\sin\left(\alpha-\dfrac{\pi}{2}\right)$, $\mathrm{e}^{\mathrm{i}\left(\alpha-\frac{\pi}{2}\right)}$.

1-3 (1) $\mathrm{e}^{\mathrm{i}\frac{\pi+2k\pi}{4}}$ $(k=0,1,2,3)$; (2) $\mathrm{e}^{\mathrm{i}\frac{2}{5}k\pi}$ $(k=0,1,2,3,4)$; (3) $\dfrac{\mathrm{i}}{2}$.

1-6 (1) $\dfrac{\sin 2n\theta}{2\sin\theta}$; (2) $\dfrac{\sin^{2}n\theta}{\sin\theta}$.

1-7 (1) $\cosh 5 \cdot \sin 1-\mathrm{i}\sinh 5 \cdot \cos 1$;

(2) $\mathrm{e}^{-\left(\frac{\pi}{4}+2k\pi\right)}\mathrm{e}^{\mathrm{i}\frac{\ln 2}{2}}$ $(k=0,\pm 1,\pm 2,\cdots)$;

(3) $-\dfrac{\pi}{2}+2k\pi+\mathrm{i}2n\pi$ $(k=0,\pm 1,\pm 2,\cdots;n=0,\pm 1,\pm 2,\cdots)$;

(4) $\cosh 1 \cdot \cos 1-\mathrm{i}\sinh 1 \cdot \sin 1$.

第 二 章

2-1 (1) 不连续; (2) 连续.

2-4 (1) $-z^{-2}$ $(z\neq 0)$; (2) $\dfrac{1}{(z+1)^{2}}+\dfrac{1-z^{2}}{(z^{2}+1)^{2}}$ $(z\neq -1,z\neq\pm\mathrm{i})$.

2-6 -3.

2-8　(1) $x^2 - y^2 + xy + i\left(\dfrac{y^2}{2} + 2xy - \dfrac{x^2}{2} + \dfrac{1}{2}\right)$;

　　　(2) $3x^2 y - y^3 + i(3xy^2 - x^3)$;

　　　(3) $e^x(x\cos y - y\sin y) + ie^x(x\sin y + y\cos y)$;

　　　(4) $\ln\rho + i\theta$;　(5) $\theta - i\ln\rho$.

2-10　(1) $\dfrac{-1+i}{3}$;　(2) $-\dfrac{1}{2} + i\,\dfrac{5}{6}$;　(3) $-\dfrac{1}{2} - i\,\dfrac{1}{6}$.

2-11　(1) 0;　(2) 0;　(3) $2i\pi\cos 1$;　(4) $\dfrac{\pi}{e}$;　(5) $\sqrt{2}\,i\pi$.

2-12　$f'(1+i) = 2\pi(-6+13i)$，$f''(1+i) = 12\pi i$.

第 三 章

3-1　收敛.

3-2　R，$\sqrt[3]{R}$.

3-3　$(1-z)\ln(1-z) + z$.

3-4　(1) 仅于 $z=i$ 处收敛;　(2) 全复平面收敛;　(3) $|z+1| < 1$ 区域内
收敛.

3-5　(1) $2 + \dfrac{1}{2}\displaystyle\sum_{n=0}^{+\infty}\left(\dfrac{1-z}{2}\right)^n$，$R = 2$;

　　　(2) $\dfrac{1}{2}\displaystyle\sum_{n=1}^{+\infty}(-1)^{n-1}\dfrac{(2z)^{2n}}{(2n)!}$，$R = +\infty$;

　　　(3) $\displaystyle\sum_{n=0}^{+\infty}(-1)^n(1+2n-4n^2)\dfrac{z^{2n}}{(2n)!}$，$R = +\infty$;

　　　(4) $\displaystyle\sum_{n=1}^{+\infty}n(-z^2)^{n-1}$，$R = 1$.

3-6　(1) $-\dfrac{1}{4}\displaystyle\sum_{n=-1}^{+\infty}\left(\dfrac{z-1}{2}\right)^n \cdot \displaystyle\sum_{n=1}^{+\infty}\dfrac{2^{n-1}}{(z-1)^{n+1}}$;

　　　(2) $\dfrac{1}{2i(z-i)} + \dfrac{1}{4}\displaystyle\sum_{n=0}^{+\infty}(-1)^n\left(\dfrac{z-i}{2i}\right)^n$;

　　　(3) $\dfrac{1}{4}\displaystyle\sum_{n=0}^{+\infty}\dfrac{[1+(-1)^{n+1}](z-1)+(-1)^{n+1}(2n+2)}{(z-1)^{n+2}}$;

　　　(4) $\displaystyle\sum_{n=0}^{+\infty}(-1)^n\dfrac{z^{2n-3}}{(2n)!}$;

　　　(5) $\displaystyle\sum_{n=0}^{+\infty}\dfrac{1}{n!}\left(\dfrac{2}{1-z}\right)^n$.

3-7　(1) $z=-1,0$ 一阶奇点; $z=1$ 三阶奇点;

　　(2) $z=2k\pi\mathrm{i}(k\neq0)$ 是 $f(z)$ 的一阶极点；

　　　　$z=0$ 是 $f(z)$ 的可去奇点；

　　(3) $z=0$ 可去奇点；

　　(4) $z=0$ 二阶极点；$z=n\pi+1$ 一阶极点（n 为整数）；

　　(5) $z=1$ 是非孤立奇点；$z=1+\dfrac{1}{(n+1/2)\pi}$ 一阶极点（n 为整数）；

　　(6) $z=0$ 是可去奇点；$z=2k\pi(k\neq0)$ 是一阶极点.

第 四 章

4-1　(1) $\dfrac{1}{2}\cdot\dfrac{1}{2}$；　(2) $(-1)^n$；　(3) $-4/3$；　(4) 1；　(5) 2；

　　(6) $\dfrac{(-1)^{\frac{m}{2}}}{(m+1)!}$（$m$ 为偶数），0（m 为奇数）.

4-2　(1) $-18\mathrm{i}\pi$；　(2) $2\pi\mathrm{i}\dfrac{(-1)^{m-1}(n+m-2)!}{(m-1)!\ (n-1)!}(a-b)^{1-n-m}$；　(3) $2\mathrm{i}\pi\sin2$；

　　(4) 0（当 $n=0,1,$偶数），$2\mathrm{i}\pi\dfrac{(-1)^{\frac{n+1}{2}}}{(n-1)!}$（当 n 为大于 1 的奇数）；

　　(5) $-\dfrac{2\mathrm{i}\pi}{\mathrm{e}}+2\mathrm{i}\pi\sum_{n=0}^{+\infty}(-1)^n\dfrac{1}{(n+4)!}=-\dfrac{2}{3}\pi\mathrm{i}$.

4-3　(1) $\pi/2$；　(2) $\dfrac{\pi}{2\sqrt{a^2+a}}$；　(3) $\dfrac{2\pi a^2}{1-a^2}$；　(4) $\pi/4$；　(5) $\dfrac{\sqrt{2}}{4}\pi$；

　　(6) $\dfrac{\pi}{\mathrm{e}}\cos2$；　(7) $\dfrac{\pi}{2}(1-\mathrm{e}^{-1})$；　(8) $\dfrac{\pi}{8\mathrm{e}}\left(1-\dfrac{1}{3\mathrm{e}^2}\right)$.

第 五 章

5-1　(1) $\dfrac{1}{p^2+4}$；　(2) $\dfrac{6}{(p+2)^2+36}$；　(3) $\dfrac{4(p+3)}{[(p+3)^2+4]^2}$；　(4) $\dfrac{p}{p^2-\omega^2}$；

　　(5) $\dfrac{p^2-a^2}{(p^2+a^2)^2}$；　(6) $\dfrac{2(3p^2+12p+13)}{p^2[(p+3)^2+4]^2}$.

5-2　(1) $\mathrm{e}^{-2t}(\cos t+6\sin t)$；　(2) $\dfrac{t}{2a}\sin at$；　(3) $t(0\leqslant t\leqslant2)$，$2t-2\ (t\geqslant2)$；

　　(4) $\dfrac{1}{2}(\mathrm{e}^{-t}-\cos t+\sin t)$.

5-3　(1) $\dfrac{1}{(\omega^2+4)^2}\{[(\omega^2+4)\omega t+4\omega]\mathrm{e}^{-2t}+(4-\omega^2)\sin\omega t-4\omega\cos\omega t\}$；

　　(2) $\dfrac{at}{\omega}+\dfrac{a(\omega^2-1)}{\omega^2}\sin\omega t$.

5-4 (1) $x(t) = \dfrac{1}{2} - \dfrac{3}{10}\mathrm{e}^{-\frac{6}{11}t} - \dfrac{1}{5}\mathrm{e}^{-t}$, $y(t) = -\dfrac{1}{5}\mathrm{e}^{-\frac{6}{11}t} + \dfrac{1}{5}\mathrm{e}^{-t}$;

(2) $x(t) = y(t) = \mathrm{e}^t$.

第 六 章

6-1 (1) $\dfrac{1}{2} + \displaystyle\sum_{n=1}^{+\infty} \dfrac{1 + (-1)^{n+1}}{n\pi} \sin nx$;

(2) $\dfrac{\pi - 2}{\pi} + \displaystyle\sum_{n=1}^{+\infty} \dfrac{-1}{\pi(16n^2 - 1)}(4\cos 2nx - 16n\sin 2nx)$;

(3) $\displaystyle\sum_{n=1}^{+\infty} \dfrac{2n(-1)^n}{\pi(n^2 - \alpha^2)} \sin\alpha\pi\sin nx$;

(4) $\dfrac{1}{\pi} - \displaystyle\sum_{n=1}^{+\infty} \dfrac{\cos\dfrac{n\pi}{2}}{(n^2 - 1)\pi} \cos nx$.

6-2 $\dfrac{2E_0}{\pi} - \displaystyle\sum_{n=1}^{\infty} \dfrac{4E_0}{(4n^2 - 1)\pi} \cos 2n\omega t$.

6-4 (1) $\displaystyle\sum_{n=1}^{+\infty} \dfrac{1 - (-1)^n}{n\pi} 2\sin\dfrac{n\pi x}{l}$;　(2) $\displaystyle\sum_{n=1}^{+\infty} \dfrac{2l(-1)^{n+1}}{n\pi} \sin\dfrac{n\pi x}{l}$;

(3) $\displaystyle\sum_{n=1}^{+\infty} \dfrac{2a}{n\pi} \sin\dfrac{n\pi x}{l}$.

6-5 (1) $\dfrac{l}{2} + \displaystyle\sum_{n=1}^{+\infty} \dfrac{2l[1 - (-1)^n]}{n^2\pi^2} \cos\dfrac{n\pi x}{l}$;

(2) $\dfrac{l^2}{3} + \displaystyle\sum_{n=1}^{+\infty} \dfrac{4l^2(-1)^n}{n^2\pi^2} \cos\dfrac{n\pi x}{l}$;

(3) $\dfrac{l^3}{4} + \displaystyle\sum_{n=1}^{+\infty} \dfrac{6l^3\left\{(-1)^n - \dfrac{2}{n^2\pi^2}[1 - (-1)^n]\right\}}{n^2\pi^2} \cos\dfrac{n\pi x}{l}$.

6-6 (1) $\dfrac{k}{\omega^2\sqrt{2\pi}}\left[(\mathrm{i}\omega T + 1)\mathrm{e}^{-\mathrm{i}\omega T} - 1\right]$;　(2) $f(\omega) = \begin{cases} \sqrt{\dfrac{\pi}{2}}, & \omega \neq |\beta|, \\[2mm] \sqrt{\dfrac{\pi}{8}}, & \omega = |\beta|; \end{cases}$

(3) $\dfrac{-\mathrm{i}}{1 - \omega^2}\sqrt{\dfrac{2}{\pi}}\sin\pi\omega$.

6-7 (1) $\begin{cases} \sqrt{2\pi}\,\mathrm{e}^{-\beta x} & (x>0), \\ \sqrt{\dfrac{\pi}{2}} & (x=0), \\ 0 & (x<0); \end{cases}$ (2) $\begin{cases} -\sqrt{\dfrac{\pi}{2}}\,\mathrm{e}^{-\alpha x} & (x>0), \\ 0 & (x=0), \\ \sqrt{\dfrac{\pi}{2}}\,\mathrm{e}^{\alpha x} & (x<0); \end{cases}$

(3) $\begin{cases} \sqrt{\dfrac{\pi}{2}}\dfrac{1}{\beta^2-\alpha^2}\big[2\beta\mathrm{e}^{-\beta x}+(\alpha+\beta)\mathrm{e}^{-\alpha x}\big] & (x>0), \\ \sqrt{2\pi}\dfrac{\beta+\alpha}{\beta^2-\alpha^2} & (x=0), \\ \sqrt{\dfrac{\pi}{2}}\dfrac{(\alpha-\beta)\mathrm{e}^{\alpha x}}{\beta^2-\alpha^2} & (x<0). \end{cases}$

6-9 $\dfrac{a(b-a)}{\pi b}\dfrac{1}{x^2+(b-a)^2}.$

6-11 $\pi\delta(x).$

第 七 章

7-1 (1) $X_n(x)=c\cos\left(\dfrac{2n+1}{2l}\pi x\right)$, $\lambda_n=\left(\dfrac{2n+1}{2l}\pi\right)^2$, $n=0,1,2,\cdots$;

(2) $X_n(x)=c\mathrm{e}^{-\alpha x}\sin\left(\dfrac{n}{l}\pi x\right)$, $\lambda_n=a^2+\left(\dfrac{n}{l}\pi\right)^2$, $n=1,2,\cdots$.

7-2 $u(x,t)=\displaystyle\sum_{n=1}^{+\infty}\dfrac{16h}{(n\pi)^3}[1-(-1)^n]\sin\dfrac{n\pi x}{l}\cos\dfrac{na\pi t}{l}.$

7-3 $u(x,t)=\displaystyle\sum_{n=0}^{+\infty}\dfrac{2kl(-1)^n}{\left[\left(n+\frac12\right)\pi\right]^2}\sin\dfrac{(2n+1)\pi x}{2l}\cos\dfrac{(2n+1)a\pi t}{2l}.$

7-4 $u(x,t)=\displaystyle\sum_{n=1}^{+\infty}\dfrac{2F_0 l}{(n\pi)^2 T}\sin\dfrac{n\pi x_0}{l}\sin\dfrac{n\pi x}{l}\cos\dfrac{na\pi t}{l}$ $(a=\sqrt{T/\rho}).$

7-5 $u(x,t)=\displaystyle\sum_{n=0}^{+\infty}\dfrac{2F_0 l(-1)^n}{\left[\left(n+\frac12\right)\pi\right]^2 YS}\sin\dfrac{(2n+1)\pi x}{2l}\cos\dfrac{(2n+1)a\pi t}{2l}$

$(a=\sqrt{Y/\rho}).$

7-6 $u(x,t)=\displaystyle\sum_{n=1}^{+\infty}\Big[a_n\cos\dfrac{n\pi at}{l}+\dfrac{lb_n}{n\pi a}\sin\dfrac{n\pi at}{l}$

$+\dfrac{Aa_n\omega}{\omega^2-\left(\dfrac{n\pi a}{l}\right)^2}\left(\dfrac{l}{n\pi a}\sin\dfrac{n\pi at}{l}-\dfrac{1}{w}\sin\omega t\right)\Big]\cos\dfrac{n\pi x}{l}.$

其中 $a_n = \dfrac{2}{l}\displaystyle\int_0^l \phi(x)\cos\dfrac{n\pi x}{l}\mathrm{d}x$，$b_n = \dfrac{2}{l}\displaystyle\int_0^l \psi(x)\cos\dfrac{n\pi x}{l}\mathrm{d}x$.

7-7 $u(x,t) = \displaystyle\sum_{n=1}^{+\infty} c_n\cos k_n(l-x)\cos k_n at \quad (a = \sqrt{Y/\rho})$,

     其中 k_n 是方程 $k_n\tan k_n l = \dfrac{k}{Y}$ 的第 n 个正根.

     系数 $c_n = \dfrac{\displaystyle\int_0^l\left(\dfrac{F_0}{k} + \dfrac{F_0}{SY}x\right)\cos k_n(l-x)\mathrm{d}x}{\displaystyle\int_0^l \cos^2 k_n(l-x)\mathrm{d}x}$，求出 k_n 以后，就可求出 c_n.

7-8 $u(x,t) = \dfrac{F_0 a^2 t}{YS\omega l} - \dfrac{F_0 a^2}{YS\omega^2 l}\sin\omega t + \displaystyle\sum_{n=1}^{+\infty}\dfrac{2F_0 a(-1)^n}{n\pi YS\left[\omega^2 - \left(\dfrac{n\pi a}{l}\right)^2\right]}$

     $\cdot \left(\omega\sin\dfrac{n\pi at}{l} - \dfrac{n\pi a}{l}\sin\omega t\right)\cos\dfrac{n\pi x}{l} \quad (a = \sqrt{Y/\rho})$.

7-9 $V(x,t) = V_0\dfrac{\sin[\omega(l-x)/a]}{\sin(\omega l/a)}\sin\omega t + \displaystyle\sum_{n=0}^{+\infty}\left(A_n\cos\dfrac{n\pi at}{l} + B_n\sin\dfrac{n\pi at}{l}\right)$

     $\cdot \sin\dfrac{n\pi x}{l}$.

7-10 $u(x,t) = \displaystyle\sum_{n=0}^{+\infty}\dfrac{2F_0 l(-1)^n}{\left[\left(n+\dfrac{1}{2}\right)\pi\right]^2 YS}\mathrm{e}^{-\gamma t}\left(\cos\omega_n t + \dfrac{\gamma}{\omega_n}\sin\omega_n t\right)\sin\dfrac{(2n+1)\pi x}{2l}$,

     其中 $\omega_n = \sqrt{\left[\dfrac{(2n+1)\pi a}{2l}\right]^2 - \gamma^2} \quad (a = \sqrt{Y/\rho})$.

7-11   (1) 无阻尼情形

     $u(x,t) = \displaystyle\sum_{n=1}^{+\infty}\dfrac{lc_n}{n\pi a}\left[\dfrac{\omega\sin(n\pi at/l) - (n\pi a/l)\sin\omega t}{\omega^2 - (n\pi a/l)^2}\right]\sin\dfrac{n\pi x}{l}$,

     其中 $c_n = \dfrac{2}{l}\displaystyle\int_0^l\dfrac{F_0(x)}{\rho}\sin\dfrac{n\pi x}{l}\mathrm{d}x$.

     (2) 小阻尼情形

     $u(x,t) = \displaystyle\sum_{n=1}^{+\infty}\dfrac{2\gamma\omega c_n}{[\omega^2 - (n\pi a/l)^2]^2 + 4\gamma^2\omega^2}$

     $\cdot\left[\mathrm{e}^{-\gamma t}\left(\cos\omega_n t + \dfrac{2\gamma^2 + \omega^2 - (n\pi a/l)^2}{2\gamma\omega_n}\sin\omega_n t\right)\right.$

     $\left. - \cos\omega t - \dfrac{\omega^2 - (n\pi a/l)^2}{2\gamma\omega}\sin\omega t\right]\sin\dfrac{n\pi x}{l}$,

     其中 $\omega_n = \sqrt{\left(\dfrac{n\pi a}{l}\right)^2 - \gamma^2}$，$c_n = \dfrac{2}{l}\displaystyle\int_0^l\dfrac{F_0(x)}{\rho}\sin\dfrac{n\pi x}{l}\mathrm{d}x$.

当 $t \to +\infty$，

$$u(x,t) \to \sum_{n=1}^{+\infty} \frac{-c_n}{[\omega^2 - (n\pi a/l)^2]^2 + 4\gamma^2\omega^2}$$

$$\cdot [2\gamma\omega\cos\omega t + (\omega^2 - n^2\pi^2 a^2/l^2)\sin\omega t]\sin\frac{n\pi x}{l} \quad (\text{稳定解}).$$

7-12 $\quad u(x,t) = \sum_{n=0}^{+\infty} \frac{2\gamma\omega E_0(2n+1)\pi a^2/l^2}{[\omega^2 - (n+1/2)^2\pi^2 a^2/l^2]^2 + 4\gamma^2\omega^2}$

$$\cdot \left[e^{-\gamma t}\left(\cos\omega_n t + \frac{2\gamma^2 + \omega^2 - (n+1/2)^2\pi^2 a^2/l^2}{2\gamma\omega_n}\sin\omega_n t\right)\right.$$

$$\left. - \cos\omega t - \frac{\omega^2 - (n+1/2)^2\pi^2 a^2/l^2}{2\gamma\omega}\sin\omega t \right]\sin\frac{(2n+1)\pi x}{2l}.$$

其中 $\omega_n = \sqrt{\left[\frac{(2n+1)\pi a}{2l}\right]^2 - \gamma^2}$，$\gamma = \frac{R_0}{2L_0}$，$a = \frac{1}{\sqrt{L_0 C_0}}$.

当 $t \to +\infty$，

$$u(x,t) \to \sum_{n=0}^{+\infty} \frac{-2\gamma\omega E_0(2n+1)\pi a^2/l^2}{[\omega^2 - (n+1/2)^2\pi^2 a^2/l^2]^2 + 4\gamma^2\omega^2}$$

$$\cdot \left[\cos\omega t + \frac{\omega^2 - (n+1/2)^2\pi^2 a^2/l^2}{2\gamma\omega}\sin\omega t\right]$$

$$\cdot \sin\frac{(2n+1)\pi x}{2l} \quad (\text{稳定解}).$$

第 八 章

8-1 $\quad u(x,t) = \sum_{n=1}^{+\infty} \frac{4bl^4}{(n\pi)^3}[1-(-1)^n]e^{-K\left(\frac{n\pi}{l}\right)^2 t}\sin\frac{n\pi x}{l}.$

8-2 $\quad u(x,t) = \frac{x}{l}(u_2 - u_1) + u_1 + \sum_{n=1}^{+\infty} \frac{2}{n\pi}[(u_2 - u_0)(-1)^n + u_0 - u_1]$

$$\cdot e^{-K\left(\frac{n\pi}{l}\right)^2 t}\sin\frac{n\pi x}{l}.$$

8-3 $\quad u(x,t) = 4\cos\left(\frac{3\pi x}{l}\right)e^{-K\left(\frac{3\pi}{l}\right)^2 t} - 3\cos\left(\frac{5\pi x}{l}\right)e^{-K\left(\frac{5\pi}{l}\right)^2 t}.$

8-4 $\quad u(x,t) = u_0 - \frac{4u_0}{\pi}\sum_{n=0}^{+\infty} \frac{(-1)^n}{2n+1}e^{-\frac{(2n+1)^2\pi^2 Dt}{4l^2}}\cos\frac{2n+1}{2l}\pi x.$

8-5 $\quad u(x,t) = \frac{A}{2}e^{\lambda^2 Kt}\left[e^{\lambda x}\operatorname{erfc}\left(\frac{2K\lambda t + x}{2\sqrt{Kt}}\right) - e^{-\lambda x}\operatorname{erfc}\left(\frac{2K\lambda t - x}{2\sqrt{Kt}}\right)\right]$

$$+ A\cdot\operatorname{erf}\left(\frac{x}{2\sqrt{Kt}}\right).$$

8-6 $u(x,t)=\dfrac{\sqrt{K}B}{k}\sqrt{\dfrac{1}{\omega_0}}\exp\left(-x\sqrt{\dfrac{\omega_0}{2K}}\right)\sin\left(\omega t-x\sqrt{\dfrac{\omega_0}{2K}}-\dfrac{\pi}{4}\right)$

（k 为热传导系数，K 为热导率，$K=k/\rho c$）.

8-7 $u(x,t)=\dfrac{1}{2}(e^{x+Dt}+e^{-x+Dt})+\dfrac{e^{-x+Dt}}{2}\operatorname{erf}\left(\dfrac{x-2Dt}{\sqrt{4Dt}}\right)-\dfrac{e^{x+Dt}}{2}\operatorname{erf}\left(\dfrac{x+2Dt}{\sqrt{4Dt}}\right).$

8-8 $u(x,t)=A\displaystyle\int_0^t\operatorname{erfc}\left(\dfrac{x}{2a\sqrt{t-\tau}}\right)d\tau.$

第 九 章

9-1 $c_0\cos\omega x+c_1\sin\omega x$（$c_0$ 和 c_1 为待定系数）.

9-2 $c_0+c_1x+c_0\displaystyle\sum_{n=1}^{+\infty}(-1)^n\dfrac{1\cdot4\cdot7\cdots(3n-2)}{(3n)!}x^{3n}$

$+c_1\displaystyle\sum_{n=1}^{+\infty}(-1)^n\dfrac{2\cdot5\cdot8\cdots(3n-1)}{(3n+1)!}x^{3n+1},$

收敛半径 $R=+\infty$.

9-3 $y(x)=c_1y_1(x)+c_2y_2(x)$，其中 c_1 和 c_2 为待定系数，

$$y_1(x)=1+\dfrac{-\lambda}{2!}x^2+\dfrac{(-\lambda)(4-\lambda)}{4!}x^2+\cdots$$
$$+\dfrac{(-\lambda)(4-\lambda)\cdots(4k-4-\lambda)}{(2k)!}x^{2k}+\cdots,$$
$$y_2(x)=x+\dfrac{2-\lambda}{3!}x^3+\dfrac{(2-\lambda)(6-\lambda)}{5!}x^5+\cdots$$
$$+\dfrac{(2-\lambda)(6-\lambda)\cdots(4k-2-\lambda)}{(2k+1)!}x^{2k+1}+\cdots.$$

当 λ 为偶数时，其中一个特解将退化为多项式.若 $\lambda=4k$ 时，$y_1(x)$ 退化为 k 次多项式；若 $\lambda=4k+2$ 时，$y_2(x)$ 退化为 k 次多项式.

9-4 （1）$y(x)=C_mx^m+D_mx^{-m}$（C_m,D_m 为待定常数）；
（2）$y(x)=C_lx^l+D_lx^{-(l+1)}$（$C_l,D_l$ 为待定常数）.

9-5 $y_1(x)=c_1x^{-\frac{1}{2}}\sin x,\ y_2(x)=c_2x^{-\frac{1}{2}}\cos x.$

9-6 $y_1(x)=c_0\displaystyle\sum_{n=0}^{+\infty}\dfrac{(n-1-\gamma)\cdots(2-\gamma)(1-\gamma)}{(n!)^2}x^n.$

9-7 $y(x)=c_1y_1(x)+c_2y_2(x)$，其中 c_1 和 c_2 为待定系数，

$$y_1(x)=1+\dfrac{\alpha\beta}{1!\gamma}x+\dfrac{\alpha(\alpha+1)\beta(\beta+1)}{2!\gamma(\gamma+1)}x^2+\cdots$$
$$+\dfrac{\alpha(\alpha+1)\cdots(\alpha+n-1)\beta(\beta+1)\cdots(\beta+n-1)}{n!\gamma(\gamma+1)\cdots(\gamma+n-1)}x^n+\cdots,$$

$$y_2(x) = x^{1-\gamma}\left[1 + \frac{(1-\gamma+\alpha)(1-\gamma+\beta)}{1!(2-\gamma)}x\right.$$

$$+ \frac{(1-\gamma+\alpha)(2-\gamma+\alpha)(1-\gamma+\beta)(2-\gamma+\beta)}{2!(2-\gamma)(3-\gamma)}x^2 + \cdots$$

$$+ \frac{(1-\gamma+\alpha)(2-\gamma+\alpha)\cdots(n-\gamma+\alpha)(1-\gamma+\beta)(2-\gamma+\beta)\cdots(n-\gamma+\beta)}{n!(2-\gamma)(3-\gamma)\cdots(n+1-\gamma)}x^n$$

$$+ \cdots \Big].$$

9-8 $y(x) = c_1 y_1(x) + c_2 y_2(x)$，$c_1$ 和 c_2 为待定系数，

$$y_1(x) = F(-\alpha, \gamma, x), \quad y_2(x) = x^{(1-\gamma)} F(1-\alpha-\gamma, 2-\gamma, x),$$

其中

$$F(\alpha, \gamma, x) = 1 + \frac{\alpha}{1!\gamma}x + \frac{\alpha(\alpha+1)}{2!\gamma(\gamma+1)}x^2 + \cdots$$

$$+ \frac{\alpha(\alpha+1)\cdots(\alpha+n-1)}{n!\gamma(\gamma+1)\cdots(\gamma+n-1)}x^n + \cdots.$$

第 十 章

10-4 (1) 0；

(2) 当 $n < l$ 时，值为 0；当 $n \geqslant l$ 时，值为

$$\frac{n!}{(n-l)!!}\frac{1+(-1)^{n-l}}{(n+l+1)!!};$$

(3) $\begin{cases} \dfrac{m}{2m-1}\dfrac{2}{2m+1} & (m=n+1), \\ \dfrac{m+1}{2m+3}\dfrac{2}{2m+1} & (m=n-1), \\ 0 & (m \neq n \pm 1); \end{cases}$

(4) $\dfrac{2n(n+1)}{2n+1}$； (5) $n(n+1)$.

10-5 (1) $\dfrac{3}{5}P_1(x) + \dfrac{2}{5}P_3(x)$；

(2) $\dfrac{1}{5}P_0(x) + \dfrac{4}{7}P_2(x) + \dfrac{8}{35}P_4(x)$；

(3) $\dfrac{1}{2}P_0(x) + \dfrac{5}{8}P_2(x) + \cdots + (-1)^{n+1}\dfrac{(4n+1)(2n-2)!}{2^{2n}(n-1)!\ (n+1)!}P_{2n}(x)$
$+ \cdots$；

(4) $\dfrac{1}{4}P_0(x) + \dfrac{1}{2}P_1(x) + \displaystyle\sum_{n=1}^{+\infty}(-1)^{n+1}\dfrac{(4n+1)(2n-2)!}{2^{2n+1}(n-1)!(n+1)!}P_{2n}(x)$.

第 十 一 章

11-2　（1）$x^3 J_1(x) - 2x^2 J_2(x) + C$（$C$ 为积分常数）；

（2）$x^4 J_2(x) - 2x^3 J_3(x) + C$（$C$ 为积分常数）；

（3）$-J_2(x) - \dfrac{2}{x} J_1(x) + C$（$C$ 为积分常数）.

第 十 二 章

12-3　$j_0(x) = \dfrac{\sin x}{x}$，$j_1(x) = \dfrac{\sin x - x\cos x}{x^2}$；

$n_0(x) = \dfrac{-\cos x}{x}$，$n_1(x) = -\dfrac{\cos x + x\sin x}{x^2}$；

第一类球汉开尔函数：$h_0^{(1)}(x) = -i\dfrac{e^{ix}}{x}$，$h_1^{(1)}(x) = -\left(i\dfrac{1}{x^2} + \dfrac{1}{x}\right)e^{ix}$；

第二类球汉开尔函数：$h_0^{(2)}(x) = i\dfrac{e^{-ix}}{x}$，$h_1^{(2)}(x) = \left(i\dfrac{1}{x^2} - \dfrac{1}{x}\right)e^{-ix}$.

第 十 三 章

13-1　$u(r,\theta) = \dfrac{1}{3} + \dfrac{r^2\cos^2\theta}{a^2} - \dfrac{r^2}{3a^2}$.

13-2　球内 $u_i(r,\theta) = Ar\cos\theta$，球外 $u_e(r,\theta) = -\dfrac{Aa^3}{2r^2}\cos\theta$.

13-3
$$
\begin{cases}
u_i(r,\theta) = \dfrac{V_1 + V_2}{2} + \dfrac{3(V_2 - V_1)r}{4a} + \dfrac{V_2 - V_1}{2} \\[2mm]
\qquad \cdot \displaystyle\sum_{n=1}^{+\infty} (-1)^n (4n+3) \dfrac{(2n-1)!!}{(2n+2)!!}\left(\dfrac{r}{a}\right)^{2n+1} P_{2n+1}(\cos\theta), \\[4mm]
u_e(r,\theta) = \dfrac{V_1 + V_2}{2}\dfrac{a}{r} + \dfrac{3(V_2 - V_1)}{4}\left(\dfrac{a}{r}\right)^2 P_1(\cos\theta) \\[2mm]
\qquad + \dfrac{V_2 - V_1}{2}\displaystyle\sum_{n=1}^{+\infty}(-1)^n(4n+3)\dfrac{(2n-1)!!}{(2n+2)!!}\left(\dfrac{a}{r}\right)^{2n+2} P_{2n+1}(\cos\theta).
\end{cases}
$$

13-4　$u_i(r,\theta) = -\dfrac{3\varepsilon_0}{\varepsilon + 2\varepsilon_0} E_0 r\cos\theta + A_0$，

$u_e(r,\theta) = -E_0 r\cos\theta + \dfrac{\varepsilon - \varepsilon_0}{\varepsilon + 2\varepsilon_0} a^3 E_0 \dfrac{\cos\theta}{r^2} + A_0$（$A_0$ 为常数）.

13-5
$$\begin{cases} u_i(r,\theta) = q\sum_{l=0}^{+\infty} \dfrac{2l+1}{\left[(\varepsilon_r+1)l+1\right]d^{l+1}} r^l \mathrm{P}_l(\cos\theta)\,; \\[3mm] u_e(r,\theta) = \dfrac{q}{\sqrt{d^2-2rd\cos\theta+r^2}} \\[3mm] \qquad - q(\varepsilon_r-1)\sum_{l=0}^{+\infty} \dfrac{la^{2l+1}}{\left[(\varepsilon_r+1)l+1\right]d^{l+1}} \dfrac{1}{r^{l+1}}\mathrm{P}_l(\cos\theta). \end{cases}$$

13-6 $\quad u(r,\theta) = A_0 + \dfrac{q_0 r}{2k}\mathrm{P}_1(\cos\theta) + \dfrac{5q_0 r^2}{32ak}\mathrm{P}_2(\cos\theta)$

$$+ \sum_{n=2}^{+\infty} \frac{(4n+1)(-1)^{n+1}q_0 r^{2n}}{4nka^{2n-1}}\frac{(2n-3)!!}{(2n+2)!!}\mathrm{P}_{2n}(\cos\theta) \quad (A_0\ \text{为球心}$$

温度）.

13-7 （1）$u(r,\theta,\varphi) = \dfrac{r}{a}\sin\theta\sin\varphi$;

（2）$u(r,\theta,\varphi) = \dfrac{1}{3} - \dfrac{r^2}{6a^2}(3\cos^2\theta-1) + \dfrac{r^2}{2a^2}\sin^2\theta\cos2\varphi.$

13-8 $\quad u(\rho,z) = u_2 + \dfrac{u_1-u_2}{H}z - \dfrac{16u_1}{\pi^3}\sum_{k=0}^{+\infty} \dfrac{\mathrm{I}_0\left(\dfrac{2k+1}{H}\pi\rho\right)}{(2k+1)^3\mathrm{I}_0\left(\dfrac{2k+1}{H}\pi a\right)}\sin\left(\dfrac{2k+1}{H}\pi z\right).$

13-9 $\quad u(\rho,z) = \dfrac{q_0}{k}(z-H) + \sum_{n=0}^{+\infty} \dfrac{8Hq_0\mathrm{I}_0\left(\dfrac{2n+1}{2H}\pi\rho\right)}{k(2n+1)^2\pi^2\mathrm{I}_0\left(\dfrac{2n+1}{2H}\pi a\right)}\cos\left(\dfrac{2n+1}{2H}\pi z\right).$

13-10 （1）$u(\rho,z) = \sum_{n=1}^{+\infty} \dfrac{2f_0}{n\pi}\left[1-(-1)^n\right]\dfrac{\mathrm{I}_0(n\pi\rho/l)}{\mathrm{I}_0(n\pi a/l)}\sin\dfrac{n\pi z}{l}$;

（2）$u(\rho,z) = \sum_{n=1}^{+\infty} \dfrac{4Al}{(n\pi)^3}\left[1-(-1)^n\right]\dfrac{\mathrm{I}_0(n\pi\rho/l)}{\mathrm{I}_0(n\pi a/l)}\sin\dfrac{n\pi z}{l}.$

13-11 （1）$u(\rho,\varphi) = u_0(\rho+a^2/\rho)\cos\varphi$;

（2）$u(\rho,\varphi) = \sum_{k=1}^{+\infty} \dfrac{2}{\beta}\left(\dfrac{\rho}{a}\right)^{\frac{k\pi}{\beta}}\sin\dfrac{k\pi\varphi}{\beta}\int_0^{\beta} f(\varphi)\sin\dfrac{k\pi\varphi}{\beta}\mathrm{d}\varphi.$

第 十 四 章

14-1 $\quad u(r,\theta,t) = \dfrac{2}{r_0^3}\sum_{n=1}^{+\infty} \dfrac{\mathrm{j}_1(k_n r)\mathrm{P}_1(\cos\theta)}{\left[\mathrm{j}_0(k_n r_0)\right]^2}\exp(-k_n^2 Kt)\int_0^{r_0} f(r)\mathrm{j}_1(k_n r)r^2\,\mathrm{d}r,$

其中 K 是热导率，k_n 是 $\tan kr_0 = kr_0$ 的第 n 个正根.

14-2 $\quad u(r,t) = \sum_{n=1}^{+\infty} \dfrac{(-1)^{n+1}u_0 r_0}{n\pi r}\sin\dfrac{n\pi r}{r_0}\exp\left(-\dfrac{n^2\pi^2 Kt}{r_0^2}\right)$

$$+ \sum_{n=0}^{+\infty} \frac{4(-1)^n u_0 r_0}{(2n+1)^2 \pi^2 r} \sin \frac{(2n+1)\pi r}{2r_0} \exp \left[-\frac{(2n+1)^2 \pi^2 Kt}{4r_0^2}\right],$$

其中 K 是热导率.

14-3　$u(\rho,t) = \sum_{n=1}^{+\infty} \frac{8H}{[x_n^{(0)}]^3 J_1(x_n^{(0)})} \cos \frac{x_n^{(0)}ct}{a} J_0 \left(\frac{x_n^{(0)}\rho}{a}\right)$ (c 为圆膜中的波速).

14-4　$u(\rho,t) = U_0 + \sum_{n=1}^{+\infty} A_n \left[J_0(k_n\rho) - \frac{J_0(k_na)}{N_0(k_na)} N_0(k_n\rho)\right] e^{-k_n^2 Kt}$,

其中 $A_n = \dfrac{\displaystyle\int_a^b \left[f(\rho) - U_0\right] \left[J_0(k_n\rho) - \dfrac{J_0(k_na)}{N_0(k_na)} N_0(k_n\rho)\right] \rho \mathrm{d}\rho}{\displaystyle\int_a^b \left|J_0(k_n\rho) - \dfrac{J_0(k_na)}{N_0(k_na)} N_0(k_n\rho)\right|^2 \rho \mathrm{d}\rho}$,

k_n 是满足方程 $J_0(ka)N_0(kb) - N_0(ka)J_0(kb) = 0$ 的解.

14-5　$\varepsilon_z = J_m \left(\frac{x_n^{(m)}}{a}\rho\right)(A_m \cos m\varphi + B_m \sin m\varphi) e^{-i(\omega t - h_{mn}z)}$ ($m = 0, 1, 2, \cdots; n = 1,$

$2, \cdots$),

其中 $h_{mn} = \sqrt{k^2 - (x_m^{(n)}/a)^2}$, $x_m^{(n)}$ 是 $J_m(x) = 0$ 的第 n 个正根.

若 $k < \dfrac{x_0^{(1)}}{a}$, 则横磁波不能通过波导管.

附　　录

附录 I　拉普拉斯变换和傅里叶积分变换表

一、拉普拉斯变换表

$f(x)$	$f(p)$
1. x^{ν}　($\nu > -1$)	$\dfrac{\Gamma(\nu+1)}{p^{\nu+1}}$　($\mathrm{Re}\,p > 0$)
2. $x^{n-1/2}$	$\left(\dfrac{\sqrt{\pi}}{2}\right)\left(\dfrac{3}{2}\right)\left(\dfrac{5}{2}\right)\cdots\left(\dfrac{n-1}{2}\right)\Big/ p^{n+1/2}$ 　　($\mathrm{Re}\,p > 0$)
3. $\dfrac{x^{1/2}}{x+a}$　($|\arg a| < \pi$)	$(\pi/p)^{1/2} - \pi a^{1/2}\,\mathrm{e}^{ap}$　($\mathrm{Re}\,p > 0$)
4. $f(x) = \begin{cases} x & (0 < x < 1), \\ 1 & (x > 1) \end{cases}$	$\dfrac{1 - \mathrm{e}^{-p}}{p^2}$　($\mathrm{Re}\,p > 0$)
5. $x\mathrm{e}^{-ax}$	$\dfrac{1}{(p+a)^2}$　($\mathrm{Re}\,p > -\mathrm{Re}\,a$)
6. $x^{\nu-1}\mathrm{e}^{-ax}$　($\mathrm{Re}\,\nu > 0$)	$\dfrac{\Gamma(\nu)}{(p+a)^{\nu}}$　($\mathrm{Re}\,p > -\mathrm{Re}\,a$)
7. $x\mathrm{e}^{-x^2/(4a)}$　($\mathrm{Re}\,a > 0$)	$2a - 2\pi^{1/2}a^{3/2}p\mathrm{e}^{ap^2}\,\mathrm{erfc}(pa^{1/2})$
8. $\sin(ax)$	$\dfrac{a}{p^2 + a^2}$　($\mathrm{Re}\,p > |\mathrm{Im}\,a|$)
9. $x^{-1}\sin(ax)$	$\tan^{-1}\left(\dfrac{a}{p}\right)$　($\mathrm{Re}\,p > |\mathrm{Im}\,a|$)

（续表）

$f(x)$	$f(p)$
10. $\cos(ax)$	$\dfrac{p}{p^2+a^2}$ （$\mathrm{Re}\,p>|\mathrm{Im}\,a|$）
11. $\dfrac{1-\cos(ax)}{x}$	$\dfrac{1}{2}\log(1+a^2/p^2)$ （$\mathrm{Re}\,p>|\mathrm{Im}\,a|$）
12. $\sinh(ax)$	$\dfrac{a}{p^2-a^2}$ （$\mathrm{Re}\,p>|\mathrm{Re}\,a|$）
13. $\cosh(ax)$	$\dfrac{p}{p^2-a^2}$ （$\mathrm{Re}\,p>|\mathrm{Re}\,a|$）
14. $x^{\nu-1}\sinh(ax)$　（$\mathrm{Re}\,\nu>-1$）	$\dfrac{1}{2}\Gamma(\nu)[(p-a)^{-\nu}-(p+a)^{-\nu}]$ （$\mathrm{Re}\,p>|\mathrm{Re}\,a|$）
15. $x^{\nu-1}\cosh(ax)$ （$\mathrm{Re}\,\nu>0$）	$\dfrac{1}{2}\Gamma(\nu)[(p-a)^{-\nu}+(p+a)^{-\nu}]$ （$\mathrm{Re}\,p>|\mathrm{Re}\,a|$）
16. $\mathrm{H}(x-a)$	$\dfrac{\mathrm{e}^{-ap}}{p}$ （$\mathrm{Re}\,p>0$）
17. $\delta(x-a)$	e^{-ap}
18. $\delta'(x-a)$	$p\mathrm{e}^{-ap}$
19. $x^{1/2}\mathrm{e}^{-(a/4x)}$ （$\mathrm{Re}\,a\geqslant0$）	$\dfrac{1}{2}\pi^{1/2}p^{-3/2}(1+a^{1/2}p^{1/2})\mathrm{e}^{-(ap)^{1/2}}$ （$\mathrm{Re}\,p>0$）
20. $x^{-1/2}\mathrm{e}^{-(a/4x)}$ （$\mathrm{Re}\,a\geqslant0$）	$\pi^{1/2}p^{-1/2}\mathrm{e}^{-(ap)^{1/2}}$ （$\mathrm{Re}\,p>0$）
21. $x^{-3/2}\mathrm{e}^{-(a/4x)}$ （$\mathrm{Re}\,a\geqslant0$）	$2\pi^{1/2}a^{-1/2}\mathrm{e}^{-(ap)^{1/2}}$ （$\mathrm{Re}\,p\geqslant0$）
22. $\Phi\left(\dfrac{x}{2a}\right)\equiv\dfrac{2}{\sqrt{\pi}}\displaystyle\int_0^{x/2a}\mathrm{e}^{-s^2}\,\mathrm{d}s$　（$|\arg a|<\pi/4$）	$p^{-1}\mathrm{e}^{a^2p^2}\mathrm{erfc}(ap)$ （$\mathrm{Re}\,p>0$）
23. $\mathrm{erfc}(a\sqrt{x})$　$\equiv1-\Phi(a\sqrt{x})$	$\dfrac{1}{p}-\dfrac{a}{p(p+a^2)^{1/2}}$ （$\mathrm{Re}\,p>0$）
24. $\mathrm{erfc}\left(\dfrac{a}{\sqrt{x}}\right)$ （$\mathrm{Re}\,a>0$）	$p^{-1}\mathrm{e}^{-2a\sqrt{p}}$ （$\mathrm{Re}\,p>0$）

（续表）

$f(x)$	$f(p)$
25. $J_\nu(ax)$ $(\mathrm{Re}\nu > -1)$	$\{a/[p+(p^2+a^2)^{1/2}]\}^\nu (p^2+a^2)^{-1/2}$ $(\mathrm{Re}p > |\mathrm{Im}a|)$
26. $xJ_\nu(ax)$ $(\mathrm{Re}\nu > -2)$	$[p+\nu(p^2+a^2)^{1/2}]\left[\dfrac{a}{p+(p^2+a^2)^{1/2}}\right]^\nu$ $\cdot (p^2+a^2)^{-3/2}$ $(\mathrm{Re}p > |\mathrm{Im}a|)$
27. $\dfrac{J_\nu(ax)}{x}$ $(\mathrm{Re}\nu > 0)$	$\nu^{-1}\left[\dfrac{a}{p+(p^2+a^2)^{1/2}}\right]^\nu$ $(\mathrm{Re}p \geq |\mathrm{Im}a|)$
28. $x^n J_n(ax)$	$\dfrac{1 \cdot 3 \cdot 5 \cdots (2n-1) \cdot a^n}{(p^2+a^2)^{n+1/2}}$ $(\mathrm{Re}p > |\mathrm{Im}a|)$
29. $x^\nu J_\nu(ax)$ $\left(\mathrm{Re}\nu > -\dfrac{1}{2}\right)$	$2^\nu \pi^{-1/2} \Gamma\left(\nu+\dfrac{1}{2}\right) a^\nu (p^2+a^2)^{-(\nu+1/2)}$ $(\mathrm{Re}\nu > |\mathrm{Im}a|)$
30. $x^{\nu+1} J_\nu(ax)$ $(\mathrm{Re}\nu > -1)$	$2^{\nu+1} \pi^{-1/2} \Gamma\left(\nu+\dfrac{3}{2}\right) a^\nu (p^2+a^2)^{-(\nu+3/2)}$ $(\mathrm{Re}\nu > |\mathrm{Im}a|)$
31. $I_\nu(ax)$ $(\mathrm{Re}\nu > -1)$	$a^\nu (p^2-a^2)^{-1/2}[p+(p^2-a^2)^{1/2}]^\nu$ $(\mathrm{Re}p > |\mathrm{Re}a|)$
32. $x^\nu I_\nu(ax)$ $\left(\mathrm{Re}\nu > -\dfrac{1}{2}\right)$	$2^\nu \pi^{-1/2} \Gamma\left(\nu+\dfrac{1}{2}\right) a^\nu (p^2-a^2)^{-(\nu+1/2)}$ $(\mathrm{Re}\nu > |\mathrm{Re}a|)$
33. $\dfrac{I_\nu(ax)}{x^{\nu+1}}$ $(\mathrm{Re}\nu > -1)$	$2^{\nu+1} \pi^{-1/2} \Gamma\left(\nu+\dfrac{3}{2}\right) a^\nu (p^2-a^2)^{-(\nu+3/2)}$ $(\mathrm{Re}\nu > |\mathrm{Re}a|)$
34. $\dfrac{I_\nu(ax)}{x}$ $(\mathrm{Re}\nu > 0)$	$\nu^{-1} a^\nu [p+(p^2-a^2)^{1/2}]^{-\nu}$ $(\mathrm{Re}p > |\mathrm{Re}a|)$
35. $\sin(2a^{1/2}x^{1/2})$	$(a\pi)^{1/2} p^{-3/2} \mathrm{e}^{-a/p}$ $(\mathrm{Re}p > 0)$
36. $\dfrac{\cos(2a^{1/2}x^{1/2})}{\sqrt{x}}$	$(\pi/p)^{1/2} \mathrm{e}^{-a/p}$ $(\mathrm{Re}p > 0)$

二、傅里叶积分变换表

$f(x)$	$F(\omega)$
1. 1	$(2\pi)^{1/2}\delta(\omega)$
2. $\dfrac{1}{x}$	$(\pi/2)^{1/2}\,\mathrm{i}\,\mathrm{sgn}\omega$
3. $\delta(x)$	$\dfrac{1}{(2\pi)^{1/2}}$
4. $\dfrac{1}{|x|}$	$\dfrac{1}{|\omega|}$
5. $\dfrac{1}{|x|^a}$　$(0<\mathrm{Re}a<1)$	$\dfrac{(2/\pi)^{1/2}\,\Gamma(1-a)\sin(a\pi/2)}{|\omega|^{1-a}}$
6. $\mathrm{e}^{\mathrm{i}ax}$　(a 为实数)	$(2\pi)^{1/2}\delta(\omega+a)$
7. $\mathrm{e}^{-a|x|}$　$(a>0)$	$\dfrac{a(2/\pi)^{1/2}}{a^2+\omega^2}$
8. $x\mathrm{e}^{-a|x|}$　$(a>0)$	$\dfrac{2\mathrm{i}\omega a(2/\pi)^{1/2}}{(a^2+\omega^2)^2}$　$(\omega>0)$
9. $|x|\mathrm{e}^{-a|x|}$　$(a>0)$	$\dfrac{(2/\pi)^{1/2}(a^2-\omega^2)}{(a^2+\omega^2)^2}$
10. $\dfrac{\mathrm{e}^{-ax}}{|x|^{1/2}}$　$(a>0)$	$\dfrac{[a+(a^2+\omega^2)^{1/2}]^{1/2}}{(a^2+\omega^2)^{1/2}}$
11. $\mathrm{e}^{-a^2x^2}$　$(a>0)$	$(a\sqrt{2})^{-1}\mathrm{e}^{-\omega^2/4a^2}$
12. $\dfrac{1}{a^2+x^2}$　$(\mathrm{Re}a>0)$	$\dfrac{(\pi/2)^{1/2}\mathrm{e}^{-a|\omega|}}{a}$
13. $\dfrac{x}{a^2+x^2}$　$(\mathrm{Re}a>0)$	$\dfrac{-\mathrm{i}(\pi/2)^{1/2}\omega\mathrm{e}^{-a|\omega|}}{2a}$　$(\omega>0)$
14. $\sin(ax^2)$	$\dfrac{1}{(2a)^{1/2}}\sin\left(\dfrac{\omega^2}{4a}+\dfrac{\pi}{4}\right)$
15. $\cos(ax^2)$	$\dfrac{1}{(2a)^{1/2}}\cos\left(\dfrac{\omega^2}{4a}-\dfrac{\pi}{4}\right)$

（续表）

$f(x)$	$F(\omega)$
16. $\dfrac{\sinh(ax)}{\sinh(bx)}$ $(0<a<b)$	$\dfrac{(\pi/2)^{1/2}\sin(\pi a/b)}{b[\cosh(\pi\omega/b)+\cos(\pi a/b)]}$
17. $\dfrac{\cosh(ax)}{\sinh(bx)}$ $(0<a<b)$	$\dfrac{\mathrm{i}(\pi/2)^{1/2}\sin(\pi\omega/b)}{b[\cosh(\pi\omega/b)+\cos(\pi a/b)]}$
18. $\dfrac{\sin(ax)}{x}$	$F(\omega)=\begin{cases}(\pi/2)^{1/2} & (\vert\omega\vert<a),\\ 0 & (\vert\omega\vert>a)\end{cases}$
19. $\dfrac{x}{\sinh x}$	$\dfrac{(2/\pi)^{1/2}\mathrm{e}^{\pi\omega}}{(1+\mathrm{e}^{\pi\omega})^2}$
20. $x^\nu\,\mathrm{sgn}x$ $(\nu<-1$ 但不是整数$)$	$(2/\pi)^{1/2}(-\mathrm{i}\omega)^{-(1+\nu)}\nu!$
21. $\vert x\vert^\nu$ $(\nu<-1$ 但不是整数$)$	$\dfrac{(2\pi)^{1/2}\cos[(\pi/2)(\nu+1)]}{\Gamma(\nu+1)^{\nu+1}}$
22. $\vert x\vert^\nu\,\mathrm{sgn}x$ $(\nu<-1$ 但不是整数$)$	$\dfrac{\mathrm{isgn}\omega(2\pi)^{1/2}\sin[(\pi/2)(\nu+1)]\Gamma(\nu+1)}{\vert\omega\vert^{\nu+1}}$

附录Ⅱ　几个典型定积分

1. $\displaystyle\int_0^\infty \mathrm{e}^{-x^2}\,\mathrm{d}x=\frac{\sqrt{\pi}}{2}$.　　　　　　　　　　（Ⅱ.1）

证明　令 $I=\displaystyle\int_0^\infty \mathrm{e}^{-x^2}\,\mathrm{d}x$，$I$ 也可表为 $I=\displaystyle\int_0^\infty \mathrm{e}^{-y^2}\,\mathrm{d}y$，则

$$I^2=\int_0^\infty\int_0^\infty \mathrm{e}^{-(x^2+y^2)}\,\mathrm{d}x\mathrm{d}y.$$

该积分式的积分区域是 Oxy 平面上第一象限，把直角坐标变换为极坐标，则

$$I^2=\int_0^{\pi/2}\int_0^\infty \mathrm{e}^{-\rho^2}\rho\mathrm{d}\rho\mathrm{d}\varphi=\frac{\pi}{4}.$$

上式两边开平方即得（Ⅱ.1）式.（证毕）

如果令 $y^2=bx^2$，则 $\mathrm{d}x=\mathrm{d}y/\sqrt{b}$，那么

$$\int_0^\infty e^{-bx^2} dx = \frac{1}{\sqrt{b}} \int_0^\infty e^{-y^2} dy = \frac{1}{2} \sqrt{\frac{\pi}{b}}. \tag{II.2}$$

2. $\displaystyle\int_0^\infty e^{-bx^2} x^{2n} dx = \frac{(2n-1)!!}{2^{n+1}} \sqrt{\frac{\pi}{b^{2n+1}}}$ $(n = 1,2,3,\cdots).$ (II.3)

证明 将(II.2)式对参数 b 求导一次,二次,三次,$\cdots$,n 次,即得

$$\int_0^\infty e^{-bx^2} x^2 dx = \frac{1}{4} \sqrt{\frac{\pi}{b^3}},$$

$$\int_0^\infty e^{-bx^2} x^4 dx = \frac{3}{8} \sqrt{\frac{\pi}{b^5}},$$

$$\cdots$$

$$\int_0^\infty e^{-bx^2} x^{2n} dx = \frac{(2n-1)!!}{2^{n+1}} \sqrt{\frac{\pi}{b^{2n+1}}} \quad (n = 1,2,3,\cdots).$$

(证毕)

3. $\displaystyle\int_0^\infty e^{-bx^2} x^{2n+1} dx = \frac{1}{2} \frac{n!}{b^{n+1}}$ $(n = 0,1,2,\cdots).$ (II.4)

证明 令 $y = bx^2$,代入 $\displaystyle\int_0^\infty e^{-y} dy = 1$ 得 $\displaystyle\int_0^\infty e^{-bx^2} x dx = \frac{1}{2b}$. 将此式对参数 b 求导一次,二次,$\cdots$,n 次,即得

$$\int_0^\infty e^{-bx^2} x^3 dx = \frac{1}{2} \frac{1}{b^2},$$

$$\int_0^\infty e^{-bx^2} x^5 dx = \frac{1}{2} \frac{2}{b^3},$$

$$\cdots$$

$$\int_0^\infty e^{-bx^2} x^{2n+1} dx = \frac{1}{2} \frac{n!}{b^{n+1}} \quad (n = 0,1,2,\cdots).$$

(证毕)

4. $\displaystyle\int_{-\infty}^\infty e^{-a^2 x^2} e^{bx} dx = \frac{\sqrt{\pi}}{a} e^{b^2/4a^2}.$ (II.5)

证明 把所求积分看作参数 b 的函数 $I(b)$,则

$$\frac{dI}{db} = \int_{-\infty}^\infty e^{-a^2 x^2} e^{bx} x dx = -\frac{1}{2a^2} \int_{-\infty}^\infty e^{bx} d(e^{-a^2 x^2})$$

$$= -\frac{1}{2a^2} e^{-a^2 x^2} e^{bx} \Big|_{-\infty}^\infty + \frac{b}{2a^2} \int_{-\infty}^\infty e^{-a^2 x^2} e^{bx} dx = \frac{b}{2a^2} I.$$

把上面的结果看成 $I(b)$ 的微分方程,其解为 $I(b) = Ce^{b^2/4a^2}$,再把 $b = 0$ 代入,得

$$C = I(0) = \int_{-\infty}^{\infty} \mathrm{e}^{-a^2 x^2} \,\mathrm{d}x = 2\int_0^{\infty} \mathrm{e}^{-a^2 x^2} \,\mathrm{d}x = \frac{\sqrt{\pi}}{a},$$

所以
$$\int_{-\infty}^{\infty} \mathrm{e}^{-a^2 x^2} \mathrm{e}^{bx} \,\mathrm{d}x = \frac{\sqrt{\pi}}{a}\mathrm{e}^{b^2/4a^2}.$$

（证毕）

附录Ⅲ 正态分布函数与误差函数

在一定条件下，对物理量（真值为 μ）进行 n 次测量，测量值 x 出现的概率密度为

$$p(x) = \alpha \mathrm{e}^{-\beta(x-\mu)^2} \quad (\beta > 0), \tag{Ⅲ.1}$$

这是测量过程中随机误差所遵循的统计规律，该分布函数称为**正态分布函数**，又称为**高斯分布函数**。由于概率密度函数满足归一化条件，所以

$$\int_{-\infty}^{\infty} \alpha \mathrm{e}^{-\beta(x-\mu)^2} \,\mathrm{d}x = 1. \tag{Ⅲ.2}$$

由此可得 $\alpha = \sqrt{\dfrac{\beta}{\pi}}$，再令 $\beta = 1/2\sigma^2$，则 $\alpha = 1/\sqrt{2\pi}\sigma$。于是

$$p(x) = \frac{1}{\sqrt{2\pi}\sigma}\exp\left[-\frac{(x-\mu)^2}{2\sigma^2}\right]. \tag{Ⅲ.3}$$

正态分布的密度函数的曲线如图Ⅲ.1所示。

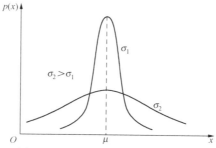

图Ⅲ.1 正态分布的密度函数曲线

正态分布的密度函数曲线相对于 $x = \mu$ 对称分布，μ 决定了峰值的位置。实际上，μ 就是正态分布的数学期望，其定义为

$$M = \int_{-\infty}^{\infty} x p(x) \mathrm{d}x = \frac{1}{\sqrt{2\pi}\sigma} \int_{-\infty}^{\infty} x \exp\left[-\frac{(x-\mu)^2}{2\sigma^2}\right] \mathrm{d}x. \quad (\text{III}.4)$$

进行变量代换 $\xi = x - \mu$,则得

$$M = \frac{1}{\sqrt{2\pi}\sigma} \int_{-\infty}^{\infty} (\xi + \mu) \mathrm{e}^{-\xi^2/2\sigma^2} \mathrm{d}\xi = \frac{1}{\sqrt{2\pi}\sigma} \int_{-\infty}^{\infty} \mu \mathrm{e}^{-\xi^2/2\sigma^2} \mathrm{d}\xi = \mu. \quad (\text{III}.5)$$

在测量过程中,定义测量数据的标准偏差为

$$\text{标准偏差} = \left[\int_{-\infty}^{\infty} (x-\mu)^2 p(x) \mathrm{d}x\right]^{1/2}. \quad (\text{III}.6)$$

所以
$$\int_{-\infty}^{\infty} (x-\mu)^2 p(x) \mathrm{d}x = \frac{1}{\sqrt{2\pi}\sigma} \int_{-\infty}^{\infty} (x-\mu)^2 \exp\left[-\frac{(x-\mu)^2}{2\sigma^2}\right] \mathrm{d}x$$

$$= \frac{1}{\sqrt{2\pi}\sigma} \int_{-\infty}^{\infty} \xi^2 \mathrm{e}^{-\xi^2/2\sigma^2} \mathrm{d}\xi = \sigma^2, \quad (\text{III}.7)$$

因此,正态分布函数中参数 σ 就是测量数据的**标准偏差**.

图 III.1 中绘出了两条不同标准偏差 σ 的正态分布曲线.比较两条曲线容易看出,σ 越小,则曲线峰越高越窄,表明更多测量值集中于期望值附近,测量精度越高;反之,σ 越大,则曲线峰越低越宽,表明测量数据越分散,测量精度越低.在实际测量中,一般采用 σ 表示测量数据的平均误差.

若给定误差 $(x-\mu)$ 的区间 $[-a, a]$,则测量值 x 的误差落在这个区间的概率为

$$P(|\Delta x| < a) = \int_{\mu-a}^{\mu+a} p(x) \mathrm{d}x = \frac{1}{\sqrt{2\pi}\sigma} \int_{\mu-a}^{\mu+a} \exp\left[-\frac{(x-\mu)^2}{2\sigma^2}\right] \mathrm{d}x$$

$$= \frac{2}{\sqrt{2\pi}\sigma} \int_0^a \mathrm{e}^{-\xi^2/2\sigma^2} \mathrm{d}\xi. \quad (\text{III}.8)$$

取 $a = \sqrt{2}\sigma t$,即测量误差范围为 $[-\sqrt{2}\sigma t, \sqrt{2}\sigma t]$ 的概率为

$$P(|\Delta x| < \sqrt{2}\sigma t) = \frac{2}{\sqrt{2\pi}\sigma} \int_0^a \mathrm{e}^{-\xi^2/2\sigma^2} \mathrm{d}\xi = \frac{2}{\sqrt{\pi}} \int_0^t \mathrm{e}^{-\tau^2} \mathrm{d}\tau. \quad (\text{III}.9)$$

定义 $\mathrm{erf}(t) = \frac{2}{\sqrt{\pi}} \int_0^t \mathrm{e}^{-\tau^2} \mathrm{d}\tau$,称为**误差函数**.它表示测量误差范围为 $[-\sqrt{2}\sigma t,$ $\sqrt{2}\sigma t]$ 的概率,误差函数值有专门的数值表可查.

若 $t \to +\infty$,则

$$\mathrm{erf}(+\infty) = \frac{2}{\sqrt{\pi}} \int_0^{+\infty} \mathrm{e}^{-\tau^2} \mathrm{d}\tau = 1. \quad (\text{III}.10)$$

另外,定义 $\mathrm{erfc}(t) = \frac{2}{\sqrt{\pi}} \int_t^{+\infty} \mathrm{e}^{-\tau^2} \mathrm{d}\tau$,称为**余误差函数**.显然 $\mathrm{erf}(t) + \mathrm{erfc}(t)$ $= 1$.

附录 Ⅳ 证明当 $|x|$ ＝1 时勒让德方程的级数解发散

勒让德方程的级数解在 $|x|$ ＝1 时为

$$y_0(\pm 1) = \sum_{k=1}^{\infty} u_k,$$

其中

$$u_k = \frac{(2k-2-l)(2k-4-l)\cdots(-l)(l+1)(l+3)\cdots(l+2k-1)}{(2k)!};$$

$$(\text{Ⅳ}.1)$$

以及

$$y_1(\pm 1) = \pm \sum_{k=0}^{\infty} v_k,$$

其中

$$v_k = \frac{(2k-1-l)(2k-3-l)\cdots(1-l)(l+2)(l+4)\cdots(l+2k)}{(2k+1)!}.$$

$$(\text{Ⅳ}.2)$$

为了证明以上两个级数发散,必须首先证明如下的级数 $\sum_{k=2}^{+\infty} w_k$ 发散:

$$\sum_{k=2}^{\infty} w_k = \sum_{k=2}^{\infty} \frac{1}{k\ln k} = \frac{1}{2\ln 2} + \frac{1}{3\ln 3} + \cdots + \frac{1}{k\ln k} + \cdots. \qquad (\text{Ⅳ}.3)$$

以上级数的前 $n-1$ 项之和为

$$S_n = \frac{1}{2\ln 2} + \frac{1}{3\ln 3} + \cdots + \frac{1}{n\ln n}. \qquad (\text{Ⅳ}.4)$$

S_n 是图 Ⅳ.1 中所有矩形面积之和,它显然大于曲线以下阴影部分的面积.而后者等于如下的定积分

$$\int_2^{n+1} \frac{\mathrm{d}x}{x\ln x} = \int_2^{n+1} \frac{\mathrm{d}\ln x}{\ln x} = \ln(\ln x) \Big|_2^{n+1} = \ln\ln(n+1) - \ln 2, \qquad (\text{Ⅳ}.5)$$

当 $n \to \infty$ 时,(Ⅳ.5)式右边 $\to +\infty$,可见 $\lim_{n\to\infty} S_n = +\infty$. 这表明级数(Ⅳ.3)发散.

决定级数是否收敛,主要是在 k 很大时级数的递减行为如何.因此,比较 u_k 和 w_k 的递减行为可以确定级数(Ⅳ.1)是否收敛.

比较级数(Ⅳ.1)相邻两项之比与级数(Ⅳ.3)相邻两项之比:

$$\frac{u_{k+1}}{u_k} \cdot \frac{1}{w_{k+1}} - \frac{1}{w_k} = \frac{(2k-l)(2k+l+1)}{(2k+1)(2k+2)}(k+1)\ln(k+1) - k\ln k$$

$$= \frac{4k^2 + 2k - l(l+1)}{2(2k+1)}\ln(k+1) - k\ln k$$

$$= \left[k - \frac{l(l+1)}{2(2k+1)} \right] \ln(k+1) - k\ln k$$

$$= k\ln\frac{k+1}{k} - \frac{l(l+1)}{2(2k+1)}\ln(k+1). \tag{IV.6}$$

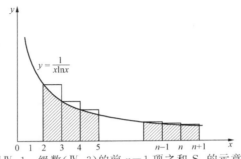

图Ⅳ.1　级数(Ⅳ.3)的前 $n-1$ 项之和 S_n 的示意图

当 $k \to +\infty$ 时,由洛必达法则可知上式右边第二项趋于零;上式右边第一项中,把 $(1/k)$ 当作小量,进行泰勒级数展开,得到

$$k\ln\frac{k+1}{k} = k\ln\left(1+\frac{1}{k}\right) = k\left(\frac{1}{k} - \frac{1}{2k^2} + \frac{1}{3k^3} - \frac{1}{4k^4} + \cdots\right)$$

$$= 1 - \frac{1}{2k} + \frac{1}{3k^2} - \frac{1}{4k^3} + \cdots. \tag{IV.7}$$

由此可见,当 $k \to +\infty$ 时,(Ⅳ.6)式右边第一项趋于1,于是

$$\frac{u_{k+1}}{u_k} \cdot \frac{1}{w_{k+1}} - \frac{1}{w_k} > 0,$$

即

$$\frac{u_{k+1}}{u_k} > \frac{w_{k+1}}{w_k}. \tag{IV.8}$$

　　这表明:当 k 很大时,级数(Ⅳ.1)比级数(Ⅳ.3)递减得慢些.既然级数(Ⅳ.3)是发散的,因此,级数(Ⅳ.1)是发散的.

　　同理,可以证明级数(Ⅳ.2)也是发散的.

附录Ⅴ　施图姆-刘维尔本征值问题

1. 施图姆-刘维尔方程及其边界条件

在实际问题中遇到的很多二阶线性常微分方程都可化为如下形式

$$\frac{\mathrm{d}}{\mathrm{d}x}\left[k(x)\frac{\mathrm{d}y}{\mathrm{d}x}\right] + [\lambda\rho(x) - \gamma(x)]y = 0, \quad x \in [a,b], \tag{V.1}$$

或者表示为

$$-\frac{\mathrm{d}}{\mathrm{d}x}\left[k(x)\frac{\mathrm{d}y}{\mathrm{d}x}\right]+\gamma(x)y=\lambda\rho(x)y,\quad x\in[a,b],\quad(\mathrm{V}.2)$$

其中 λ 为待定参数,$k(x),\rho(x),\gamma(x)$ 均为已知实函数,在区间 $[a,b]$ 中连续并且满足

$$k(x)\geqslant0,\quad\rho(x)>0.\quad(\mathrm{V}.3)$$

二阶线性常微分方程(V.2)称为**施图姆–刘维尔**(Sturm-Liouville)**方程**.其中实函数 $\rho(x)$ 称为施图姆–刘维尔方程的权因子.

定义施图姆–刘维尔算符 S_L 为

$$S_L[y(x)]=-\frac{\mathrm{d}}{\mathrm{d}x}\left[k(x)\frac{\mathrm{d}y(x)}{\mathrm{d}x}\right]+\gamma(x)y(x),\quad(\mathrm{V}.4)$$

那么施图姆–刘维尔方程可简写为

$$S_L[y(x)]=\lambda\rho(x)y(x),\quad x\in[a,b].\quad(\mathrm{V}.5)$$

施图姆–刘维尔方程经常伴随有各种边界条件.因此,所要解决的问题是关于施图姆–刘维尔方程的本征值问题.

在实际问题中所遇到的施图姆–刘维尔方程本征值问题的边界条件有以下三大类类型.

(i) 自然边界条件

在实际问题中,经常要求二阶线性常微分方程的解在指定区间 $[a,b]$ 中取有限值,尤其是在边界点处,二阶线性常微分方程的解不能发散.这类边界条件称为**自然边界条件**.但是,当施图姆–刘维尔方程(V.2)中实函数 $k(x)$ 在区间 $[a,b]$ 端点取值为零时,施图姆–刘维尔方程的级数解通常在区间端点处发散.为了消除发散,只能让待定参数 λ 取某些特定值(本征值),从而使其中一个级数解退化为多项式(本征函数).

(ii) 周期性边界条件

在实际问题中,有时要求二阶线性常微分方程的解必须具有周期性,一般以二阶线性常微分方程的定义区间 $[a,b]$ 为一个周期,因此相应的约束条件为

$$y(a)=y(b),\quad y'(a)=y'(b),\quad(\mathrm{V}.6)$$

这类边界条件称为**周期性边界条件**.

(iii) 边值条件

在某些情况下,二阶线性常微分方程的解或解的导数在区间 $[a,b]$ 的边界点处取值受到限制,这类约束条件可概括为

$$\begin{cases}\alpha_1y'(a)+\alpha_2y(a)=C_1&(\alpha_1,\alpha_2\text{ 为实数},\alpha_1^2+\alpha_2^2\neq0),&(\mathrm{V}.7)\\\beta_1y'(b)+\beta_2y(b)=C_2&(\beta_1,\beta_2\text{ 为实数},\beta_1^2+\beta_2^2\neq0).&(\mathrm{V}.8)\end{cases}$$

若(V.7)式中 $\alpha_1=0,\alpha_2\neq0$,那么(V.7)式称为**第一类边界条件**;若 $\alpha_1\neq0$,

$\alpha_2=0$,（V.7）式称为**第二类边界条件**；若 $\alpha_1\neq0,\alpha_2\neq0$,（V.7）式称为**第三类边界条件**.

若 $C_1=0$ 则（V.7）式称为**齐次边界条件**；同理，若 $C_2=0$,则（V.8）式称为齐次边界条件.

2. 施图姆-刘维尔本征值问题的本征值和本征函数的性质

定理 V.1　假设函数 $y_1(x)$ 和 $y_2(x)$ 在区间 $[a,b]$ 中具有二阶连续导数，并且满足第一、二、三齐次边界条件，那么

$$\int_a^b \bar{y}_1(x)S_L[y_2(x)]\mathrm{d}x = \int_a^b y_2(x)\overline{S_L[y_1(x)]}\mathrm{d}x. \qquad (V.9)$$

上式中加横线表示取复数共轭.

证明　$\displaystyle\int_a^b \bar{y}_1(x)S_L[y_2(x)]\mathrm{d}x - \int_a^b y_2(x)\overline{S_L[y_1(x)]}\mathrm{d}x$

$$= \int_a^b \bar{y}_1\left\{-\frac{\mathrm{d}}{\mathrm{d}x}\left[k(x)\frac{\mathrm{d}y_2}{\mathrm{d}x}\right]+\gamma y_2\right\}\mathrm{d}x$$

$$- \int_a^b y_2\left\{-\frac{\mathrm{d}}{\mathrm{d}x}\left[k(x)\frac{\mathrm{d}\bar{y}_1}{\mathrm{d}x}\right]+\gamma\bar{y}_1\right\}\mathrm{d}x$$

$$= \int_a^b \frac{\mathrm{d}}{\mathrm{d}x}\left[k(x)\left(\frac{\mathrm{d}\bar{y}_1}{\mathrm{d}x}y_2 - \bar{y}_1\frac{\mathrm{d}y_2}{\mathrm{d}x}\right)\right]\mathrm{d}x$$

$$= \left[k(x)\left(\frac{\mathrm{d}\bar{y}_1}{\mathrm{d}x}y_2 - \bar{y}_1\frac{\mathrm{d}y_2}{\mathrm{d}x}\right)\right]_a^b. \qquad (V.10)$$

函数 $y_1(x)$ 和 $y_2(x)$ 在区间 $[a,b]$ 的端点处都满足齐次边界条件，则

$$\begin{cases} \alpha_1\bar{y}_1'(a)+\alpha_2\bar{y}_1(a)=0, & (V.11) \\ \alpha_1 y_2'(a)+\alpha_2 y_2(a)=0. & (V.12) \end{cases}$$

由于上式中 α_1 和 α_2 不能同时为零，若把（V.11）和（V.12）两式看成是关于未知数 α_1 和 α_2 的二元齐次方程组，那么系数行列式应为 0,即

$$\begin{vmatrix} \bar{y}_1'(a) & \bar{y}_1(a) \\ y_2'(a) & y_2(a) \end{vmatrix} = \bar{y}_1'(a)y_2(a) - \bar{y}_1(a)y_2'(a) = 0. \qquad (V.13)$$

同理可以证明

$$\bar{y}_1'(b)y_2(b) - \bar{y}_1(b)y_2'(b) = 0. \qquad (V.14)$$

根据（V.13）和（V.14）两式可知（V.10）式右边的值为 0,因此定理 V.1 得证.

在特定边界条件下满足（V.9）式的算符称为**自伴算符**，或称算符在某种边界条件下是自伴的.定理 V.1 指出了施图姆-刘维尔算符在第一、二、三类齐次边界条件下是自伴的.实际上，还可以证明施图姆-刘维尔算符在自然边值条件下和周期性边界条件下（必须满足 $k(a)=k(b)$）也是自伴算符.自伴算符在物理学中也称为**厄米算符**.

根据施图姆-刘维尔算符的自伴关系(V.9)式,可以得到施图姆-刘维尔本征值问题的本征值和本征函数的性质.

性质 1 施图姆-刘维尔本征值问题的本征值必为实数.

证明 设 λ 是施图姆-刘维尔本征值问题的本征值,对应的本征函数为 $y(x)$,那么

$$S_L[y(x)] = \lambda \rho(x) y(x) \quad (\rho(x) \text{ 为实函数,且 } \rho(x) > 0). \quad (V.15)$$

上式两边取复数共轭,则

$$\bar{S}_L[y(x)] = \bar{\lambda} \rho(x) \bar{y}(x). \quad (V.16)$$

根据施图姆-刘维尔算符的自伴关系(V.9)、(V.15)和(V.16)式得到

$$\int_a^b \bar{y} S_L[y] \mathrm{d}x - \int_a^b \bar{S}_L[y] y \mathrm{d}x = \int_a^b \lambda \rho(x) \mid y \mid^2 \mathrm{d}x - \int_a^b \bar{\lambda} \rho(x) \mid y \mid^2 \mathrm{d}x$$

$$= (\lambda - \bar{\lambda}) \int_a^b \rho(x) \mid y \mid^2 \mathrm{d}x = 0.$$

由于 $\rho(x) > 0$ 以及 $y(x)$ 不能恒为 0,所以 $\int_a^b \rho(x) \mid y \mid^2 \mathrm{d}x > 0$,于是

$$\lambda = \bar{\lambda}. \quad (V.17)$$

由此可见,λ 必定为实数.

性质 2 施图姆-刘维尔本征值问题的不同本征值对应的本征函数正交.

设 $y_m(x)$ 和 $y_n(x)$ 是施图姆-刘维尔本征值问题的本征函数,分别对应于不同的本征值 λ_m,λ_n,则 $y_m(x)$ 和 $y_n(x)$ 将满足如下正交关系

$$\int_a^b \bar{y}_m(x) y_n(x) \rho(x) \mathrm{d}x = 0 \quad (m \neq n). \quad (V.18)$$

证明 根据施图姆-刘维尔方程(V.5)式可得

$$S_L[y_m(x)] = \lambda_m \rho(x) y_m(x), \quad (V.19)$$

$$S_L[y_n(x)] = \lambda_n \rho(x) y_n(x). \quad (V.20)$$

所以

$$\int_a^b \bar{y}_m S_L[y_n] \mathrm{d}x - \int_a^b y_n \overline{S_L[y_m]} \mathrm{d}x = \int_a^b \bar{y}_m \lambda_n \rho(x) y_n \mathrm{d}x - \int_a^b y_n \lambda_m \rho(x) \bar{y}_m \mathrm{d}x$$

$$= (\lambda_n - \lambda_m) \int_a^b \bar{y}_n y_n \rho(x) \mathrm{d}x. \quad (V.21)$$

根据施图姆-刘维尔算符的自伴性质(V.9)式,可知(V.21)式左边的值应该等于 0.由于 $\lambda_m \neq \lambda_n$,因此正交关系(V.18)式成立.

性质 3 施图姆-刘维尔本征值问题的本征函数 $y_n(x)$ $(n = 0,1,2,\cdots)$ 构成了完备函数系.(证明略)

所谓 $y_n(x)$ $(n = 0,1,2,\cdots)$ 构成完备函数系是指:在区间 $[a,b]$ 中满足狄利克雷条件的任意函数 $f(x)$ 都可展开为如下广义傅里叶级数

$$f(x) = \sum_{n=0}^{+\infty} c_n y_n(x). \qquad (\text{V}.22)$$

根据性质 2，本征函数 $y_n(x)$（$n=0,1,2,\cdots$）彼此正交，由此可求出展开式（V.22）中的系数

$$c_n = \frac{1}{N_n^2} \int_a^b \bar{y}_n(x) f(x) \rho(x) \mathrm{d}x, \qquad (\text{V}.23)$$

其中 $N_n = \left[\int_a^b |y_n(x)|^2 \rho(x)\mathrm{d}x \right]^{\frac{1}{2}}$，称为本征函数 $y_n(x)$ 的模.

附录Ⅵ　正交曲线坐标系中的梯度、散度、旋度和拉普拉斯算符

在数学中，除了采用 3 条互相垂直的直线构成 3 维直角坐标系外，还可以采用 3 条相互正交的曲线构成 3 维正交曲线坐标系，最常见的 3 维正交曲线坐标有球坐标和柱坐标等.空间任意一点的位置可采用直角坐标 (x,y,z) 表示，也可采用正交曲线坐标 (ξ_1,ξ_2,ξ_3) 表示，两者存在确定的变换关系.例如：

在球坐标系中，坐标 (r,θ,φ) 变换为直角坐标 (x,y,z) 的变换关系为：

$$x = r\sin\theta\cos\varphi, \quad y = r\sin\theta\sin\varphi, \quad z = r\cos\theta;$$

在柱坐标系中，坐标 (ρ,φ,z) 变换为直角坐标 (x,y,z) 的变换关系为：

$$x = \rho\cos\varphi, \quad y = \rho\sin\varphi, \quad z = z.$$

曲线坐标不一定具有长度量纲，它可能是没有量纲的角度.如图Ⅵ.1所示，沿正交曲线坐标系的 3 个坐标方向分别取微分 $\mathrm{d}\xi_1,\mathrm{d}\xi_2,\mathrm{d}\xi_3$，则对应的弧元长度并不一定是 $\mathrm{d}\xi_1,\mathrm{d}\xi_2,\mathrm{d}\xi_3$，而是为

$$\mathrm{d}l_i = H_i\mathrm{d}\xi_i \quad (i=1,2,3), \qquad (\text{Ⅵ}.1)$$

其中 H_i 一般是曲线坐标 ξ_1,ξ_2,ξ_3 的函数.

在球坐标系中，沿 3 个坐标方向取微分 $\mathrm{d}r,\mathrm{d}\theta,\mathrm{d}\varphi$，所对应的弧元长度分别为：

$$\mathrm{d}l_1 = \mathrm{d}r, \quad \mathrm{d}l_2 = r\mathrm{d}\theta, \quad \mathrm{d}l_3 = r\sin\theta\mathrm{d}\varphi,$$

所以

$$H_1 = 1, \quad H_2 = r, \quad H_3 = r\sin\theta.$$

在柱坐标系中，沿 3 个坐标方向取微分 $\mathrm{d}\rho,\mathrm{d}\varphi,\mathrm{d}z$，所对应的弧元长度分别为：

$$\mathrm{d}l_1 = \mathrm{d}\rho, \quad \mathrm{d}l_2 = \rho\mathrm{d}\varphi, \quad \mathrm{d}l_3 = \mathrm{d}z,$$

所以

$$H_1 = 1, \quad H_2 = \rho, \quad H_3 = 1.$$

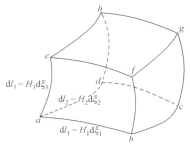

图Ⅵ.1　正交曲线坐标系中微分元对应的弧元长度示意图

标量函数 $u(\xi_1,\xi_2,\xi_3)$ **的梯度** ∇u 为一个矢量，每个方向的分量表示 $u(\xi_1,$ $\xi_2,\xi_3)$ 沿对应方向的空间变化率，因此

$$\nabla u = \left(\frac{1}{H_1}\frac{\partial u}{\partial \xi_1}, \frac{1}{H_2}\frac{\partial u}{\partial \xi_2}, \frac{1}{H_3}\frac{\partial u}{\partial \xi_3}\right),$$

或者
$$(\nabla u)_i = \frac{1}{H_i}\frac{\partial u}{\partial \xi_i} \quad (i = 1,2,3). \tag{Ⅵ.2}$$

矢量函数 $\boldsymbol{A}$ **的散度**定义为

$$\nabla \cdot \boldsymbol{A} = \lim_{V \to 0} \frac{1}{V} \oiint_S \boldsymbol{A} \cdot \mathrm{d}\boldsymbol{S}, \tag{Ⅵ.3}$$

其中 S 代表体积 V 的边界面，$\mathrm{d}\boldsymbol{S}$ 方向指向外法线方向.

参见图Ⅵ.1，在正交曲线坐标系中，坐标值处于 $\xi_1 \sim \xi_1 + \mathrm{d}\xi_1$，$\xi_2 \sim \xi_2 + \mathrm{d}\xi_2$，$\xi_3 \sim \xi_3 + \mathrm{d}\xi_3$ 范围的空间区域为一个曲边六面体. 若微分元 $\mathrm{d}\xi_1$，$\mathrm{d}\xi_2$，$\mathrm{d}\xi_3$ 足够小，则曲边六面体的体积为 $V = \mathrm{d}l_1 \mathrm{d}l_2 \mathrm{d}l_3 = H_1 H_2 H_3 \mathrm{d}\xi_1 \mathrm{d}\xi_2 \mathrm{d}\xi_3$.

如图Ⅵ.1所示，边界面 $adhe$ 和 $bcgf$ 对（Ⅵ.3）式中右边的面积分的贡献为

$$\left[-A_1 \mathrm{d}l_2 \mathrm{d}l_3\right]_{\xi_1} + \left[A_1 \mathrm{d}l_2 \mathrm{d}l_3\right]_{\xi_1 + \mathrm{d}\xi_1}$$

$$= \left[-A_1 H_2 H_3\right]_{\xi_1}\mathrm{d}\xi_2\mathrm{d}\xi_3 + \left[A_1 H_2 H_3\right]_{\xi_1 + \mathrm{d}\xi_1}\mathrm{d}\xi_2\mathrm{d}\xi_3$$

$$= \frac{\partial}{\partial \xi_1}(A_1 H_2 H_3) \cdot \mathrm{d}\xi_1 \mathrm{d}\xi_2 \mathrm{d}\xi_3.$$

类似地，另外两对表面对（Ⅵ.3）式中右边的面积分的贡献分别为

$$\frac{\partial}{\partial \xi_2}(A_2 H_3 H_1) \cdot \mathrm{d}\xi_1 \mathrm{d}\xi_2 \mathrm{d}\xi_3,$$

$$\frac{\partial}{\partial \xi_3}(A_3 H_1 H_2) \cdot \mathrm{d}\xi_1 \mathrm{d}\xi_2 \mathrm{d}\xi_3.$$

所以

$$\nabla \cdot \boldsymbol{A} = \frac{1}{H_1 H_2 H_3}\left[\frac{\partial}{\partial \xi_1}(A_1 H_2 H_3) + \frac{\partial}{\partial \xi_2}(A_2 H_3 H_1) + \frac{\partial}{\partial \xi_3}(A_3 H_2 H_1)\right]$$

$$= \frac{1}{H_1 H_2 H_3} \sum_{i=1}^{3} \frac{\partial}{\partial \xi_i} \left(\frac{H_1 H_2 H_3}{H_i} A_i \right). \tag{VI.4}$$

如果 $\boldsymbol{A} = \nabla u$，则根据（VI.2）式，$A_i = \frac{1}{H_i} \frac{\partial u}{\partial \xi_i}$，代入上式可得

$$\nabla^2 u \equiv \frac{1}{H_1 H_2 H_3} \sum_{i=1}^{3} \frac{\partial}{\partial \xi_i} \left(\frac{H_1 H_2 H_3}{H_i^2} \frac{\partial u}{\partial \xi_i} \right). \tag{VI.5}$$

（VI.5）式就是正交曲线坐标系中拉普拉斯算符作用于标量函数的表示式.

矢量函数 $\boldsymbol{A}$ 的旋度 $\nabla \times \boldsymbol{A}$ 定义为

$$(\nabla \times \boldsymbol{A})_i = \lim_{S_i \to 0} \frac{1}{S_i} \oint_{C_i} \boldsymbol{A} \cdot \mathrm{d}\boldsymbol{l} \quad (i = 1,2,3), \tag{VI.6}$$

其中 S_i 表示垂直于坐标轴 ξ_i 的曲面元的面积，C_i 表示曲面元 S_i 的边界线，曲面元 S_i 的法线方向与 C_i 的环绕方向构成右手螺旋法则.

参见图 VI.1，曲面元 $adhe$ 垂直于坐标轴 ξ_1，曲面元的面积 $S_1 = \mathrm{d}l_2 \mathrm{d}l_3 = H_2 H_3 \mathrm{d}\xi_2 \mathrm{d}\xi_3$，（VI.6）式中右边的边界线积分值为

$$\oint_{C_1} \boldsymbol{A} \cdot \mathrm{d}\boldsymbol{l} = [A_2 \mathrm{d}l_2]_{\xi_3} - [A_2 \mathrm{d}l_2]_{\xi_3 + \mathrm{d}\xi_3} + [A_3 \mathrm{d}l_3]_{\xi_2 + \mathrm{d}\xi_2} - [A_3 \mathrm{d}l_3]_{\xi_2}$$

$$= \frac{\partial}{\partial \xi_2}(A_3 H_3) \mathrm{d}\xi_2 \mathrm{d}\xi_3 - \frac{\partial}{\partial \xi_3}(A_2 H_2) \mathrm{d}\xi_2 \mathrm{d}\xi_3.$$

所以
$$(\nabla \times \boldsymbol{A})_1 = \frac{1}{H_2 H_3} \left[\frac{\partial (A_3 H_3)}{\partial \xi_2} - \frac{\partial (A_2 H_2)}{\partial \xi_3} \right]. \tag{VI.7}$$

同理可求出 $\nabla \times \boldsymbol{A}$ 的其他分量如下

$$(\nabla \times \boldsymbol{A})_2 = \frac{1}{H_3 H_1} \left[\frac{\partial (A_1 H_1)}{\partial \xi_3} - \frac{\partial (A_3 H_3)}{\partial \xi_1} \right], \tag{VI.8}$$

$$(\nabla \times \boldsymbol{A})_3 = \frac{1}{H_1 H_2} \left[\frac{\partial (A_2 H_2)}{\partial \xi_1} - \frac{\partial (A_1 H_1)}{\partial \xi_2} \right]. \tag{VI.9}$$

（VI.7）—（VI.9）式表示出了正交曲线坐标中矢量函数 $\boldsymbol{A}$ 旋度的分量计算式.

(i) 球坐标（$H_1 = 1, H_2 = r, H_3 = r\sin\theta$）

$$\nabla u(r,\theta,\varphi) = \frac{\partial u(r,\theta,\varphi)}{\partial r} \boldsymbol{e}_r + \frac{\partial u(r,\theta,\varphi)}{r \partial \theta} \boldsymbol{e}_\theta + \frac{\partial u(r,\theta,\varphi)}{r\sin\theta \partial \varphi} \boldsymbol{e}_\varphi,$$

$$\nabla \cdot \boldsymbol{A} = \frac{1}{r^2} \frac{\partial}{\partial r}(r^2 A_r) + \frac{1}{r\sin\theta} \frac{\partial}{\partial \theta}(\sin\theta A_\theta) + \frac{1}{r\sin\theta} \frac{\partial A_\varphi}{\partial \varphi},$$

$$\nabla^2 u = \frac{1}{r^2} \frac{\partial}{\partial r}\left(r^2 \frac{\partial u}{\partial r}\right) + \frac{1}{r^2 \sin\theta} \frac{\partial}{\partial \theta}\left(\sin\theta \frac{\partial u}{\partial \theta}\right) + \frac{1}{r^2 \sin^2\theta} \frac{\partial^2 u}{\partial \varphi^2},$$

$$(\nabla \times \boldsymbol{A})_r = \frac{1}{r\sin\theta} \left[\frac{\partial}{\partial \theta}(\sin\theta A_\varphi) - \frac{\partial A_\theta}{\partial \varphi} \right],$$

$$(\nabla \times \boldsymbol{A})_\theta = \frac{1}{r} \left[\frac{1}{\sin\theta} \frac{\partial A_r}{\partial \varphi} - \frac{\partial}{\partial r}(rA_\varphi) \right],$$

$$(\nabla \times \boldsymbol{A})_\varphi = \frac{1}{r}\left[\frac{\partial}{\partial r}(rA_\theta) - \frac{\partial A_r}{\partial \theta} \right].$$

(ii) 柱坐标（$H_1 = 1, H_2 = \rho, H_3 = 1$）

$$\nabla u(\rho,\varphi,z) = \frac{\partial u(\rho,\varphi,z)}{\partial \rho}\boldsymbol{e}_\rho + \frac{\partial u(\rho,\varphi,z)}{\rho \partial \varphi}\boldsymbol{e}_\varphi + \frac{\partial u(\rho,\varphi,z)}{\partial z}\boldsymbol{e}_z,$$

$$\nabla \cdot \boldsymbol{A} = \frac{1}{\rho}\frac{\partial}{\partial \rho}(\rho A_\rho) + \frac{1}{\rho}\frac{\partial A_\varphi}{\partial \varphi} + \frac{\partial A_z}{\partial z},$$

$$\nabla^2 u \equiv \frac{1}{r}\frac{\partial}{\partial r}\left(r\frac{\partial u}{\partial r} \right) + \frac{1}{r^2}\frac{\partial^2 u}{\partial \varphi^2} + \frac{\partial^2 u}{\partial z^2},$$

$$(\nabla \times \boldsymbol{A})_\rho = \frac{1}{\rho}\frac{\partial A_z}{\partial \varphi} - \frac{\partial A_\varphi}{\partial z},$$

$$(\nabla \times \boldsymbol{A})_\varphi = \frac{\partial A_\rho}{\partial z} - \frac{\partial A_z}{\partial \rho},$$

$$(\nabla \times \boldsymbol{A})_z = \frac{1}{\rho}\left[\frac{\partial}{\partial \rho}(\rho A_\varphi) - \frac{\partial A_\rho}{\partial \varphi} \right].$$

附录Ⅶ　贝塞尔函数和诺依曼函数的数值表

x	$J_0(x)$	$N_0(x)$	$J_1(x)$	$N_1(x)$	$J_2(x)$	$N_2(x)$
0.0	1.000 0	$-\infty$	0.000 0	$-\infty$	0.000 0	$-\infty$
0.1	0.997 5	$-1.534\,2$	0.049 9	$-6.459\,0$	0.001 2	-127.64
0.2	0.990 0	$-1.081\,1$	0.099 5	$-3.323\,8$	0.005 0	-32.157
0.4	0.960 4	$-0.606\,0$	0.196 0	$-1.780\,9$	0.019 7	$-8.298\,3$
0.6	0.912 0	$-0.308\,5$	0.286 7	$-1.260\,4$	0.043 7	$-3.892\,8$
0.8	0.846 3	$-0.086\,8$	0.368 8	$-0.978\,1$	0.075 8	$-2.358\,6$
1.0	0.765 2	0.088 3	0.440 1	$-0.781\,2$	0.114 9	$-1.650\,7$
1.2	0.671 1	0.228 1	0.498 3	$-0.621\,1$	0.159 3	$-1.263\,3$
1.4	0.566 9	0.337 9	0.541 9	$-0.479\,1$	0.207 4	$-1.022\,4$
1.6	0.455 4	0.420 4	0.569 9	$-0.347\,6$	0.257 0	$-0.854\,9$
1.8	0.340 0	0.477 4	0.581 5	$-0.223\,7$	0.306 1	$-0.725\,9$

（续表）

x	$J_0(x)$	$N_0(x)$	$J_1(x)$	$N_1(x)$	$J_2(x)$	$N_2(x)$
2.0	0.223 9	0.510 4	0.576 7	$-0.107\ 0$	0.352 8	$-0.617\ 4$
2.2	0.110 4	0.520 8	0.556 0	0.001 5	0.395 1	$-0.519\ 4$
2.4	0.002 5	0.510 4	0.520 2	0.100 5	0.431 0	$-0.426\ 7$
2.6	$-0.096\ 8$	0.481 3	0.470 8	0.188 4	0.459 0	$-0.336\ 4$
2.8	$-0.185\ 0$	0.435 9	0.409 7	0.263 5	0.477 7	$-0.247\ 7$
3.0	$-0.260\ 1$	0.376 8	0.339 1	0.324 7	0.486 1	$-0.160\ 4$
3.2	$-0.320\ 2$	0.307 1	0.261 3	0.370 7	0.483 5	$-0.075\ 4$
3.4	$-0.364\ 3$	0.229 6	0.179 2	0.401 0	0.469 7	0.006 3
3.6	$-0.391\ 8$	0.147 7	0.099 5	0.415 4	0.444 8	0.083 1
3.8	$-0.402\ 6$	0.064 5	0.012 8	0.414 1	0.409 3	0.153 5
4.0	$-0.397\ 1$	$-0.016\ 9$	$-0.066\ 0$	0.397 9	0.364 1	0.215 9
4.2	$-0.376\ 6$	$-0.093\ 8$	$-0.138\ 6$	0.368 0	0.310 5	0.269 0
4.4	$-0.342\ 3$	$-0.163\ 3$	$-0.202\ 8$	0.326 0	0.250 1	0.311 5
4.6	$-0.296\ 1$	$-0.223\ 5$	$-0.256\ 6$	0.273 7	0.184 6	0.342 5
4.8	$-0.240\ 4$	$-0.272\ 3$	$-0.298\ 5$	0.213 6	0.116 1	0.361 3
5.0	$-0.177\ 6$	$-0.308\ 5$	$-0.327\ 6$	0.147 9	0.046 6	0.367 7
5.2	$-0.110\ 3$	$-0.331\ 2$	$-0.343\ 2$	0.079 2	$-0.021\ 7$	0.361 7
5.4	$-0.041\ 2$	$-0.340\ 2$	$-0.345\ 3$	0.010 1	$-0.086\ 7$	0.343 9
5.6	0.027 2	$-0.335\ 4$	$-0.334\ 3$	$-0.056\ 8$	$-0.146\ 4$	0.315 2
5.8	0.091 7	$-0.317\ 7$	$-0.311\ 0$	$-0.119\ 2$	$-0.198\ 9$	0.276 6
6.0	0.150 7	$-0.288\ 2$	$-0.276\ 7$	$-0.175\ 0$	$-0.242\ 9$	0.229 9
6.2	0.201 7	$-0.248\ 3$	$-0.232\ 9$	$-0.222\ 3$	$-0.276\ 9$	0.176 6
6.4	0.243 3	$-0.200\ 0$	$-0.181\ 6$	$-0.259\ 6$	$-0.300\ 1$	0.118 8
6.6	0.274 0	$-0.145\ 2$	$-0.125\ 0$	$-0.285\ 8$	$-0.311\ 9$	0.058 6
6.8	0.293 1	$-0.086\ 4$	$-0.065\ 2$	$-0.300\ 2$	$-0.312\ 3$	$-0.001\ 9$
7.0	0.300 1	$-0.025\ 9$	-0.047	$-0.302\ 7$	$-0.301\ 4$	$-0.060\ 5$
7.2	0.295 1	0.033 9	0.054 3	$-0.293\ 4$	$-0.280\ 0$	$-0.115\ 4$
7.4	0.278 6	0.090 7	0.109 6	$-0.273\ 1$	$-0.249\ 0$	$-0.164\ 5$
7.6	0.251 6	0.142 4	0.159 2	$-0.242\ 8$	$-0.209\ 7$	$-0.206\ 3$
7.8	0.215 4	0.187 2	0.201 4	$-0.203\ 9$	$-0.163\ 8$	$-0.239\ 5$
8.0	0.171 6	0.223 5	0.234 6	$-0.158\ 1$	$-0.113\ 0$	$-0.263\ 0$

附录 Ⅷ　$J_0(x)$ 和 $J_1(x)$ 的前十个零点 $\mu_n^{(0)}$, $\mu_n^{(1)}$

n	$\mu_n^{(0)}$	$\lvert J_1(\mu_n^{(0)}) \rvert$	$\mu_n^{(1)}$
1	2.404 8	0.519 1	3.831 7
2	5.520 1	0.340 3	7.015 6
3	8.653 7	0.271 5	10.173 5
4	11.791 5	0.232 5	13.323 7
5	14.930 9	0.206 5	16.470 6
6	18.071 1	0.187 7	19.615 9
7	21.211 6	0.173 3	22.760 1
8	24.352 5	0.161 7	25.903 7
9	27.493 5	0.152 2	29.046 8
10	30.634 6	0.144 2	32.189 7

主要参考书

[1] 梁昆淼. 数学物理方法. 3 版. 北京：高等教育出版社,1998.

[2] 郭敦仁. 数学物理方法. 2 版. 北京：高等教育出版社,1991.

[3] 吴崇试. 数学物理方法. 2 版. 北京：北京大学出版社,2003.

[4] 胡嗣柱,倪光炯. 数学物理方法. 2 版. 北京：高等教育出版社,2002.

[5] 刘连寿,王正清. 数学物理方法. 2 版. 北京：高等教育出版社,2004.

[6] 杜珣,唐世敏. 数学物理方法. 北京：高等教育出版社,1992.

[7] 何淑芷,陈启流. 数学物理方法. 广州：华南理工大学出版社,1994.

[8] 黄大奎,舒慕曾. 数学物理方法. 北京：高等教育出版社,2005.

[9] 陆全康,赵蕙芬. 数学物理方法. 2 版. 北京：高等教育出版社,2003.

[10] 潘忠诚. 数学物理方法教程. 天津：南开大学出版社,1993.

[11] 复旦大学数学系. 数学物理方程. 上海：上海科学技术出版社,1961.

[12] 杨秀雯,梁立华. 数学物理方程与特殊函数. 2 版. 天津：天津大学出版社,
1989.

[13] 王载舆. 数学物理方程及特殊函数. 北京：清华大学出版社,1991.

[14] 盛镇华. 矢量分析与数学物理方法. 长沙：湖南科学技术出版社,1982.

[15] 柯朗 R,希尔伯特 D. 数学物理方法：卷 I. 钱敏,郭敦仁,译. 北京：科学出版社,1958.

[16] 柯朗 R,希尔伯特 D. 数学物理方法：卷 II. 熊振翔,杨应辰,译. 北京：科学出版社,1977.

[17] GRADSHTEYN I S, RYZHIK I M. Table of integrals, series, and products. New York：Academic Press, Inc., 1980.